ROHRE

UNTER

BESONDERER BERÜCKSICHTIGUNG

DER ROHRE FÜR

WASSERKRAFTANLAGEN

VON

VICTOR MANN

DR.-ING., DIPL.-ING.

MIT 138 ABBILDUNGEN

VERLAG VON R. OLDENBOURG
MÜNCHEN UND BERLIN 1928

DRUCK VON OSCAR BRANDSTETTER IN LEIPZIG.

Vorwort.

Die vorliegende Arbeit sollte eine Monographie über das Fachgebiet „Rohre" sein. Eine erschöpfende Behandlung des Stoffes wäre zwar nicht ohne Interesse gewesen, hätte aber den Umfang der Schrift mehr als verdoppelt. Dies schien aus verlagstechnischen Gründen nicht zweckmäßig. Unter Beibehaltung des Skeletts einer allgemeinen Monographie wurde deshalb der Umfang der Schrift beschränkt und nur da einzelnen Abschnitten ein größerer Umfang gegeben, wo der Stoff in anderweitigen literarischen Erscheinungen zerstreut lag, also einer Sammlung zu einem geschlossenen Ganzen bedurfte. Auch stilistisch wurde tunlichster Kürzung dadurch Rechnung getragen, daß in einigen Abschnitten von geschlossenem Satzbau abgesehen wurde. Andererseits ist durch Literaturhinweise dafür gesorgt, den Weg zu ausführlicherer Behandlung zu finden.

Die Schrift wendet sich an alle mit diesem Fachgebiet beschäftigten Ingenieure, insbesondere diejenigen, welche ihren Beruf praktisch ausüben und zur Durcharbeitung der einschlägigen Literatur weder Zeit noch Gelegenheit haben.

An dieser Stelle sei auch dem Verlag für die gewohnt gute Ausstattung des Buches verbindlichster Dank zum Ausdruck gebracht.

Konstanz, Frühjahr 1928.

Victor Mann.

Normung.

Kurz vor Erscheinen dieses Buches wurden die vom Fachnormenausschuß für Rohrleitungen beim deutschen Normenausschuß ausgearbeiteten Normblätter über Flansche und Rohre für Nenndrucke bis 100 kg/cm² abgeschlossen. Dadurch werden die vielen Sondernormen des Berg- und Schiffbaues, der Maschinen-, Hütten- und Heizungsindustrie entbehrlich, die als Erweiterungen der in manchen Fällen nicht ausreichend gewesenen Rohrnormalien des Vereins deutscher Gas- und Wasserfachmänner (1882) und derjenigen des Vereins deutscher Ingenieure (1900 und 1912) entstanden sind. Indes ist beachtenswert, daß die Übereinstimmung der Maße der letzteren beiden Hauptnormen mit den neuen DIN-Normen eine so weitgehende ist, daß die Anschlußmöglichkeiten alter und neuer Normrohre bei allen Nennweiten erreicht ist, auch wenn die Maße da und dort kleine Differenzen aufweisen.

Die bisher erschienenen Normblätter beziehen sich nur auf den Rohrleitungsbau, während für andere Zwecke noch eine große Zahl von Rohrnormen erst geschaffen werden müssen. Mit den erschienenen DIN-Normen stimmen die vom Normalienbureau des Vereins schweizerischer Maschinenindustrieller herausgegebenen Normen für Flansche und Rohre zahlenmäßig überein. Es ist zu erwarten, daß auch noch andere Länder die DIN-Normen für Flanschen und Rohre übernehmen werden (internationale Normung).

Die wichtigsten bis heute erschienenen DIN-Normen für Flansche und Rohre sind die folgenden[1]):

DIN 2401 Druckstufen.
DIN 2402 Nennweiten.
DIN 2411 Berechnungsgrundlagen für die Rohrwanddicke von Gußeisenrohren.
DIN 2412 desgl. von Stahlgußrohren.
DIN 2413 desgl. von Flußstahlrohren.

---

[1]) s. Normenblattverzeichnis, Beuth-Verlag, Berlin.

DIN 2422 desgl. für gußeiserne Flanschenrohre (mit den in diesem
        Buch angegebenen Formeln übereinstimmend unter Zu-
        lassung einer Beanspruchung von 2,5 kg/mm², Rostzuschlag
        usw. 6 bis 0 mm).

DIN 2440 ⎫
   2441 ⎬ Rohrleitungsbau.
 2450 bis 2455 ⎭

DIN 2505 Erläuterungen zur Berechnung fester Flansche.
DIN 2506 desgl. loser Flansche.
DIN 2508 Flansche, Anordnung der Schraubenlöcher.

Die Drücke (bis 1000 kg/cm²) sind nach einer geometrischen Reihe
(„Normungszahlen" DIN 323) abgestuft. Jedem Nenndruck sind die
Betriebsdrücke in folgendem Verhältnis zugeordnet:

    für Wasser 100%,
    für Gas und Dampf 80%,
    für Heißdampf 64%.

Diese Stufung entspricht der durch den Leitungsinhalt bedingten
Gefährlichkeit und seiner Temperatur, da bei höheren Temperaturen
die Streckgrenze sinkt.

Die Nennweiten erstrecken sich bis auf 2000 mm.

Für Flußstahlrohre werden glatte (z. B. Siederohre) und Gewinde-
rohre (z. B. Gasrohre) unterschieden.

Für Flansche ist die Teilbarkeit der Zahl der Schraubenlöcher durch
4 beibehalten; die Schraubenlöcher sind symmetrisch zu den beiden
Hauptachsen anzuordnen; in diese dürfen also keine Löcher fallen.

Inhaltsübersicht.

Hydraulischer Teil.

Begriff, Zweck, Anwendungsgebiet der Rohre bei Wasserkraftanlagen.

Rohre sind Konstruktionselemente, welche der Fortleitung von Flüssigkeiten oder Gasen dienen, deshalb in der Regel konstanten, meist kreisförmigen oder entlang der Längsachse nur wenig und stetig veränderlichen Querschnitt aufweisen. Durch die Ortsbeweglichkeit ihres Baumaterials unterscheiden sie sich von Kanälen und Stollen.

Das Anwendungsgebiet der Rohre für Wasserkraftanlagen umfaßt insbesondere Hochgefälle; bei Mittel- und Niederdruckanlagen dienen sie oft zur Verbindung des Kanals (Wasserschloß) mit den Turbinen, wobei auf diese Weise leicht das Mutterbett des Flusses gekreuzt werden kann. In neuerer Zeit benutzt man Rohrleitungen auch gerne für Entlastungsanlagen der Wasserkraftwerke, da sie die Wahrscheinlichkeit geringster Unterhaltungskosten für sich haben. (Alzwerke Burgshausen, Kraftwerk Töging der Innwerke A. G., München.)

Schematisch zeigt Abb. 1 (siehe S. 3) die verschiedenen Anwendungsmöglichkeiten von Rohren bei Wasserkraftanlagen: Dückerrohr zum Unterfahren von Straßen, Eisenbahndämmen, Flüssen, Fabrikhöfen usw., Wasserentnahme an der Wasserfassung, Standrohr am Apparatehaus, hölzerne Druckleitung, Druckstollen, eiserne Druckrohrleitung (den Höhenrücken im offenen Stollen durchschneidend, Talsenke freischwebend mit Pendelstütze durchquerend), Wasserschloß, eiserne Fallrohrleitung (Rohrstraße), Überschreitung des Mutterbettes mittels Rohrbogens (andernfalls Rohrbrücke anwendbar), Verteilerstück vor dem Krafthaus mit Rohrbruchsicherungsgraben. Lagerung der Rohrleitung teils in Fest- (Fix-) Punkten aus Beton; auf Rohrsätteln aus Flußeisen, Stahlguß, Beton für bewegliche Auflagerung. Ausdehnungs- (Expansions-) Stücke unterhalb der Fixpunkte.

bis zu etwa 100 m Gefälle. Sie sind innerhalb dieses Bereichs den Rohren aus Eisenblech gleichwertig zu betrachten, so daß
die Kostenfrage das entscheidende Moment
wird. Bei kleinen Lichtweiten stellen sich
meist die Gußeisenrohre billiger, bei größeren Lichtweiten die Eisenblechrohre, da
dann sowohl die Menge des aufzuwendenden
Materials (Eisengewicht) wie auch die Her-
stellungskosten (Schwierigkeiten im Guß
großer Eisenrohre) nicht mehr zugunsten
der Gußeisenrohre sprechen. Auch Montage und Betrieb dürften bei Gußeisenrohren wegen der kurzen Baulängen derselben, wegen der deshalb zahlreichen Muffen oder Flanschenverbindungen, wegen der
Schwierigkeit der Dichtung derselben (größerer Aufwand für Kontrolle und Reparaturen, Verluste durch Außerbetriebsetzung
während der letzteren) sich weniger vorteilhaft gestalten als bei Eisenblechrohren. Die
aus den Preisen sich ergebende Grenze für
die Anwendung von Gußeisenrohren liegt
daher etwa bei 500 bis 600 mm lichter
Weite. Immerhin finden gelegentlich Gußeisenrohre bis zu 2 m Lichtweite bei bis zu
5 m Baulänge Anwendung.

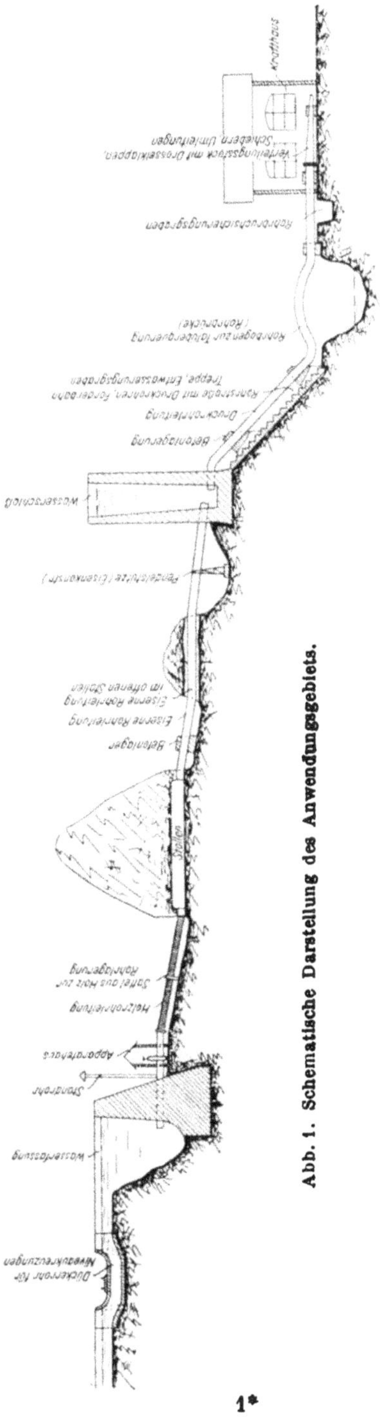

Gußeisenrohre.

Herstellung. Dieselben werden stehend
oder liegend gegossen. Die letztere Herstellungsart ist die ältere und liefert ein
weniger vollkommenes Erzeugnis. Bei liegend eingeformten Rohren haben Eigengewicht des Kerns, und die infolgedessen
eintretende Durchbiegung desselben, der
Auftrieb, den derselbe durch das einströ-
mende flüssige Eisen erleidet, verschiedene
Wandstärken und unvollständiges Verschweißen der Kernstützen mit dem Gußeisen unter Umständen Undichtigkeit zur
Folge, die bei hohen Pressungen sich be-
merklich machen können. Die Fähigkeit
der beim Gießen sich entwickelnden Gase

Abb. 1. Schematische Darstellung des Anwendungsgebiets.

und Dämpfe, senkrecht schneller als wagrecht entweichen zu können,
wie insbesondere auch der während des Gießens auf den unteren
Schichten lastende statische Druck des flüssigen Gußeisens bedingen
eine im allgemeinen geringere Porosität der Wände stehend gegossener
Rohre gegenüber derjenigen liegend gegossener.

Schleudergießverfahren. Seit einer Reihe von Jahren sind Bestre-
bungen im Gange, die Fabrikation von Gußrohren dadurch zu verein-
fachen, daß man an Formarbeit spart. Dies ist insbesondere möglich,
indem man ein und dieselbe Form mehrmals verwendet, wobei natürlich
Voraussetzung ist, daß die Form widerstandsfähig genug ist, eine größere
Zahl von Güssen zu ertragen. Man verwendet hierzu Formen aus Stahl,
die in rasche Umdrehung versetzt werden, so daß das flüssige Eisen infolge der Wirkung der Zentrifugalkraft die Innenfläche des Rohres ohne
Verwendung eines besonderen Kernes selbsttätig ausbildet. Nur zur
Ausbildung der Muffen werden an den Enden der Stahlform besondere
Kerne eingesetzt.

Es bestehen insbesondere zwei Verfahren, welche Gußröhren nach
dem Schleudergießverfahren herstellen, dasjenige von De Lavand und
das neuere von Cammen. Beide weisen einen grundsätzlichen Unterschied auf: das Verfahren von De Lavand arbeitet mit wassergekühlten,
also verhältnismäßig kalten Formen, während bei dem Verfahren von
Cammen hoch erhitzte Formzylinder verwendet werden. Damit ergibt
sich für das De Lavandsche Verfahren die Notwendigkeit der Nachbehandlung der gegossenen Röhren im Glühofen, um Gußspannungen
infolge der raschen Abkühlung an der gekühlten Metallform zu vermeiden (belgische Werke vermeiden das Ausglühen durch entsprechende
Auskleidung der Formen). Vor der Behandlung im Glühofen werden die
Röhren über eine Wage gerollt, um dem Gießmeister sofort von Abweichungen des Gewichts der Rohre von dem geforderten Normalmaß
Kenntnis zu geben, so daß er den Gang der Gießmaschine schon für das
übernächste Stück neu einregulieren kann. Die wassergekühlten Formen
nach De Lavand haben naturgemäß eine längere Lebensdauer als die
hocherhitzten nach Cammen, so daß hierin eine gewisse Kompensation
für die Kosten der Glühofenanlage liegt. Das Ausbringen aus einer
Schleudergießerei ist ein Vielfaches (2 bis 2,5mal größeres, durchschnitt-
lich kann eine einzige Schleudergußanlage in rd. 1 Minute ein Rohr
von 2,5 m Länge und entsprechendem Durchmesser fertig liefern) desjenigen einer Lehm- und Sandformgießerei für Rohre, so daß die Ausnutzung der Gießereigebäude und Anlagen eine sehr viel bessere und
der Umsatz des Anlagekapitals ein Vielfaches desjenigen einer Form-
gießerei ist. Dabei ist die Ersparnis an Formmaterial und an Arbeits-
löhnen erheblich. Die Anlagekosten der Gießerei vermindern sich bedeutend wegen des Wegfalls von Kranen, Gießgruben und Gießtürmen,
Trockenkammern und wegen Ersparnis an Formraum. So ist es möglich,

daß trotz der verhältnismäßig hohen Anlagekosten für die Schleudergießmaschine die Rentabilität einer solchen Anlage eine günstige ist, und
daß billigere Rohre erzeugt werden, als nach dem alten Gießverfahren
mit feststehenden Gießformen.

Bei dem Verfahren von De Lavand wird die wassergekühlte Stahlform durch ein Peltonrad, welches in einem Teil des Kühlmantels untergebracht ist, in rasche Umdrehung versetzt. Die drehbare Form selbst
befindet sich auf einem in der Längsrichtung fahrbaren Wagen, welcher
bei Beginn des Gießens dicht an die Gießpfanne herangefahren ist.
Axial durch die Gießform reicht ein feststehendes Gießrohr, so daß sich
beim Wegziehen des Formwagens von der Gießpfanne, was während des
Gießens geschieht, sich das andere Ende des Gießrohres, an welchem der
Ausguß des flüssigen Eisens in die Gießform erfolgt, durch die ganze
Länge der Gießform bewegt. Nachdem der Gießwagen über die ganze
Länge der Form von der Gießpfanne abgezogen ist, wird das fertige
Rohr mittels einer Zange festgehalten, so daß es während des Rück-
laufens der Maschine aus der Form ausgezogen wird. Durch Änderung
der Aufgußmenge und der Fortbewegungsgeschwindigkeit des Gieß-
wagens während des Gießens läßt sich die Rohrwandstärke und damit
das Gewicht des Rohres verändern. Daneben hat die Umdrehungs-
geschwindigkeit der Gußform je nach Zähflüssigkeit des Eisens Einfluß
auf die Wandstärke. Bei den vielerlei Faktoren des Fabrikationsver-
fahrens, welche somit auf Gewicht, Gleichmäßigkeit der Wandstärke,
Festigkeit, Einfluß haben, dürfte die dauernde Einregulierung der
Schleudergießmaschine auf gleichmäßige Ware mancherlei Schwierigkeiten bereiten und jedenfalls große Sorgfalt erfordern.

Der mit diesem Verfahren erzeugten Ware werden gute Eigenschaften nachgerühmt; insbesondere sollen sich bei diesem Verfahren größere
Festigkeit, vermutlich infolge der Materialverdichtung durch die Zentri-
fugalwirkung und die damit verbundene Vermeidung von Gußblasen,
sowie gleichmäßigere Wandstärken ergeben, so daß man letztere um
25% gegenüber den in feststehenden Formen gegossenen Röhren vermindern kann.

Gegenüber dem Verfahren von De Lavand lassen sich nach dem Verfahren von Cammen in den stark erhitzten Formen wesentlich dünn-
wandigere und engere Röhren sowie solche von größerer Baulänge herstellen.

Diese Verfahren sind bis jetzt nur in den Vereinigten Staaten von
Nordamerika sowie in Kanada angewandt. In Deutschland soll ein dem
De Lavandschen ähnliches Verfahren ausprobiert werden.

Neben den genannten Verfahren ist noch ein drittes, das sogenannte
Sanddrehverfahren, bekannt, bei welchem eine drehbare Sandtrommel
mit Sand ausgestreut wird. Durch Einstauben der feuchten Sandober-
fläche erhält man eine genügend harte Form, welche dem in die Form

einströmenden flüssigen Eisen zu widerstehen vermag. Da auch hier
die Sandform bei Entnahme des fertig gegossenen Rohres zerstört wird
und die Stahlform neu ausgefüttert werden muß, so ist die Arbeitsersparnis bei diesem Verfahren nicht so groß wie bei den vorgenannten Schleudergießverfahren.

Außer diesen Verfahren sind einige weitere bekannt, so das Hurst-Ball-Verfahren, bei dem heiße Formen angewendet werden. Ferner das
in Deutschland bei der Gelsenkirchener Bergwerks- und Hüttengesellschaft benutzte Verfahren von Briede. Allgemein werden geschleuderten
Rohren bedeutend bessere Festigkeitseigenschaften als den mit Verwendung von Rohrform-Stampfmaschinen ruhend gegossenen Rohren
nachgerühmt (Gewichtsersparnis 20 bis 25%). Ein besonderer Vorteil
ist das Fehlen von Gasblasen.

Festigkeitsberechnung bei geringerer Wandstärke. Innendurchmesser D_i, innerer Überdruck p_i (kg/cm²), Wandstärke s, zulässige Zugbeanspruchung k_z, Voraussetzung gleichmäßiger Spannungsverteilung
über den Querschnitt, was bei geringer Wandstärke zulässig ist, geben
auf eine Rohrlänge l zwischen äußeren Kräften und inneren Materialkräften für die Längsnaht die Beziehung:

$$p_i \cdot D_i \cdot l = 2 \cdot s \cdot l \cdot k_z,$$

somit

$$s = \frac{p_i \cdot D_i}{2 \cdot k_z}. \tag{1}$$

Für das beiderseits geschlossene Rohr (Schieber, Blindflansch usw.)
ist bei Außendurchmesser D_a und $s = \dfrac{D_a - D_i}{2}$ für die Quernaht

$$p_i \cdot \frac{\pi \cdot D_i^2}{4} = \frac{\pi}{4} \cdot (D_a^2 - D_i^2) \cdot k_z = \pi \cdot \frac{D_a + D_i}{2} \cdot \frac{D_a - D_i}{2} \cdot k_z = \sim \pi \cdot D_i \cdot s \cdot k_z$$

und

$$s = \frac{p_i \cdot D_i}{4 \cdot k_z}. \tag{2}$$

Die Wandstärke ergibt sich also für die Quernaht halb so groß wie für
die Längsnaht, oder die Beanspruchung der Längsnaht ist doppelt so
groß wie die der Quernaht, nämlich für die Längsnaht

$$\sigma = \frac{p_i \cdot D_i}{2 \cdot s},$$

für die Quernaht

$$\sigma = \frac{p_i \cdot D_i}{4 \cdot s}. \tag{3}$$

Zusätzliche Spannungen sind im Auge zu behalten, sie können die Beanspruchung in der Quernaht derjenigen in der Längsnaht nähern.

Mechanischer Teil.

Die Rohrleitungen. Allgemeines.

Als wichtigstem Teil der Gesamtanlage kommt den Rohren von Wasserkraftanlagen große kraft- und finanzwirtschaftliche Bedeutung zu. (Teilwirkungsgrad der Rohrleitung, Nutzeffektsgarantien, maßgebliche Faktoren für Leistungs- und Festigkeitsberechnung, die beiden Konstituenten der Wasserkraft: Wassermenge Q und Gefälle H, statischer und dynamischer Druck.) Rohrleitungen sind heute für Gefälle weit über 1000 m hinaus angewandt worden (größtes bisher ausgenutztes Gefälle 1750 m in der Schweiz), es kommen daher maximale statische Drücke von 180 atm in Betracht. Infolge dynamischer Drucksteigerungen kann die Beanspruchung auf rd. 300 atm steigen. Die im einzelnen Rohr transportierte Wassermenge umfaßt einen Bereich von wenigen Sekundenlitern bis zu etwa 150 m³/sec. Die Anforderungen an die röhrenerzeugende Industrie sind daher sehr verschiedenartige. Von Materialien kommt als wichtigstes Eisen, insbesondere Flußeisen in Betracht. Für manche Zwecke haben Holz, Beton und Eisenbeton größere Bedeutung. Weniger wichtig (wenigstens für Deutschland) scheinen Eternit, Papier zu sein. Kupfer, Messing, Blei und andere kommen nur für Rohrleitungen bei Armaturen in Betracht.

Rohre aus Metall.

Eiserne Rohre.

Ihre Anwendung überwiegt heutzutage in Deutschland wie überhaupt in Europa. Es ist dies einmal darin begründet, daß man mit deren Anwendung leicht allen technischen Anforderungen gerecht werden kann, daß insbesondere auch bei Hoch- und Höchstgefällen die Anforderungen an die Festigkeit erfüllt werden können. Aber auch für niedrigere Gefälle werden sie überwiegend gebraucht, wobei teils Gründe der Gewohnheit, teils die hochentwickelten von den Bedarfsstellen meist nicht zu sehr entfernte und mit denselben durch gute Verkehrsmittel verbundene Industrie mitwirken, zum Teil auch Mangel an konkurrierendem Angebot. Letzteres trifft allerdings für die letzten Jahre nur noch in Beschränkung auf Höchstgefälle zu.

Die Anwendung von Druckrohren aus Gußeisen ist beschränkt auf Fälle bis zu etwa 10 atm Innendruck, d. h. hydraulisch ausgedrückt

Für Gußeisenrohre $k_z = 200$ kg/cm² bei etwa 7facher Sicherheit. Nach den deutschen Rohrnormalien rechnet man für Gußeisen (Erfahrungs- und Zweckmäßigkeitsgründe) mit Zuschlag für Rost, Herstellungs-, Transport- und Verlegungsrücksichten (ungleichmäßige Auflagerung, Bodensenkung usw.)

$$s = \frac{D_i}{60} + 0,7 \text{ cm für stehend gegossene Rohre,}$$
$$s = \frac{D_i}{50} + 0,9 \text{ cm für liegend gegossene Rohre,}$$
$$\text{(4)}$$

gültig für bis zu 10 atm Betriebs- und 20 atm Prüfungsdruck, sowie unter Voraussetzung mäßiger Temperaturschwankungen, was letzteres für Wasserkraftanlagen zutrifft.

Tabellen der deutschen Rohrnormalien für gußeiserne Muffen- und Flanschenrohre in den Handbüchern und technischen Kalendern.

Spannungsverteilung bei großer Wandstärke. Gleichung von Bach. Für hohen Druck kann die ungleichmäßige Spannungsverteilung über den Querschnitt bei größerer Wandstärke nicht unberücksichtigt bleiben; man geht nach Bach dann von der Beziehung

$$r_a = r_i \cdot \sqrt{\frac{m \cdot k_z + (m-2) \cdot p_i}{m \cdot k_z - (m+1) \cdot p_i}} + 0,7 = r_i \cdot \sqrt{\frac{k_z + 0,4 \cdot p_i}{k_z - 1,3 \cdot p_i}} + 0,7 \quad \text{(5)}$$

aus, in welcher r_a den äußeren, r_i den inneren Rohrhalbmesser, $m = \varepsilon : \varepsilon_q$ das Verhältnis der Längsdehnung ε zu der verhältnismäßigen Querzusammenziehung ε_q eines gezogenen Stabes (Poissonsche Zahl) bedeuten, welch letztere Größe als eine zwischen 3 und 4 liegende Größe aufgefaßt wird[1]. Die Zuschlagsgröße 0,7 cm ist hierbei durch ähnliche Rücksichtnahmen begründet wie in Gleichung (4).

Diese ohne Zuschlagsgröße 0,7 cm für Hohlzylinder gültige Beziehung hat ihre Grenze mit einem maximalen Wert[2]

$$p_i = k_z : 1,3, \quad \text{(6)}$$

für welchen $r_a = \infty$ würde. Rechnet man für Gußeisen mit einer zulässigen Beanspruchung $k_z = 200$ kg/cm², so gibt diese Beziehung einen oberen Grenzwert $p_i = 200 : 1,3 = 154$ kg/cm² oder 1540 m Wassersäulendruck, so daß die theoretische Anwendungsmöglichkeit von Gußeisen für Rohre der Wasserkraftanlagen das heute in Betracht kommende größte Gefälle nahezu erreicht. — Lassen wir andererseits für die Wandstärke einen maximalen Betrag s von z. B. 5 cm zu, so daß $r_a = r_i + s$ $= r_i + 5$, so erweist sich r_i abhängig von p_i und umgekehrt. Mit einer

---

[1] Bach, Elastizität und Festigkeit. Berlin 1902. (Nach Aug. und Ludwig Föppl, „Drang und Zwang", 1920, München und Berlin, wäre für Schmiedeisen $m = \sim 3\frac{1}{3}$, für Gußeisen $m = 5$ bis 9.)

[2] a. a. O.

zugelassenen Gußeisenbeanspruchung von 200 kg/cm² ergibt sich diesfalls unter Vernachlässigung der beliebig zu wählenden Zuschlagsgröße
die in Abb. 2 dargestellte Beziehung zwischen p_i und r_i, aus der zu erkennen ist, daß die möglichen inneren Radien mit zunehmendem Druck p_i
sehr rasch abnehmen. Werden bei einem bestimmten Druck p_i die zugehörigen aus Abb. 2 zu entnehmenden Werte r_i überschritten, so ist
dies nur möglich durch Zulassung einer höheren zulässigen Spannung k_z,
d. h. die Materialbeanspruchung wird größer, es sind also gegebenenfalls Materialien mit höheren Festigkeitseigenschaften zu verwenden.
Wird andererseits die Grenze für die Wandstärke s niedriger als 5 cm
angenommen, so vermindern sich auch die einem bestimmten Druck p_i

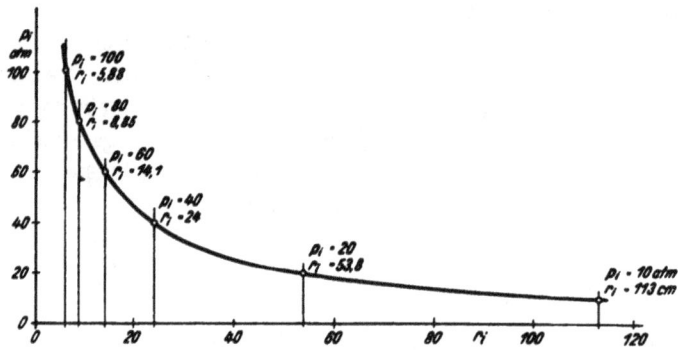

Abb. 2. p_i in Funktion von r_i bei großer Wandstärke.

bei einer bestimmten zulässigen Beanspruchung k_z entsprechenden
Werte von r_i.

Aus der Abb. 2 ergibt sich, daß man sich bei Verwendung von Gußeisen
unter Zulassung der schon recht erheblichen Wandstärke von 5 cm[1])
bei einigermaßen erheblichen Drücken auf recht mäßige lichte Rohrweiten beschränken müßte, z. B. bei $p_i = 60$ atm auf $D_i = $ ca. 280 mm;
es wird damit leicht verständlich, daß man bei Anwendung von Gußeisen für Rohre sehr bald ins Gebiet des Unwirtschaftlichen kommen
würde, weil allein schon der erforderliche Materialaufwand erhebliche
Kosten verursachen müßte. Diese engbegrenzte Anwendungsfähigkeit
von Gußeisen für Rohre mit hohem Innendruck rührt natürlich von dem
kleinen zulässigen k_z-Wert her. Für höhere Drücke muß man daher zu
Baustoffen greifen, die eine höhere Zugbeanspruchung ertragen können,
wie dies ja schon aus der einfachen Formel Gleichung (1) hervorgeht.
Es ist daher für diese Fälle Flußeisen und Flußstahl, evtl. Stahlguß,

---

[1]) Für die Elemente von neuzeitlichen Hochdruckdampfkesseln (geschmiedete
Trommeln) ist man neuerdings für 84 atm Überdruck auf Wandstärken von 10 cm
gekommen.

das gegebene Material, womit auch Rohre für hohen Innendruck bei größerem Durchmesser hergestellt werden können (s. u.).

Die Spannungen selbst berechnen sich für einen unter innerem Überdruck stehenden Zylinder nach Bach, Elastizität und Festigkeit, in Richtung der Zylinderachse zu

$$\sigma_1 = \frac{\varepsilon_1}{\alpha} = \frac{m-2}{m} \cdot \frac{r_i^2}{r_a^2 - r_i^2} \cdot p_i = 0{,}4 \frac{r_i^2}{r_a^2 - r_i^2} \cdot p_i \qquad (7)$$

und in Richtung der Tangente (des Umfangs) zu

$$\sigma_2 = \frac{\varepsilon_2}{\alpha} = \frac{m-2}{m} \cdot \frac{r_i^2}{r_a^2 - r_i^2} \cdot p_i + \frac{m+1}{m} \cdot \frac{r_a^2 \cdot r_i^2}{r_a^2 - r_i^2} \cdot p_i \cdot \frac{1}{z^2}$$

$$= 0{,}4 \cdot \frac{r_i^2}{r_a^2 - r_i^2} \cdot p_i + 1{,}3 \cdot \frac{r_a^2 \cdot r_i^2}{r_a^2 - r_i^2} \cdot p_i \cdot \frac{1}{z^2}, \qquad (8)$$

sowie in Richtung des Halbmessers zu

$$\sigma_3 = \frac{\varepsilon_3}{\alpha} = \frac{m-2}{m} \cdot \frac{r_i^2}{r_a^2 - r_i^2} \cdot p_i - \frac{m+1}{m} \cdot \frac{r_a^2 \cdot r_i^2}{r_a^2 - r_i^2} \cdot p_i \cdot \frac{1}{z^2}$$

$$= 0{,}4 \cdot \frac{r_i^2}{r_a^2 - r_i^2} \cdot p_i - 1{,}3 \cdot \frac{r_a^2 \cdot r_i^2}{r_a^2 - r_i^2} \cdot p_i \cdot \frac{1}{z^2}, \qquad (9)$$

worin jeweils m mit 10/3 eingesetzt ist und α den Dehnungskoeffizienten, ε, ε_1, ε_2, ε_3 die Längsdehnungen und z den Abstand des untersuchten Punktes von der Achse bezeichnen.

Wenden wir diese Gleichungen beispielsweise auf ein Gußeisenrohr von $r_i = 140$ mm; $r_a = 190$ mm, somit Wandstärke $s = 50$ mm bei einem inneren Überdruck $p_i = 60$ atm an, so erhält man als Spannungen in Richtung der Zylinderachse:

$$\sigma_1 = 0{,}4 \cdot \frac{14^2}{19^2 - 14^2} \cdot 60 = 28{,}5 \text{ kg/cm}^2;$$

in Richtung der Tangente (des Umfangs)

a) an der Innenfläche, d. h. für $z = 14$ cm

$$\sigma_2 = 0{,}4 \cdot \frac{14^2}{19^2 - 14^2} \cdot 60 + 1{,}3 \cdot \frac{19^2 \cdot 14^2}{19^2 - 14^2} \cdot 60 \cdot \frac{1}{14^2} = 198{,}5 \text{ kg/cm}^2,$$

b) in der Mitte, d. h. für $z = 16{,}5$ cm

$$\sigma_2 = 0{,}4 \cdot \frac{14^2}{19^2 - 14^2} \cdot 60 + 1{,}3 \cdot \frac{19^2 \cdot 14^2}{19^2 - 14^2} \cdot 60 \cdot \frac{1}{16{,}5^2} = 151{,}5 \text{ kg/cm}^2,$$

c) an der Außenfläche, d. h. für $z = 19$ cm

$$\sigma_2 = 0{,}4 \cdot \frac{14^2}{19^2 - 14^2} \cdot 60 + 1{,}3 \cdot \frac{19^2 \cdot 14^2}{19^2 - 14^2} \cdot 60 \cdot \frac{1}{14^2} = 121 \text{ kg/cm}^2;$$

in der Richtung des Halbmessers
  a) innen, d. h. für $z = 14$ cm

$$\sigma_3 = 0{,}4 \cdot \frac{14^2}{19^2 - 14^2} \cdot 60 - 1{,}3 \cdot \frac{19^2 \cdot 14^2}{19^2 - 14^2} \cdot 60 \cdot \frac{1}{14^2} = -141{,}5 \text{ kg/cm}^2,$$

d. h. Druckspannung (negatives Vorzeichen);
  b) außen, d. h. für $z = 19$ cm

$$\sigma_3 = 0{,}4 \cdot \frac{14^2}{19^2 - 14^2} \cdot 60 - 1{,}3 \cdot \frac{19^2 \cdot 14^2}{19^2 - 14^2} \cdot 60 \cdot \frac{1}{19^2} = -64 \text{ kg/cm}^2,$$

also ebenfalls Druckspannung.

Als größte und daher maßgebende Spannung ergibt sich demnach die in tangentialer Richtung an der Innenfläche (s. Abb. 3, Darstellung der Tangentialdrucke). Sie ist mehr als $1\frac{1}{2}$ mal so groß als die tangentiale Spannung an der Außenfläche und deckt sich mit dem der Berechnung der in Abb. 2 dargestellten Linie zugrunde gelegten $k_z = 200$ kg/cm², insofern die Werte $r_i = 140$ mm mit $p_i = 60$ kg/cm² ungefähr einem Punkt der in Abb. 2 dargestellten Linie entsprechen.

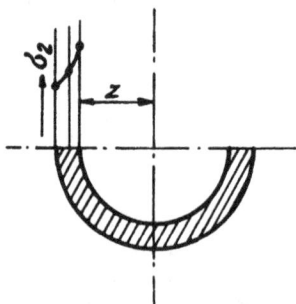

Abb. 3. σ_t in Funktion von z.

Vorliegendes Beispiel nach Gleichung (1) gerechnet, ergibt eine Spannung

$$\sigma = \frac{p_i \cdot D_i}{2 \cdot s} = \frac{60 \cdot 28}{2 \cdot 5} = 168 \text{ kg/cm}^2,$$

d. h. einen um 8,25 kg über dem Mittel der Innen- und Außenspannung liegenden Wert.

Die Vergleichsrechnung zeigt ferner, daß Gleichung (1) für größere Wandstärken zu kleine Spannungen und deshalb auch umgekehrt zu kleine Wandstärken, im vorliegenden Falle

$$s = \frac{60 \cdot 28}{2 \cdot 200} = 4{,}2 \text{ cm}$$

statt 5 cm ergibt. Nach Gleichung (8) würde aber die maßgebende Tangentialspannung an der Innenwand bei nur 4,2 cm Wandstärke werden

$$\sigma_z = 0{,}4 \cdot \frac{14^2}{18{,}2^2 - 14{,}2^2} \cdot 60 + 1{,}3 \cdot \frac{18{,}2^2 \cdot 14^2}{18{,}2^2 - 14^2} \cdot 60 \cdot \frac{1}{14^2} = 225{,}8 \text{ kg/cm}^2,$$

also die zugelassene Spannung um 25,8 kg/cm², d. h. um rd. 12% übersteigen.

Da es der Beurteilung im Einzelfall überlassen bleiben muß, ob man mit der einfachen Beziehung Gleichung (1) auskommt, oder ob man die genauere Gleichung (4) anzuwenden hat, so wird in zweifelhaften Fällen ohne weiteres mit letzterer zu rechnen sein.

Rechnungsvereinfachung. Setzt man in Gleichung (5) unter Weglassung des Zuschlagsgliedes 0,7 cm $r_a = r_i \cdot \delta$, also

$$\delta = \sqrt{\frac{k_z + 0,4 \cdot p_i}{k_z - 1,3 \cdot p_i}},$$

so erhält man für die Wandstärke s die Beziehung

$$s = r_a - r_i = r_i \cdot (1 - \delta) = \xi \cdot D_i, \qquad (10)$$

wobei somit

$$\xi = \frac{1 - \delta}{2},$$

so läßt sich der Faktor ξ als Funktion der beiden Veränderlichen k_z und p_i geben. Eine diesbezügliche von H. Fahlenkamp in Schalke i. W. mitgeteilte Tabelle findet sich in der „Hütte", 25. Aufl., Bd. I, S. 675; sie erspart die Rechnung für den Wurzelausdruck der Gleichung (5) und ermöglicht so die Ermittlung der Wandstärke durch eine einfache Multiplikation des Durchmessers D_i mit einem aus der genannten Tabelle zu entnehmenden Zahlenwert ξ.

Gleichung von Föppl[1]). Etwas andere Gleichungen findet A. Föppl, nämlich für die Tangentialspannung

$$\sigma_t = p_i \cdot \frac{r_i^2}{r_a^2 - r_i^2} \cdot \frac{z^2 + r_a^2}{z^2} \qquad (11)$$

und für die Radialspannung:

$$\sigma_r = p_i \cdot \frac{r_i^2}{r_a^2 - r_i^2} \cdot \frac{z^2 - r_a^2}{z^2} \qquad (12)$$

z Abstand des untersuchten Punktes von der Rohrachse.

Zu demselben Ergebnis bezüglich der Tangentialspannung σ_t kommt auf etwas elementarem Wege John Perry in seiner „Angewandten Mechanik"[2]).

Schreibt man die Bachsche Gleichung (8) für die Tangentialspannung in der Form

$$\sigma_2 = p_i \cdot \frac{r_i^2}{r_a^2 - r_i^2} \cdot \left(\frac{m - 2}{m} + \frac{m + 1}{m} \cdot \frac{r_a^2}{z^2} \right),$$

so erkennt man, daß auch sie mit den Gleichungen von Föppl bzw. Perry übereinstimmt, wenn die beiden Faktoren der Poissonschen

[1]) August Föppl, „Vorlesungen über technische Mechanik", 4. Auflage, Berlin und Leipzig, 1909/21, Bd. III, Festigkeitslehre 1909. — Vgl. ebendaselbst 9. Aufl., Bd. V, „Ringgeschütze und Anwendung auf gepanzerte Druckschächte für Wasserkraftanlagen"; sowie die dort erwähnte Abhandlung L. Mühlberger, „Die Berechnung kreisförmiger Druckschachtprofile unter Zugrundlegung eines elastisch nachgiebigen Gebirges", Z. d. österr. Ing.-V. 1921.

[2]) „Applied Mechanics", von John Perry, deutsche Ausgabe „Angewandte Mechanik" von Rudolf Schlick, Leipzig und Berlin, 1908.

Zahl m, nämlich $\dfrac{m-2}{m}$ und $\dfrac{m+1}{m}$ je gleich 1 werden. Dieser Fall könnte nur für $m = \infty$ eintreten, er würde für eine bestimmte Längsdehnung ε eine Querzusammenziehung $\varepsilon_q = 0$ bedingen[1]).

Die Vereinfachung, welche in den Gleichungen von Föppl und Perry zum Ausdruck kommt, und die somit in einer scheinbaren Nichtberücksichtigung der Querzusammenziehung besteht, läßt ihren Einfluß erkennen, wenn wir für das oben durchgerechnete Beispiel die Tangential- und Radialspannung nach den Föpplschen Gleichungen (22) und (23) ermitteln. Sie ergeben tangential:

a) an der Innenwand

$$\sigma_t = \sigma_2 = 60 \cdot \frac{14^2}{19^2 - 14^2} + 60 \cdot \frac{19^2 \cdot 14^2}{19^2 - 14^2} \cdot \frac{1}{14^2} = 202,2 \text{ kg/cm}^2,$$

b) in der Mitte

$$\sigma_t = \sigma_2 = 60 \cdot \frac{14^2}{19^2 - 14^2} + 60 \cdot \frac{19^2 \cdot 14^2}{19^2 - 14^2} \cdot \frac{1}{16,5^2} = 167,7 \text{ kg/cm}^2,$$

c) an der Außenwand

$$\sigma_t = \sigma_2 = 60 \cdot \frac{14^2}{19^2 - 14^2} + 60 \cdot \frac{19^2 \cdot 14^2}{19^2 - 14^2} \cdot \frac{1}{19^2} = 142,4 \text{ kg/cm}^2;$$

und radial:

a) an der Innenwand

$$\sigma_r = \sigma_3 = 60 \cdot \frac{14^2}{19^2 - 14^2} \cdot \frac{14^2 - 19^2}{14^2} = -60 \text{ kg/cm}^2 \text{ (Grenzbedingung)},$$

b) in der Mitte

$$\sigma_r = \sigma_3 = 60 \cdot \frac{14^2}{19^2 - 14^2} \cdot \frac{16,5^2 - 19}{16,5^2} = -23,3 \text{ kg/cm}^2,$$

c) an der Außenwand

$$\sigma_r = \sigma_3 = 60 \cdot \frac{14^2}{19^2 - 14^2} \cdot \frac{19^2 - 19^2}{19^2} = 0.$$

Insbesondere zeigt sich bei den Radialspannungen ein durch die Föpplschen Grenzbedingungen bedingter Unterschied. Die Tangentialspannungen ergeben sich für den Höchstwert an der Außenwand nach beiden Rechnungsarten nicht wesentlich verschieden. Dagegen tritt die starke Abnahme der Tangentialspannung von der Innenwand nach der Außenwand bei den Bachschen Beziehungen ausgesprochener in Erscheinung.

---

[1]) Föppl selbst gebraucht an anderer Stelle diese Vereinfachung, die er als berechtigt bezeichnet (s. Aug. und Ludwig Föppl, „Drang und Zwang", 1. Band, § 3, S. 27ff., sowie S. 75 und 85).

Äußerer Überdruck. Nachprüfung gemäß

$$s = \frac{p_a \cdot D_a}{2 \cdot k},\tag{13}$$

wobei Außendurchmesser $D_a = 2 \cdot r_a$ und k die zulässige Druckbeanspruchung, zu empfehlen wegen der Möglichkeit zusätzlicher Spannungen durch Auflagerung auf einzelnen Stützpunkten (Gewichtszusammenfassung und Beanspruchung auf Biegung durch Eigengewicht) Erd- oder Mauerdruck. (Vgl. das bei Eisenblechrohren Gesagte; dortige Formeln nicht auf Gußeisenrohre übertragbar.)

Rohrverbindungen für Gußeisenrohre. Nach Art der Verbindung der einzelnen Rohre untereinander unterscheidet man Flanschen- und Muffenrohre. Beide haben für Wasserkraftanlagen Bedeutung und kommen in der Regel beide zusammen bei ein und derselben Anlage vor; insofern die Flanschenverbindung eine starre, die Muffenverbindung eine in gewissem Grade bewegliche Verbindung ergibt; welch letztere Eigenschaft nicht nur den unvermeidlichen Temperaturänderungen gegenüber von Wert ist, sondern auch infolge der Bewegungen des Erdreichs, in welchem die Rohre liegen oder dem sie aufgelagert sind, gefordert werden muß. Da für Wasserkraftanlagen die Rohre in der Regel auf dem, nicht im Erdreich verlegt werden, findet in der Hauptsache — der größeren Steifigkeit wegen — die Flanschenverbindung unter gleichzeitiger Versteifung der Rohrbahn durch Fixpunkte, Stützsättel Anwendung, während die Muffenverbindung für Spezialfälle wie Ausgleichvorrichtungen (s. u.) und die Verbindung von aus verschiedenen Baustoffen bestehenden Rohren (Gußeisen mit Zementrohr, Holzrohr usw.) ihren besonderen Platz hat.

Flanschenrohre. Bei der Flanschenverbindung werden mittels Schraubenbolzen die bearbeiteten Stirnflächen der Rohre, d. h. eben die Flanschen (Arbeitsleiste, um nicht die ganze Flanschbreite mit bearbeiten zu müssen) gegeneinander gepreßt, wobei zwischen die bearbeiteten Stirnflächen ein Dichtungsmittel gelegt wird. Als Dichtungsmaterialien finden insbesondere Ringscheiben aus Pappe, Pappe mit Mennigeanstrich, Pappe mit Einlagen von Leinwand oder feinem Drahtgeflecht (Kupfer), Asbestpappe, Kupfer, ferner Schnüre aus Hanf, Bindfaden, Bindfaden mit Mennige, Gummi, dieser eventuell noch mit Hanfeinlage oder Umwicklung, Drähte aus weichem bildsamem Metall wie aus Kupfer, Blei, ferner Bleiwolle (letzteres hauptsächlich für Muffenverbindungen) usw. Verwendung. Es ist darauf zu achten, daß die Dichtung elastisch bleibt, da sie nur dann wirken kann. Daher ist zu vermeiden, bei schräger oder senkrechter Lage der Rohrleitung die ganze Rohrlast auf die Dichtung drücken zu lassen. Statt der bei der Verbindung gemäß Abb. 4 meist angewandten Bleidichtung hat sich bei Rohrleitungen in oberschlesischen Bergwerken besonders gut ein Dichtungsring aus gutem fettgarem Leder bewährt.

Die Gefahr, die sich daraus ergibt, daß bei hohem Flüssigkeitsdruck der Dichtungsring nach außen gedrückt, zerrissen oder sonst beschädigt wird, fordert einmal die Beschränkung der Dicke der Dichtungsscheibe auf etwa 2 mm, andererseits hat sie zu einer Reihe von besonderen Konstruktionen für Flanschenverbindungen geführt, welche diese Möglichkeit verhindern sollen und dabei gleichzeitig unter Umständen eine Erhöhung der Abdichtung bewirken. Solche Hilfsmittel sind insbesondere Eindrehungen auf der Stirnfläche, Abb. 4, vollständige Absätze der Stirn-

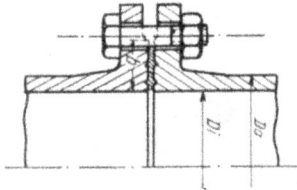

Abb. 4. Flanschverbindung.

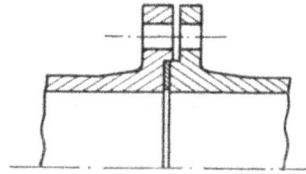

Abb. 5. Flanschverbindung.

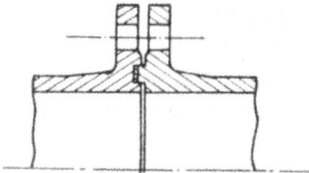

Abb. 6. Flanschverbindung.

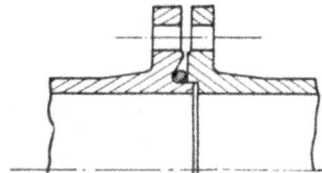

Abb. 7. Flanschverbindung.

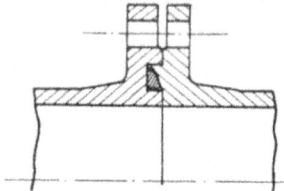

Abb. 8. Flanschverbindung.

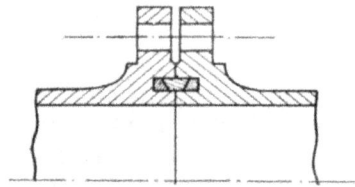

Abb. 9. Flanschverbindung.

fläche des einen Rohrs gegen diejenige des anderen, so daß dieselben übereinander greifen, Abb. 5, Ringnuten mit oder ohne in diese eingreifende Ringfeder, welch letztere je nach den besonderen Zwecken, die man mit derselben verfolgt, verschiedene Formen haben kann, Abb. 6 bis 10. Der Einbau der Rohre ist so vorzunehmen, daß die Flanschhälfte mit der Nut immer nach unten zeigt, um zu verhindern, daß die Dichtung beim Einlegen wieder herausfällt.

Die Dichtung mit Gummischnur, Abb. 7 bis 9 (Verbindung der Schnittflächen mit Gummilösung [Paragummi und Benzin]) hat sich bei kaltem Wasser und hohen Drucken durchaus bewährt. Die Abdichtung gemäß Abb. 4 ist bei Pressungen bis zu etwa 10 atm zulässig.

Die durch Nut und Feder bedingte Erschwerung des Aus- und Einbaues einzelner Rohrschüsse aus einer bestehenden Rohrleitung verhindert die in Abb. 10 dargestellte Konstruktion von W. Schmitz, bei der ein in der Rohrachse verschiebbarer Ring das Austreten der Packung verhindert. Durch Verschieben des Ringes über das längere vorstehende Ende des einen Rohres gibt er die Dichtungs- und Verbindungsfuge beider Rohre frei, so daß nach Lösen der Flanschenschrauben der Ausbau des Rohres oder das Herausnehmen der Packung möglich ist.

Zu der Abdichtung nach Abb. 9 mag noch bemerkt werden, daß sie selbsttätig ist, da der hohe Innendruck das Packmaterial in den keilförmigen Raum nach außen drängt.

Verbindung der Flanschen untereinander durch Schraubenbolzen und Muttern bei gleichmäßiger Verteilung auf den Umfang und gerader Anzahl von Schrauben. Mindestzahl 4. Größte Entfernung zweier Schrauben voneinander 160 mm (Rücksicht auf gute Abdichtung, mäßige Dimensionierung der Flanschen, unter dem Einfluß des Schraubendruckes erfolgende Durchbiegung derselben).

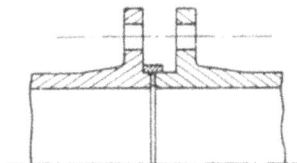

Abb. 10. Flanschverbindung.

Stärke des äußeren Schraubendurchmessers möglichst nicht unter 13 mm ($^1/_2''$ engl.). Festigkeitsberechnung für beliebig oft wechselnde, abwechselnd von Null bis zu einem größten Wert stetig wachsende und dann wieder auf Null herabsinkende Belastung. Material Schweißeisen; zulässige Beanspruchung $k_z = 600$ kg/cm². Anziehen der Mutter der Befestigungsschraube bedingt Beanspruchung auf Drehung auf kurze Zeit; zulässige Drehungsbeanspruchung $k_d = 360$ kg/cm² für ruhende Belastung. Überstarke Beanspruchung der Schrauben durch überstarkes Anziehen derselben zur Erzielung genügender Abdichtung läßt Herabsetzung von k_z angezeigt erscheinen.

Diese Belastungsfähigkeit der Schrauben entspricht einer vorsichtigen Beurteilung. Die A. P. B. geben unter „Schrauben und Verschraubungen" für den auf einen Schraubenkern entfallenden Teil P_1 des Gesamtdruckes P in kg, die Beanspruchung des Schraubenkerns k_z in kg/mm², den Durchmesser d_1 des Schraubenkerns in mm die Beziehungen an:

$$k_z = 1{,}27 \cdot \frac{P_1}{d_1^2} \qquad (14)$$

und ferner, gleichviel, ob die Schrauben aus Schweißeisen oder aus Flußeisen hergestellt sind,

a) bei guten Schrauben, guter Bearbeitung der Flächen und weichem Dichtungsmaterial

$$d_1 = 0{,}45 \cdot \sqrt{P_1} + 5 \text{ mm}, \qquad (15)$$

b) wenn den unter a) genannten Forderungen weniger vollkommen entsprochen ist

$$d_1 = 0.55 \cdot \sqrt{P_1} + 5 \text{ mm}. \qquad (16)$$

Wird der Nachweis geliefert, daß das Schraubenmaterial den in den Materialvorschriften für Landdampfkessel für das Nieteisen aufgestellten Anforderungen genügt, so kann der Koeffizient in Gleichung (15) bis auf 0,4 vermindert werden.

Die Gleichungen (15) und (16) liefern bei ihrer Anwendung auf das Whitworthsche System die in den A. P. B. angegebenen Tabellenwerte.

Infolge Durchbiegung des Flansches wird die Mutter der Schraube unter Umständen statt auf der ganzen Fläche auf einer Kante zum Aufliegen kommen (Abb. 11). Die hierbei eintretende exzentrische Belastung hat Biegungsbeanspruchung der Schraube mit einem Moment $M = P \cdot x$ zur Folge, wenn P die die Schraube beanspruchende Zugkraft und x der Hebelarm ist, an dem die Belastung angreift.

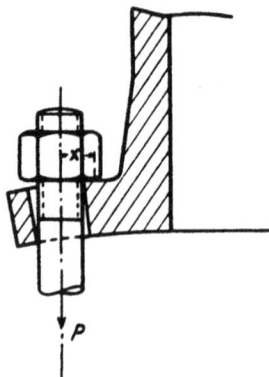

Abb. 11. Beanspruchung der Schrauben am gebogenen Flansch.

Ist d der Kerndurchmesser der Schraube, so beträgt die von der Biegung herrührende Inanspruchnahme der Schraube

$$\sigma = \frac{P \cdot x}{\frac{\pi}{32} \cdot d_1^3}. \qquad (17)$$

Nimmt man an, daß die Mutter äußerstenfalls auf dem der Schlüsselweite entsprechenden Kreis zur Auflage kommen kann, also mit $x =$ ca. $0.8 \cdot d_1$, so ergibt sich gemäß Gleichung (17)

$$\sigma_{max} = \frac{P \cdot 0.8 \cdot d_1}{\frac{\pi}{32} \cdot d_1^3} = 6.4 \cdot \frac{P}{\frac{\pi}{4} \cdot d_1^2}, \qquad (18)$$

d. h. die durch exzentrische Belastung der Schraube infolge Durchbiegung des Flansches hervorgerufene Biegungsbeanspruchung kann unter Umständen bis zum 6,4fachen der durch P veranlaßten Zugbeanspruchung anwachsen, die bei Feststellung der Stärke der Schraube allein berücksichtigt wird. Demnach dürfen gelegentlich Schraubenbrüche nicht Wunder nehmen.

Allerdings ist dem zunächst durch eine solche Bemessung des Flansches Rechnung zu tragen, daß eine solche erhebliche Durchbiegung nicht eintritt. Um dies zu erreichen, wird nach Bach eine Flanschenstärke

$$s_2 = 1,25 \cdot d \qquad (19)$$

im allgemeinen als genügend erachtet.

Für die Berechnung von Rohrflanschen finden sich sehr gute Unterlagen bei Bach, Maschinenelemente, in dem Abschnitt über Flanschen
für die Befestigung von Zylinderdeckeln. Die Voraussetzungen bei Zylinderdeckeln treffen allerdings für Rohre nicht immer ganz zu; vor allem
werden die Rohre in der Regel offen verwendet, ferner werden die in den
einzelnen Rohrstücken oder Teillängen des Rohrstranges auftretenden
axialen Kräfte durch die Befestigung des Rohres in den Festpunkten aufgenommen und nicht auf die Flanschenschrauben übertragen, insbesondere soweit Expansionsstücke in die Rohrleitung eingeschaltet sind. Auch
fehlt exzentrische Belastung bei sorgfältiger Montage. Die Unterschiede
der Rohrflanschen sind somit z. T. quantitativer, z. T. qualitativer Art.
Man wird also häufig mit geringeren Dimensionen auskommen als bei
Zylinderflanschen. Der die Abdichtung bewirkende Fugendruck, den
die Flanschschrauben hervorzubringen haben, wird wegen der bei Rohrflanschen wegfallenden, bei Zylinderflanschen durch den Deckeldruck
hervorgerufenen Entlastung der Dichtungsfläche bei Rohrflanschen
leichter zu erreichen sein. Doch bleibt bei Rohrflanschen die Erscheinung
der Formänderung der Flansche und des Rohrendes durch Biegungs-
kräfte der Flanschschrauben, weshalb auch bei Rohrflanschen die Schrauben so dicht als möglich an die Rohrwand heranzusetzen sind. Beim
Zylinder unterstützen sich jedoch — wegen des auf dem Zylinderdeckel
lastenden inneren Flüssigkeitsdruckes — die durch die Verbindung von
Deckel und Flansch hervorgerufene Deformation in ihrer Wirkung nach
außen, während in der Verbindung zweier Rohrflanschen die Formänderung jeder einzelnen Flansche in Beziehung auf das zugehörige Rohrende dasselbe ist. Infolgedessen kommt in diesem Falle im Abdichtungs-
raum die Summe beider Deformationswinkel zur Geltung, bei der Verbindung von Zylinderdeckel mit Zylinderflansch dagegen deren Differenz.
Deshalb ist wegen des Klaffens der beiden den Abdichtungsdruck herbei-
führenden Flächen Lecken der Abdichtung durch die Schraubenlöcher
bei Rohrflanschen in höherem Maße zu erwarten als bei Zylinderflanschen,
ein Umstand, der entgegen dem bisher Bemerkten zu einer Verstärkung
der Rohrflanschen gegenüber Zylinderflanschen mahnt. Das Lecken
durch die Schraubenlöcher ist übrigens um so stärker, je mehr die
Schraubenlöcher von der eigentlichen Preßkante, der Kippkante der
formveränderten Dichtungsfläche, nach der Zylindermitte zu liegen, da
sich dieselben dann den Stellen höheren Flüssigkeitsdruckes in der Ab-
dichtungsstelle nähern, die ja durch die Abdichtung einen Druckabfall nach außen hervorrufen. Man tut daher gut, die Dichtungsfläche
nicht bis an die Schraubenlöcher heranreichen zu lassen, sofern sich dies

mit einer genügenden Breite der Dichtungsfläche und der Forderung eines kleinen Hebelarms für das Biegungsmoment des Schraubenzuges vereinigen läßt.

Durchmesser der Schraubenlöcher üblicherweise

$$d_1 = 1,1 \cdot d. \tag{20}$$

Der Schraubenlochkreisdurchmesser D_1 ergibt sich aus der Annahme, daß der Spielraum zwischen Mutter und Rohrwandung $\frac{1}{4} \cdot d$ betrage, zu

$$D_1 = D_i + 2 \cdot s_i + 2 \cdot d + 2 \cdot \tfrac{1}{4} \cdot d = D_i + 4,5 \cdot d. \tag{21}$$

Der Flanschdurchmesser D_2 folgt unter der Voraussetzung, daß die Mutter um $\frac{1}{4} \cdot d$ von dem Flanschenumfang zurücksteht, zu

$$D_2 = D_1 + 2 \cdot d + 2 \cdot \tfrac{1}{4} \cdot d = D_i + 7 \cdot d. \tag{22}$$

Für die Breite b der Arbeits- oder Dichtungsleiste genügt

$$b = \tfrac{3}{2} \cdot d \qquad \text{bis} \qquad b = \tfrac{5}{4} \cdot d = h. \tag{23}$$

Für die Höhe der Leisten genügen 3 bis 6 mm.

Bezüglich der Verteilung der Schrauben auf dem Flanschenumfang wird die Regel befolgt, in der Vertikalebene der Rohrachse keine Schraube anzuordnen.

Muffenrohre. Bewegliche Rohrverbindungen. Bei Verbindung zweier Rohre durch Muffe wird das eine Rohr konzentrisch in die Muffe hineingeschoben, bis es auf dem Grund der Muffe aufsitzt. Alsdann erfolgt das Einlegen des Dichtungsmaterials in den zwischen Rohr und Muffe befindlichen Hohlraum, und zwar besteht das Dichtungsmaterial in der Regel aus teergetränkten Hanfstricken sowie einem durch vorgelegten Tonring ermöglichten Bleieinguß. Strick und Blei werden je einzeln mit Setzeisen und Hammer fest eingetrieben und verstemmt. Mit Rücksicht auf das Spritzen des Bleis, die daraus sich ergebende ungenügende Abdichtung sowie Gefahr für die Arbeiter, ist darauf zu halten, daß die Wandungen des auszugießenden Muffenraumes vor dem Vergießen gut abgetrocknet

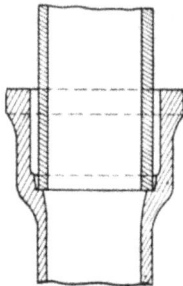

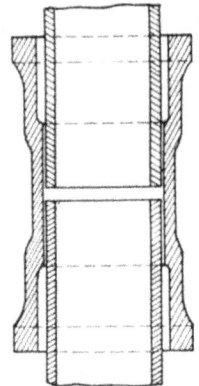

Abb. 12. Muffenverbindung.

Abb. 13. Überschiebemuffe.

sind. — Statt Bleiabdichtung wird auch solche mit Eisenkitt benutzt.

Das Grundsätzliche der Muffenverbindung geht aus Abb. 12 hervor. Man erkennt daraus, daß bei Muffenverbindung der Ausbau einzelner Rohre aus der Rohrleitung erschwert oder unmöglich gemacht ist. Man hilft sich gelegentlich durch sogenannte Überschiebemuffen, Abb. 13, doch ist auch dies ein Notbehelf, der nicht vermag, in Beziehung auf die

Unabhängigkeit der einzelnen Rohre untereinander die Muffenverbindung der Flanschenverbindung gleichzustellen. Auch der bereits erwähnte Vorteil der Muffenverbindung, eine gewisse Beweglichkeit zu bieten, insbesondere wenn das in die Muffe eingeschobene Rohr nicht bis auf den Grund der Muffe geführt ist, kann nicht ausschlaggebend sein, da man sich in dieser Frage auch bei der Flanschenverbindung in gewissem Grade zu helfen weiß (s. u.).

Eine Sonderkonstruktion ist in den Abb. 14 und 15 gezeigt. Diese als Lanninger-Gelenkrohrkupplung bezeichnete

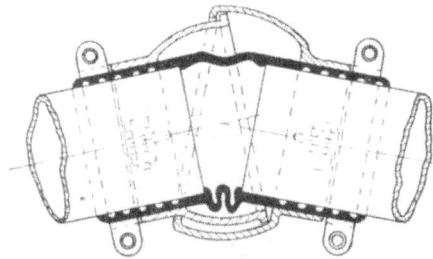

Abb. 14. Lanninger-Gelenkrohrkupplung.

und von der Firma Lanninger-Regner-Aktiengesellschaft in Frankfurt a. M.-Rödelheim insbesondere für Feldberegnungsanlagen für lichte Rohrweiten bis zu 300 mm und Drücke bis zu 20 atm hergestellte Ausführung eignet sich zwar nicht für Daueranlagen, mag jedoch für improvisierte Installation gelegentlich gute Dienste leisten. Die Rohre selbst sind nahtlose eiserne Spezialröhren, nur die Tempergußmuffenkupplungen bestehen aus Guß, wobei auf Wunsch Silumin (Aluminiumlegierung) an Stelle von Gußeisen verwendet wird. Der besondere Vorzug dieser Rohrverbindung ist ihre große Beweglichkeit.

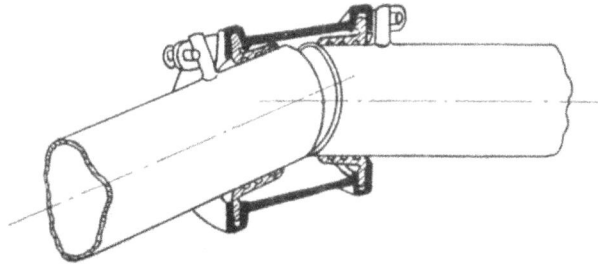

Abb. 15. Lanninger-Gelenkrohrkupplung.

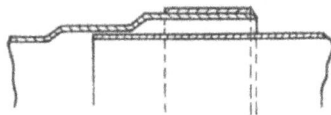

Abb. 16. Schalker Spezialmuffe für Blechrohre.

Für gewisse Zwecke ist eine größere Beweglichkeit der Rohrleitung auch für Daueranlagen erforderlich, und zwar dann, wenn die Rohrtrace vor dem Verlegen der Rohre nicht genügend ausgeglichen werden kann und auch nachträgliche Verschiebungen im Untergrund zu erwarten stehen. Beide Gründe treffen in der Regel zu bei den sogenannten Seeleitungen, d. h. Rohrsträngen, die auf der Sohle von Seen zu verlegen sind, wie dies bei einer Anzahl von am Bodensee (Konstanz, Friedrichshafen, St. Gallen u. a.) sowie an anderen Seen (z. B. Genfer See, Buffalo am Erie-See und Chikago am Michigan-See) ausgeführten Seewasserversorgungsanlagen der Fall ist. Aber auch für den Betrieb von Saug-

baggern[1]), die neuerdings zur Erhaltung des Speicherraums von Stau-
weihern Verwendung finden (Elektrizitätswerke Andelsbuch im Bre-
genzerwald, s. „Die Wasserkraft" 1925, S. 395 ff.) sind solche bewegliche
— und diesfalls ortsveränderliche — Rohr-
leitungen notwendig. Man verbindet hierbei die einzelnen Rohrschüsse durch Ver-
bindungsstücke besonders großer Beweglichkeit. Bei den Seeleitungen des Bodensees
wurde besonders häufig die Schalker Spezialmuffe (s. Abb. 16) angewandt, eine Muffe, bei
welcher die Stoßenden nach der Bleiverstem-
mung umgebördelt sind. Unbeschadet genügender Abdichtung (der Keimgehalt bietet
bei diesen Wasserversorgungsanlagen einen
sehr empfindlichen Maßstab für die Abdichtung) und der erforderlichen Starrheit wurden

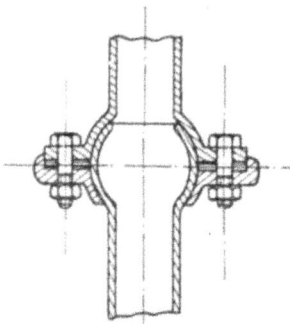

Abb. 17. Kugelgelenk, Schnitt.

damit Krümmungen von 5 m Pfeilhöhe auf 100 m Sehnenlänge erreicht.
An besonders scharfen Ecken der Rohrtrace werden statt der billigen
Schalker Spezialmuffen die wesentlich teureren Kugelgelenke (s. Abb. 17

Abb. 18. Kugelgelenk der Saugbagger Clackamas.

und 18), deren allseitige Beweglichkeit nach jeder Seite von der Rohrachse aus 11°, im ganzen also 22° beträgt, benutzt; in besonderen Fällen
gebraucht man auch Wendekniestücke (s. Abb. 19), deren Beweglichkeit

---

[1]) S. a. Z. V. d. I. 1926, S. 1045, Saugbagger für Spülversatz (1500 m² stünd-
liches festes Baggergut), dessen Rohrleitung auf Pontons verlegt ist.

ca. 300⁰ beträgt, aber auf eine einzige Ausschlagebene (senkrecht zur Drehachse) beschränkt ist. — Solche gelenkige Rohrleitungen sind auch für das Durchqueren von Flußläufen und für Verlegung im Bereich der Seeküste von Belang, und es befassen sich deshalb auch norddeutsche Maschinenbauunternehmungen wie die Lübecker Maschinenbaugesellschaft mit besagten Spezialkonstruktionen.

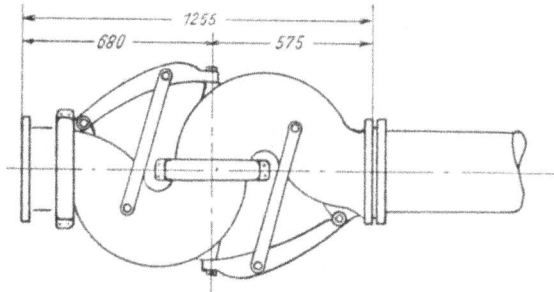

Abb. 19. Wendeknie.

Eine verbesserte biegsame Rohrverbindung wurde in letzter Zeit von der United States Cast Iron Pipe and Foundry Co., Burlington, N. J., herausgebracht, und wird in der in Abb. 20 dargestellten Form für den in Ausführung begriffenen zweiten Strang der Catshill-Wasserleitung unter der Einfahrt des New-Yorker Hafens angewandt, nachdem eine ähnliche Ausführung sich seit Jahren bei dem ersten Strang der besagten Wasserleitung gut bewährt hat. Der in Ausführung begriffene zweite Strang hat einen lichten Durchmesser von 1060 mm. Die Innenfläche des übergreifenden Rohrendes ist genau nach einer Kugelfläche

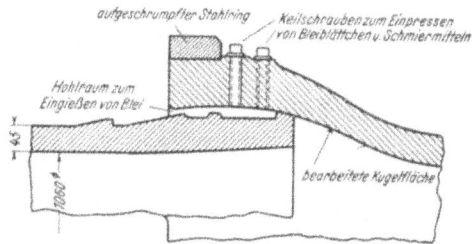

Abb. 20. Kugelgelenk der United States Cast Iron Pipe and Foundry Co., Burlington, N. J.

gekrümmt und glatt poliert, damit das in den Zwischenraum eingegossene und auf dem Zapfen des anderen Rohrendes festsitzende Blei ohne Haftung an dieser Kugelfläche gleiten kann. Auf genaue Aus-

Abb. 21. Phönix-Muffe mit umgebördeltem Schließrand.

Abb. 21a. Phönix-Muffe mit umgebördeltem Schließrand.

führung dieser Fläche wird also großer Wert gelegt. Da nach dem Erkalten des eingegossenen Bleis infolge Schwindens desselben ein gewisser Spielraum in der Muffe frei wird, so ist das übergreifende Rohrende mit einer Anzahl von Bohrungen versehen, durch welche feste Blei-

blättchen und zum Schluß Schmiermittel zum Ausfüllen des Schwund-
raumes mittels Keilschrauben eingepreßt werden können. Diese Art
der Schlußdichtung scheint sich bewährt zu haben, wenigstens sind
die Schraubenlöcher bei der neueren Ausführung gegenüber der älteren
vergrößert worden.

Eine weitere — allerdings nicht für Gußrohre, sondern für Rohre aus
Schweiß- bzw. Flußeisen bestimmte — Lösung bringt die „Phönix"-
Aktien-Gesellschaft
für Bergbau und
Hüttenbetrieb, Ab-
teilung Hörder Ver-
ein in Hörde in

Abb. 21 b. Phönix-Muffe mit umgebördeltem Schließrand.

Westfalen. Sie ist in Abb. 21 dargestellt und läßt erkennen, daß auch
mit dieser Muffenverbindung Ausschläge zweier anstoßender Rohrschüsse von ca. 10° erreichbar sind.

Abb. 22 zeigt die bewegliche Rohrverbindung der Carlton Pipe Joint
Company Ltd., in Sheffield, für Preßluft und Wasser.

Die Festigkeitsberechnung der Muffenrohre geschieht nach denselben
Grundsätzen wie die der Flanschenrohre. Für die Abmessungen der Muffe
ist die Beanspruchung beim Verstemmen
maßgebend; für nicht normale Ausführungen geben die in der deutschen Norma-
lientabelle für Muffen- und Flanschenrohre
enthaltenen Werte einen Anhalt. Die bei
Flanschenrohren auftretende Biegungsbeanspruchung der Rohre an den Enden entfällt bei den Muffenrohren.

Im übrigen ist zu den Muffenrohren
nichts Besonderes zu bemerken. Beide Arten
von gewöhnlichen Gußeisenrohren pflegt
man mit einem inneren Überdruck von
12 bis 20 atm zu prüfen und durch gleich-
zeitiges Hämmern Röhren mit starken,
vom Erkalten herrührenden Gußspannungen
auszuscheiden. Den zweifachen Arbeits-

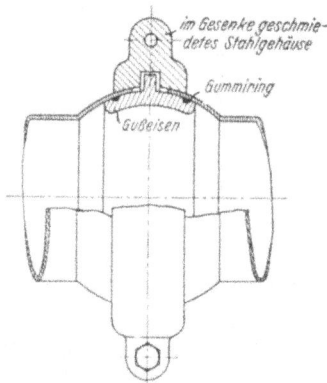

Abb. 22. Flexible Pipe Joint der Carlton Pipe Joint Company Ltd.

druck als Probedruck pflegt man als vollauf hinreichend anzusehen.

Die übliche Baulänge beträgt bei Muffenrohren zwischen 2 und 4 m,
bei Flanschenrohren zwischen 2 und 3 m (s. Tabelle der deutschen Rohrnormalien für gußeiserne Muffen- und Flanschenrohre [„Hütte"]), ist
also im Durchschnitt für Muffenrohre etwas größer. Die Gewichte für
1 m Nutzlänge weisen für beide Rohrarten keine bedeutenden Unterschiede auf.

Bronze-Schweißverbindung von Gußrohren. In Nordamerika, wo die
Verwendung von Gußrohren häufig ist, hat sich für Gußrohre, bei welchen

Abb. 22a. Verlegung der Seeleitung Kreuzlingen 1925. Die 665 m lange Leitung schwimmt auf der Oberfläche des Bodensees an der Stelle, wo sie versenkt wurde. Unternehmer E. Bosshard & Co., Zürich.

Abb. 22b. Seeleitung Kreulingen 1925. Versenkung der Leitung durch Belastung mit Steinen, alle 2 m zwei ca. 40 kg schwere Steine. Unternehmer E. Bosshard & Co., Zürich.

bekanntlich im Gegensatz zu Stahlrohren autogene Schweißung nicht
möglich ist, ein an deren Stelle tretendes Schweißverfahren eingeführt,
mittels dessen die glatten Gußrohrstöße verbunden werden. Das Verfahren besteht darin, daß zwischen bzw. auf die Stoßstelle ein Bronze-

Abb. 22c. Seeleitung Frasnacht 1925. 950 lfde. m nahtloser Stahlrohre, 150 mm Durchm.,
mit Schalker Spezialmuffe beim Zusammenbau auf See und Vorland; man beachte die
Pfeilhöhe der Rohrkrümmung (5 m Pfeilhöhe auf 100 m Sehnenlänge). Unternehmer
E. Bosshard & Co., Zürich.

ring aufgebracht wird, welcher sich durch den auch beim autogenen
Schweißen benutzten Schweißbrenner bei einer Temperatur von 790
bis 900° mit dem Gußeisen verschweißen läßt. Die Zusammensetzung
der verwendeten Bronze ist 59 bis 63% Kupfer, 36 bis 40% Zink und
0,5 bis 1,5% Zinn; sie weißt die dreifache
Zugfestigkeit des Gußeisens der sandge-
gossenen Rohre auf, so daß der Schweiß-
ring nur $1/3$ so dick zu sein braucht wie
die Rohrwanddicke. Die Schweißstellen
sind — wie auch sonst für Schweißarbeit
— durch Abfeilen rostfrei zu machen.

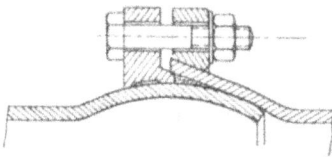

Abb. 23. Kugelflansch.

Die Schweißflamme muß neutral sein, da durch den Sauerstoffüber-
schuß der Zinkanteil der Bronze oxydiert und die Schweißstelle ge-
schwächt würde. Dem „Verbrennen" der aufgebrachten Bronze ist
durch genaue Beachtung der von den Herstellern der Schweißbrenner
herausgegebenen Vorschriften bezüglich der Brennergröße, die in Abhängigkeit von der Rohrwanddicke steht, vorzubeugen. Auf Grund von
eingehenden Versuchen ist hierbei dem Stumpfstoß der Vorzug vor der

Schweißung mit abgeschrägten Rohrenden zu geben, welch letztere eine nur halb so widerstandsfähige Verbindung wie die Stumpfstoßschweißung ergibt.

Vom deutschen Gußrohrverband empfohlene Mindestabmessungen der Bronzeringe sind hierfür: Breite 1,5 der Wandstärke des Gußrohrs, Dicke 0,6 der Rohrwandstärke. Sehr günstige Ergebnisse zeitigten Bruchversuche, insofern der Bruch niemals in der Schweißwulst, also im Rohrstoß, sondern unmittelbar neben dem Bronzering im gesunden Eisen erfolgte. Obgleich auch Anfressungsversuche günstig verliefen, wird das Teeren des Bronzerings als Schutz gegen salzige Bodenfeuchtigkeit empfohlen (s. u. unter „Rostschutz").

Als Kosten des Verfahrens werden einschließlich Azetylen, Sauerstoff, Bronze, Flußmittel, Lohn usw. bei 150 mm lichter Weite bei Werkstattausführung 2 RM. angegeben. Das Verfahren des Bronzeschweißung wäre demnach erheblich wohlfeiler als Muffendichtung.

Dem Einfluß von Temperaturänderungen wäre durch Einbau von langen Muffenrohren oder Überschiebern in Abständen von ca. 50 m Rechnung zu tragen.

Rohre aus Schweißeisen, Flußeisen, Stahl.

In Anbetracht der geringen Eignung für hohe Drucke finden Gußeisenrohre im Bau von Wasserkraftanlagen nur beschränkte Verwendung. Bei allen beträchtlicheren Druckhöhen hält man sich daher an die Anwendung von Eisenblechrohren, deren Material eine um ein Mehrfaches höhere Zugbeanspruchung zuläßt, so daß die Eisenblechrohre wesentlich leichter und damit billiger konstruiert werden können als Gußeisenrohre. Allerdings tritt bei Eisenblechrohren der Arbeitsaufwand für Formgebung der Bleche und deren Bearbeitung zu Rohren verteuernd hinzu, so daß der Maßstab der billigeren Herstellung für Eisenblechrohre erst von etwa 500 mm Lichtweite an ausschlaggebend wird. Transportkosten und Schwierigkeiten, unter Umständen auch die größere Empfindlichkeit der Gußeisenrohre gegen Beschädigungen auf dem Transport, drücken die Grenze für die Gleichwertigkeit der Gußeisen- mit den Eisenblechrohren eventuell noch weiter herab, da Blechrohre leichter ausfallen als Gußeisenrohre bei gleichen Festigkeitseigenschaften und gleicher Lichtweite, ein bei großen Transportentfernungen und bei hohen Frachtsätzen sehr ins Gewicht fallender Umstand. Insbesondere bei Lieferungen nach Übersee wird er an Bedeutung gewinnen; auch bietet sich bei Blechrohren, deren einzelne zu derselben Rohrleitung gehörende Schüsse, wie unten noch besprochen werden wird, unter Umständen mit verschiedenem Durchmesser hergestellt werden, öfters die Möglichkeit, mehrere Rohrschüsse ineinander zu schieben und dadurch an Raum zu sparen, wodurch ebenfalls die Transportkosten herabgesetzt werden können, wenn den zu versendenden Rohrstücken dadurch der Sperrgutcharakter genommen werden kann.

Festigkeitsberechnung. Die Festigkeitsberechnung der Wandstärken kann hier unter Berücksichtigung eines Wirkungsgrades η der Niet- und Schweißnaht (s. u.) sowie eines etwaigen Rostzuschlages von $c = 2$ bis 3 mm, der hier wichtiger ist als bei den durch höheren Kohlenstoffgehalt und Gußhaut gegen Rosten besser geschützten Gußeisenrohr, ohne Bedenken auf die schon bei Gußrohren erwähnte Beziehung (1) in auf Eisenblechrohre angepaßter Form

$$s = r_a - r_i = \frac{p_i \cdot D_i}{2 \cdot k_z \cdot \eta} + c \qquad (24)$$

gestützt werden, da die Spannungsunterschiede an der Innen- und an der Außenfläche des Rohres wegen der geringen Wandstärken und der hohen zulässigen Spannungen verhältnismäßig sehr gering ausfallen.

b) Äußerer Überdruck. Nach den „Werkstoff- und Bauvorschriften für Landdampfkessel, nach den Beschlüssen des deutschen Dampfkesselausschusses vom 18. Juni 1926, Deutscher Reichsanzeiger Nr. 238 vom 12. Oktober 1926, nebst Erläuterungen, Ausgabe Oktober 1926"[1]) ist die Wandstärke zu nehmen zu

$$s = \frac{p_a \cdot D_a}{4 \cdot k} \cdot \left(1 + \sqrt{1 + \frac{a}{p_a} \cdot \frac{l}{l + D_a}}\right) + c, \qquad (25)$$

worin

$k = 600$ kg/cm² die zulässige Druckbeanspruchung,

$s =$ Wandstärke,

$D_a =$ äußerer Rohrdurchmesser in cm, der in Anbetracht des geringen Unterschiedes ohne großen Fehler durch den inneren Rohrdurchmesser D_i ersetzt werden kann,

$p_a =$ äußerer Überdruck,

$l =$ Länge des Rohres in cm, zutreffendenfalls der in Betracht kommende Abstand der wirksamen Rohrversteifungen (s. u.),

$a =$ eine Zahl, deren Größe von der Vollkommenheit der kreiszylindrischen Form des Rohres abhängt und die bis zu einer gewissen Grenze um so kleiner in die Rechnung einzuführen ist, je weniger das Rohr von dieser Form abweicht,

$c =$ Zuschlag in cm für Abnutzung und Abrosten des Rohres.

Man nehme bei liegenden Flammrohren:

$a = 100$ für Rohre mit überlappter Längsnaht und in Fällen, wo aus irgendwelchen Gründen Vorsicht am Platze ist[2]),

$a =$ für Rohre mit gelaschter oder geschweißter Längsnaht,

---

[1]) Gegenüber den bisherigen Angaben in der „Hütte" (Dampfkessel) wenig verändert.

[2]) Bach bespricht die Wichtigkeit, den Rohrinhalt bezüglich seines Einflusses auf die Änderung der genauen Kreiszylinderform des Rohres und dementsprechend

bei stehenden Flammrohren:

$a = 70$ für Rohre mit überlappter Längsnaht,

$a = 50$ für Rohre mit gelaschter oder geschweißter Längsnaht.

Bei Wasserkraftanlagen wird man somit meist mit Werten $a = 50$ bis 80 auskommen können.

Als besonders schwache Punkte in Rohrleitungen sind stets auch die Abzweigstellen von Rohranschlüssen, Stutzen, Standrohren usw. so- wie Hand- und Mannlöcher anzusehen ($a = 100$ empfehlenswert).

Bei Verlegung von Rohren unter Wasser, Erde, Grundwasser können gelegentlich wesentlich höhere Außendrücke als 1 atm in Betracht kommen.

Weitere Formeln für den äußeren Überdruck finden sich in der Hütte[1]), so die Beziehung

$$r_a = r_i \cdot \sqrt{\frac{k}{k - 1,7 \cdot p_a}} \qquad (26)$$

(Bedingung $p_a > \dfrac{k}{1,7}$ oder $\dfrac{p_a}{k} < 0,59$), ferner die für geringe Wand- dicken hinreichend genaue

$$s = \frac{r_a \cdot p_a}{k}, \qquad (27)$$

schließlich die wichtige Formel von R. Mayer-Mita[2]), wonach der Ein- beulungsdruck beträgt:

$$p = \frac{E}{4} \cdot \left(\frac{s}{r}\right)^3, \qquad (28)$$

oder nach s aufgelöst

$$s = r \cdot \sqrt[3]{\frac{4 \cdot p}{E}}. \qquad (29)$$

Führt man noch einen Sicherheitsfaktor ξ ein [in Gleichung (28) im Nenner im Produkt mit 4, in Gleichung (29) im Zähler unter der Wurzel], der bei satt eingestampften Rohren etwa $= 1$, bei offen verlegten Rohren

auf die Wahl der Zahl zu würdigen. Ein für eine Zentralkondensation bestimmtes Rohr von 1400 mm Weite wurde als Flammrohr gegenüber 1 atm äußerem Über- druck berechnet, jedoch in einem Abstand von rd. 23 m gelagert. Zu der Beanspru- chung durch den äußeren Überdruck kam infolgedessen noch diejenige, welche aus der ihm zugewiesenen Aufgabe, Brückenträger zu sein, sich ergab. Das Rohr wurde mit Eintritt des Vakuums flach gedrückt. Man hatte den Unterschied über- sehen, der darin liegt, daß beim Flammrohr das Eigengewicht durch den Auftrieb meist ganz aufgehoben wird, während hier dem Rohre noch die Aufgabe eines Trägers zugemutet wurde. Bei gleichmäßiger Unterstützung des Rohres in nicht zu großen Abständen unter möglichster Erhaltung der Kreisform würde sich das Rohr ausreichend widerstandsfähig erwiesen haben.

[1]) Hütte, 25. Aufl., Bd. I, S. 677ff.

[2]) Z. V. d. I. 1914, S. 653. Dieselbe Formel findet A. Föppl in „Vorlesungen über Technische Mechanik", 3. Aufl., 1905, Bd. III (Festigkeitslehre), § 55, S. 291.

mit Rücksicht auf eintretendes Vakuum = 4 zu setzen ist, so erhält man mit $\xi = 4$ und $E = 2\,000\,000$ kg/cm² die sehr einfache Beziehung

$$s = 0{,}01 \cdot d, \qquad (30)$$

die mit praktischen Erfahrungswerten gut übereinstimmt.

Formänderung eines gekrümmten Rohres mit dünner Wandung[1].

Jedem, der einmal in einer Schmiedewerkstatt der Arbeit des Umbiegens eines Rohres mit kreisförmigem Querschnitt beigewohnt hat, wird in Erinnerung sein, daß zur Vermeidung von Querschnittsdeformationen allerlei Anstrengungen gemacht wurden. So versucht man vor Beginn dieser Arbeit das Rohr durch Ausfüllen mit einer plastischen, leicht einfüllbaren Masse, die nach der Einfüllung erstarrt (also z. B. mit durch heißen Asphalt gebundenem Sand), in einen massiven Stab zu verwandeln, dessen sämtliche der geradegestreckten Rohrachse parallelen Fasern an der Biegung teilnehmen und, da sie durch etwaige Deformationskräfte nicht verdrängt werden können, die Deformation des Querschnitts selbst verhindern.

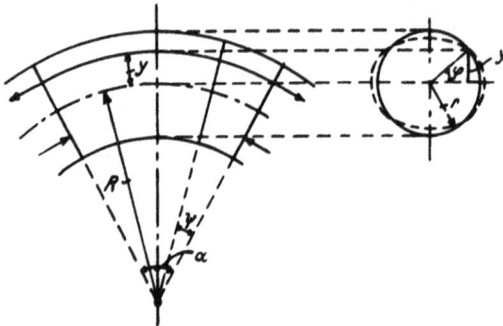

Abb. 24. Deformation des gebogenen Rohrquerschnitts.

Daß Kräfte vorhanden sind, welche auf eine Deformation des kreisförmigen Querschnitts hinwirken, kann man sich leicht vorstellen. In Abb. 24 sind durch Pfeile die Zugspannungen in den außerhalb der neutralen Achse gelegenen Materialfasern sowie die Druckspannungen in den innerhalb der neutralen Achse (gegen den Krümmungsmittelpunkt zu) gelegenen Fasern dargestellt. Diese Spannungen in den Endquerschnitten des betrachteten Rohrsektors können als die äußeren Kräfte oder als die Lasten angesehen werden, welche Ursache des Biegungsmoments M sind und durch die das betrachtete Rohrstück um den Winkel $\varDelta\alpha$ gebogen wird. Aus Abb. 24 ist leicht zu ersehen, daß die Zugspannungen in den beiden Endquerschnitten zu einer Resultierenden zusammengefaßt werden können, welche von außen nach dem Rohrkrümmungsmittelpunkt zu gerichtet ist. Ebenso ergeben die Druckspannungen in den beiden Endquerschnitten eine vom Krümmungsmittelpunkt nach außen wirksame Resultante. Zwischen diesen

---

[1] Über die Spannungsänderung im ganzen Rohrumfang eines geradachsigen Rohres infolge von Wasserbelastung vgl. die diesbezügliche Arbeit von Ph. Forchheimer in der Zeitschrift des österreichischen Architekten- und Ingenieurvereins 1904, Nr. 9 und 10.

beiden Resultierenden befindet sich das Rohrstück, das somit von außen und von innen (bezüglich des Krümmungsmittelpunktes) je einen Druck erfährt. Diese bei jedem auf Biegung beanspruchten krummen Stab außer den Biegungsbeanspruchungen auftretenden Normalspannungen bleiben allerdings im allgemeinen unbeachtet, was bei einem schwach gekrümmten Stab mit vollem Querschnitt auch durchaus zulässig erscheint, da die fraglichen Normalkräfte nur klein sind. Anders ist dies bei einem dünnwandigen Rohre, weil der ursprünglich kreisförmige Rohrquerschnitt sich unter dem Einfluß einer in der Querrichtung liegenden Belastung leicht etwas verbiegt. Infolgedessen werden aber die Abstände y der Fasern von der neutralen Schicht merklich verkleinert; der in der Krümmungsebene liegende Rohrdurchmesser erfährt eine Verkürzung, die senkrecht dazu stehende Achse des Rohrquerschnitts wird entsprechend verlängert. Für ein Rohr mit gleichbleibender Wandstärke s, für welches außerdem angenommen werden kann, daß es aus einem isotropen Material besteht, das dem verallgemeinerten Hookschen Gesetz gehorcht (Proportionalität zwischen Dehnung und Spannung), bei welchem ferner die Wandstärke s klein ist im Verhältnis zum Rohrradius r, kann mit hinreichender Genauigkeit angenommen werden, daß der durch die Deformation des Kreisquerschnitts entstehende Deformationsquerschnitt des Rohres eine Ellipse ist.

Das Problem behandelte einst Bantlin, als die Frage nach der Formänderung federnder Ausgleichrohre durch Versuche gelöst werden sollte. Daran anknüpfend hat von Karman[1]) dem Problem eine Arbeit gewidmet, die wiederum Ausgangspunkt einer einschlägigen Untersuchung von Föppl[2]) wurde. Letzterer entwickelt auf der Grundlage der höheren Elastizitätstheorie, insbesondere nach dem Prinzip der virtuellen Geschwindigkeiten für den elastisch festen Körper, die Gleichung der Deformationsellipse (Näherungskurve) des ursprünglich kreisförmigen Rohrquerschnitts vom Innenradius r, dessen Deformation in den Ellipsenachsen $+ c$ bzw. $- c$ sei. Bezüglich des Krümmungshalbmessers R der Rohrachse und der Wandstärke s des Rohres führt Föppl einen Wert

$$\lambda = \frac{R \cdot s}{r^2} = \frac{R}{r} \cdot \frac{s}{r} \qquad (31)$$

ein, der sowohl größer als auch kleiner als 1 sein kann. Das Verhalten des Rohres bei der Biegung hängt in erster Linie von dem Werte λ ab. Für das gerade Rohr ($R = \infty$) wird $\lambda = \infty$, und für ein verhältnismäßig stark gekrümmtes und zugleich sehr dünnwandiges Rohr kann λ ein ziemlich kleiner Bruch werden, der sich der Grenze Null nähert.

---

[1]) v. Karman, „Über die Formänderung dünnwandiger Rohre usw.", Z. V. d. I. 1911, S. 1889.
[2]) „Drang und Zwang", von Aug. Föppl und Ludwig Föppl, München und Berlin, 1920, Band I, § 10 u. 11.

Der Zentriwinkel des Rohrsektors betrage vor der Verbiegung α. Durch die Biegung, die wir uns durch ein Kräftepaar vom Moment M hervorgebracht denken, werde α in α' und der Krümmungsradius R in R' geändert. Die Berechnung der Winkeländerung $\varDelta\alpha = \alpha' - \alpha$ sowie der Deformation $\pm c$ des Kreisquerschnitts sind das Ziel der Untersuchung. Auf dem Wege über die Berechnung der Formänderungsarbeit findet Föppl

$$c = \frac{\varDelta\alpha}{\alpha} \cdot \frac{6 \cdot r}{5 + 6 \cdot \lambda^2}. \tag{32}$$

Hieraus ist zu ersehen, daß die Abplattung c in starkem Maße von der Größe λ abhängt. Ist λ ein kleiner Bruch, so fällt die Querschnittsabplattung groß aus, aber doch nur klein gegen r, wie $\varDelta\alpha$ gegen α. Trotzdem hat sie einen großen Einfluß auf das elastische Verhalten des Rohres, indem sie eine bedeutende Vergrößerung des Biegungswinkels $\varDelta\alpha$ herbeiführt. Bei großem λ fällt die Abplattung dagegen weit kleiner aus bzw. sie wird Null. Für die Winkeländerung $\varDelta\alpha$ findet sich mit der Poissonschen Zahl m und der Elastizitätszahl E

$$\varDelta\alpha = \frac{\alpha}{\pi} \cdot \frac{m^2 - 1}{m^2 \cdot E} \cdot \frac{R}{s \cdot r^3} \cdot \frac{10 + 12 \cdot \lambda^2}{1 + 12 \cdot \lambda^2} \cdot M. \tag{33}$$

Durch Einsetzen von $\varDelta\alpha$ in Gleichung (32) erhält man auch den Wert von c.

Demgegenüber folgt aus der einfachen Biegungstheorie, bei der man die Gestaltsänderung des Rohrquerschnitts unberücksichtigt läßt, im übrigen unter Beibehaltung derselben Annahmen wie bei der Berechnung nach der höheren Elastizitätslehre, mit $c = 0$. der Biegungswinkel zu

$$\varDelta\alpha_0 = \frac{\alpha}{\pi} \cdot \frac{m^2 - 1}{m^2 \cdot E} \cdot \frac{R}{s \cdot r^2} \cdot M. \tag{34}$$

Zwischen den beiden Werten $\varDelta\alpha$ und $\varDelta\alpha_0$ besteht daher die Beziehung

$$\varDelta\alpha = \varDelta\alpha_0 \cdot \frac{10 + 12 \cdot \lambda^2}{1 + 12 \cdot \lambda^2}. \tag{35}$$

Für ein gerades Rohr mit $R = \infty$ und $\lambda = \infty$ stimmen $\varDelta\alpha$ und $\varDelta\alpha_0$ überein. Aber schon bei $\lambda = 1$ wird $\varDelta\alpha$ nahezu $= 2 \cdot \varDelta\alpha_0$; und wenn λ ein kleiner Bruch ist, wird $\varDelta\alpha$ bald 10mal so groß wie $\varDelta\alpha_0$. Man sieht hieraus, wie bedeutend der Fehler in der Ermittlung des Biegungswinkels sein kann, wenn die Deformation des Rohrquerschnitts unberücksichtigt bleibt.

Biegungsspannungen in einer gekrümmten Röhre (Krümmer). Ein Krümmer erfährt, wenn die von ihm aufgenommene Flüssigkeit in Ruhe ist, zunächst die dem statischen Innendruck entsprechende Beanspruchungen seiner Wände. Ist die Flüssigkeit jedoch in Bewegung, so übt sie auf die Gefäßwände gewisse dynamische Kraftwirkungen aus, die unten (hydraulischer Teil) näher besprochen sind.

Ein Krümmer, gemäß Abb. 25, dessen Achse den Krümmungsradius R habe, werde von einer Wassermenge Q mit der mittleren Geschwindigkeit c durchflossen. Das Wasser erfährt dabei eine dem Krümmerwinkel α entsprechende Ablenkung aus seiner
ursprünglichen Richtung, und übt infolgedessen
auf die Krümmerwände eine Kraft P aus, die
gleich der sekundlichen Wassermasse mal der in
der Kraftrichtung erfolgten totalen Geschwindig-
keitsannahme ist (s. u.). Die Geschwindigkeitsabnahme beträgt

$$\varDelta c = c - c \cdot \cos \alpha = c \cdot (1 - \cos \alpha),$$

somit ist die auf Krümmerwände ausgeübte Kraft

$$P = \frac{\gamma \cdot Q \cdot \varDelta c}{g} = \frac{\gamma \cdot Q}{g} \cdot c \cdot (1 - \cos \alpha), \qquad (36)$$

deren Richtung mit der Strömungsrichtung am
Ende des Krümmers zusammenfällt, jedoch der-

Abb. 25. Biegung im
Krümmer.

selben entgegengesetzt gerichtet ist. Der gefährliche Querschnitt $1-1$
wird somit erstens durch ein Moment

$$M = P \cdot h = P \cdot R \cdot (1 - \cos \alpha) = \frac{\gamma \cdot Q}{g} \cdot c \cdot R \cdot (1 - \cos \alpha)^2 \qquad (37)$$

von stets gleichem Drehsinn auf Biegung sowie durch die Ergänzungskraft $P = P'$ bzw. durch deren Komponenten auf Zug (bzw. auf Druck
bei $\alpha - 90^0$) und auf Schub beansprucht. Die Ergänzungskraft P' ergibt
zunächst eine über den ganzen Querschnitt gleichmäßige Normalbeanspruchung des Querschnitts $1-1$ mit

$$P'_a = P' \cdot \cos \alpha \qquad (38)$$

auf Druck bzw. Zug, je nachdem α kleiner oder größer als 90^0 ist. Diese
Beanspruchung läuft parallel mit der Rohrachse.

Die zweite, senkrecht zur Rohrachse gerichtete Komponente von P',
nämlich $P'_s = P' \cdot \sin \alpha$, beansprucht den Querschnitt $1-1$ auf Schub,
und zwar immer nach außen, unabhängig von der Größe des Winkels α.
Die Größe dieser Schubbeanspruchung ist mit D_a und D_i als äußerem
und innerem Rohrdurchmesser

$$\tau = \frac{4 \cdot P' \cdot \sin \alpha}{\pi \cdot (D_a^2 - D_i^2)}. \qquad (39)$$

Andererseits erhält man aus dem Biegungsmoment M Druckbeanspru-
chungen im Querschnitt $1-1$ für den Bereich $\varphi = 0$ bis $\varphi = \pi$, und
Zugbeanspruchungen für den Bereich $\varphi = \pi$ bis $\varphi = 2 \cdot \pi$, wenn φ den
Zentriwinkel des Rohrquerschnitts gemäß Abb. 26 in entgegengesetztem
Sinne der Uhrzeigerdrehung gemessen, bedeutet.

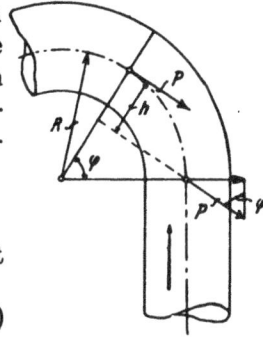

Die auf Grund des Hookschen Gesetzes lineare Spannungsverteilung von der neutralen Achse aus ergibt mit

$$J = \frac{\pi}{64} \cdot (D_a^4 - D_i^4)$$

als Trägheitsmoment des Kreisringsquerschnitts des Rohres und mit y als Abstand der auf Biegung beanspruchten Faser von der Nullinie (neutralen Achse) die Spannungen

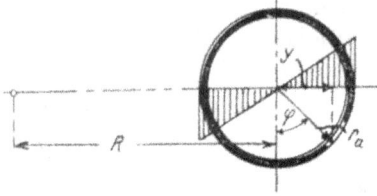

$$\sigma = \frac{M}{J} \cdot y,$$

woraus mit $y = r_a \cdot \sin \varphi$ und unter Einsetzen der Werte von M und J kommt

Abb. 26. Rohrquerschnitt zu Abb. 25.

$$\sigma = 64 \cdot \frac{\gamma \cdot Q}{g} \cdot \frac{c \cdot R \cdot (1 - \cos \alpha)^2}{\pi \cdot (D_a^4 - D_i^4)} \cdot r_a \cdot \sin \varphi. \tag{40}$$

Mit $\varphi = 90^0$ bzw. $\varphi = 270^0$ oder $y = \pm r_a$ erhält man die größte aus dem Biegungsmoment resultierende Druck- bzw. Zugbeanspruchung zu

$$\sigma = \pm 64 \cdot \frac{\gamma \cdot Q}{g} \cdot \frac{c \cdot R \cdot (1 - \cos \alpha)^2}{\pi \cdot (D_a^4 - D_i^4)} \cdot r_a. \tag{41}$$

Die Biegungsbeanspruchungen kombinieren sich nun mit den nach Gleichung (38) zu ermittelnden Normalspannungen, d. h. man erhält als maximale Beanspruchungen mit $+$ als Druck- und $-$ als Zugspannungen für die Krümmerinnenseite (Druckseite) die Beanspruchung

$$\sigma_i = 64 \cdot \frac{\gamma \cdot Q}{g} \cdot \frac{c \cdot R \cdot (1 - \cos \alpha)^2}{\pi \cdot (D_a^4 - D_i^4)} \cdot r_a + P' \cdot \cos \alpha$$

$$= \frac{\gamma \cdot Q}{g} \cdot c \cdot (1 - \cos \alpha)^2 \cdot \left\{ 64 \cdot \frac{R \cdot (1 - \cos \alpha)}{\pi \cdot (D_a^4 - D_i^4)} \cdot r_a + \cos \alpha \right\} \tag{42}$$

und für die Krümmeraußenseite (Zugseite)

$$\sigma_a = -64 \cdot \frac{\gamma \cdot Q}{g} \cdot \frac{c \cdot R \cdot (1 - \cos \alpha)^2}{\pi \cdot (D_a^4 - D_i^4)} \cdot r_a + P' \cos \alpha$$

$$= -\frac{\gamma \cdot Q}{g} \cdot c \cdot (1 - \cos \alpha) \cdot \left\{ 64 \cdot \frac{R \cdot (1 - \cos \alpha)}{\pi \cdot (D_a^4 - D_i^4)} \cdot r_a - \cos \alpha \right\} \tag{43}$$

und für einen beliebigen Punkt des Rohrquerschnitts gemäß Gleichung (40) auf der Krümmerinnenseite

$$\sigma = \frac{\gamma \cdot Q}{g} \cdot c \cdot (1 - \cos \alpha) \cdot \left\{ 64 \cdot \frac{R \cdot (1 - \cos \alpha)}{\pi \cdot (D_a^4 - D_i^4)} \cdot r_a \cdot \sin \varphi + \cos \alpha \right\} \tag{44}$$

und auf der Krümmeraußenseite

$$\sigma = -\frac{\gamma \cdot Q}{g} \cdot c \cdot (1 - \cos \alpha) \cdot \left\{ 64 \cdot \frac{R \cdot (1 - \cos \alpha)}{\pi \cdot (D_a^4 - D_i^4)} \cdot r_a \cdot \sin \varphi - \cos \alpha \right\}. \tag{45}$$

Da Querschnitt $1-1$ außerdem auf Schub gemäß Gleichung (39) beansprucht wird, so ergibt sich im ganzen für den Querschnitt eine zusammengesetzte Spannung gemäß der Bachschen Dehnungsformel, die mit einer Poissonschen Zahl $m = \frac{10}{3}$ die ideelle Hauptspannung

$$\sigma_1 = 0,35 \cdot \sigma \pm \sqrt{0,65 \cdot \sigma^2 + 4 \cdot (\alpha_0 \cdot \tau)^2} \qquad (46)$$

ergibt. Hierin sind σ die Normalspannungen (Zug-, Druck-) und τ die Schubspannung, während $\alpha_0 = k_z : 1{,}3 \cdot k_s$ das Beanspruchungsverhältnis zwischen zulässiger Normalbeanspruchung k_s (bzw. k) und zulässiger Schubbeanspruchung k_s bedeutet.

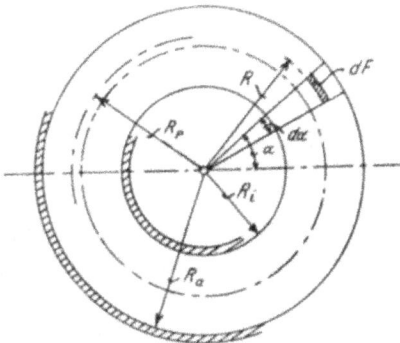

Abb. 27. Längsnaht im Rohrbogen.

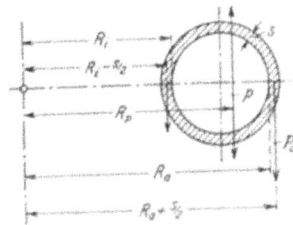

Abb. 28. Rohrbogen, Querschnitt, Momentendarstellung.

Beanspruchung der Längsnaht im gebogenen Rohr (Krümmer). Zerlegt man den in Abb. 27 dargestellten Kreisringquerschnitt (Achsialschnitt eines horizontal liegenden Rohrringes) in Elementarkreisringe von der Breite dR, so ergibt sich nach den Gesetzen der Hydrostatik bei einem statischen Innendruck p_i der auf diesem Elementarkreisring lastende Teildruck zu

$$P_R = p \cdot 2 \cdot \pi \cdot R \cdot dR,$$

wenn R den Krümmungsradius des Elementarkreisringes bedeutet. Als Gesamtdruck auf den ganzen Querschnitt, der die obere und untere Rohrringhälfte voneinander zu trennen sucht, kommt somit (Abb. 28)

Abb. 29. Kräftediagramm zu Abb. 28.

$$P = \sum P_R = p \cdot 2 \cdot \int_{R_i}^{R_a} R \cdot dR = p \cdot \pi \cdot (R_a^2 - R_i^2), \qquad (47)$$

also nichts von dem nach den Gesetzen der Hydrostatik unmittelbar ermittelten Druck P Abweichendes (P = Flächenprojektion mal Schwerpunktsabstand des freien Wasserspiegels).

Eine einfache Untersuchung wird jedoch zeigen, daß der Druckmittelpunkt hier nicht auf die gekrümmte Rohrachse zu liegen kommt, so daß der Druck gegenüber der inneren und äußeren Längsnaht ver-

schiedene statische Momente aufweist, sich also auch auf die beiden
Nahtflächen mit verschieden großem Anteil verteilen muß.

Die Kraft des einzelnen Elementarrings kann man sich in die Zeichenebene der Abb. 29 zurückgedreht und vereinigt denken; man erhält
dann das schraffierte Druckkraftdiagramm für den ganzen Ringquer-
schnitt, dargestellt in einer Ebene. Das statische Moment für die Druck-
kraft eines Elementarkreisringes bezogen auf den Durchstoßpunkt der
zur Zeichenebene senkrechten Momentenbezugsachse durch den Mittelpunkt des Rohrringes schreibt sich dann

$$M_P = p \cdot 2 \cdot \pi \cdot R^2 \cdot dR, \tag{48}$$

woraus als Gesamtmoment folgt:

$$M = P \cdot R_P = p \cdot 2 \cdot \pi \cdot \int_{R_i}^{R_a} R^2 \cdot dR = p \cdot \frac{2}{3} \cdot \pi \cdot (R_a^3 - R_i^3). \tag{49}$$

Da andererseits das Moment M für die im Abstand R_P angreifende
Druckresultierende $M = P \cdot R_P$ ist, so ergibt sich aus den Gleichungen
(47) und (49) der Resultantenradius R_P zu

$$R_P = \frac{M}{P} = \frac{2 \cdot p_i \cdot (R_a^3 - R_i^3) \cdot \pi}{3 \cdot p_i \cdot (R_a^2 - R_i^2) \cdot \pi} = \frac{2}{3} \cdot \frac{R_a^3 - R_i^3}{R_a^2 - R_i^2} = \frac{2 \cdot (R_a^2 + R_a \cdot R_i + R_i^2)}{3 \cdot (R_a + R_i)}, \tag{50}$$

d. h. unabhängig vom Innendruck p_i.

Für einen beliebigen Krümmerwinkel α statt des geschlossenen
Rohrrings folgt dann der Gesamtdruck zu

$$P = \sum P_R = p \cdot \frac{\alpha}{2} \cdot (R_a^2 - R_i^2) \tag{51}$$

und das Gesamtmoment zu

$$M = P \cdot R_P = p \cdot \frac{\alpha}{3} \cdot (R_a^3 - R_i^3). \tag{52}$$

Gleichung (50) läßt sich nach Division mit R_a im Zähler und Nenner
auch schreiben

$$R_P = \frac{2 \cdot \left(1 + \frac{R_i}{R_a} + \left(\frac{R_i}{R_a}\right)^2\right)}{3 \left(1 + \frac{R_i}{R_a}\right)} \cdot R_a, \tag{53}$$

oder mit dem Radienverhältnis $\mu = R_i : R_a$

$$R_P = \frac{2}{3} \cdot R_a \cdot \frac{1 + \mu + \mu^2}{1 + \mu} = \frac{2}{3} \cdot \psi \cdot R_a. \tag{54}$$

Die folgende Tabelle enthält Werte des Faktors $\frac{2}{3} \cdot \psi$ für veränder-
liches μ.

$\mu = R_i : R_a$	$\dfrac{2}{3} \cdot \psi$	$\dfrac{\mu + 1}{2}$
0	0,667	0,5
0,1	0,673	0,55
0,2	0,689	0,60
0,3	0,713	0,65
0,4	0,743	0,70
0,5	0,776	0,75
0,6	0,816	0,80
0,7	0,859	0,85
0,8	0,904	0,90
0,9	0,950	0,95
1,0	1,0	1,0

Danach berechnet sich der Abstand der Druckresultierenden von der Außennaht des Krümmers zu

$$e_a = \left(R_a + \frac{s}{2} \right) - R_p \tag{55}$$

und von der Innennaht zu

$$e_i = R_P - \left(R_i - \frac{s}{2} \right) = R_P - \left(\mu \cdot R_a - \frac{s}{2} \right), \tag{56}$$

während die Rohrachse jeweils den Abstand

$$e_x = \frac{R_i + R_a}{2} = \frac{\mu + 1}{2} \cdot R_a \tag{57}$$

vom Krümmermittelpunkt hat.

Die Ermittlung von R_P zeigt, daß beim Übergang von einer geraden Rohrstrecke zum gewöhnlichen Kreiskrümmer ein Sprung in der Lage des Druckmittelpunktes eintritt. Diese Diskontinuität entspricht dem plötzlichen unvermittelten Übergang vom unendlichen Krümmungsradius der geraden Rohrstrecke zum endlichen des Kreiskrümmers. Es ist dies einer der Punkte, die für die — theoretische — Bevorzugung des Hyperbelkrümmers vor dem Kreiskrümmer sprechen.

Die Druckresultante hat ihren Angriffspunkt somit jeweils etwas außerhalb der Rohrachse und zwar um so mehr, je kleiner der Wert $\mu = R_i : R_a$ ist. Dies hat zur Folge, daß von dem Innendruck im Rohrkrümmer jeweils mehr als die Hälfte auf die Außennaht, auf die Innennaht dagegen weniger als die Hälfte entfällt. Werden diese Anteile mit P_a bzw. P_i bezeichnet, so lassen sich aus der Momentgleichung (Abb. 28)

$$P_i \cdot \left(R_i - \frac{s}{2} \right) + P_a \cdot \left(R_a + \frac{s}{2} \right) = P \cdot R_P \tag{58}$$

und der Summengleichung

$$P_i + P_a = P \tag{59}$$

die beiden unbekannten Kräfte P_i und P_a bestimmen. Damit ergeben sich schließlich die Spannungen der Außennaht zu

$$\sigma_a = \frac{P_a}{2 \cdot R_a \cdot \pi \cdot s} \tag{60}$$

und in der Innennaht zu

$$\sigma_i = \frac{P_i}{2 \cdot R_i \cdot \psi \cdot s}. \tag{61}$$

Diese absolute Mehrbelastung der Außennaht bedingt indes keineswegs auch größere Spannungen in derselben. Gleichheit der Spannungen in der Innen- und Außennaht tritt ein, wenn gemäß Gleichung (60) und (61) $\sigma_a = \sigma_i$ ist. Für unendlich dünne Rohrwand mit $s = 0$ erhält man unter Elimination von R_P nach Gleichung (54) nach einigen Umformungen:

$$(R_a + R_i) \cdot (R_a - R_i)^2 = 0 \tag{62}$$

als Bedingung für die Gleichheit der Spannungen in der Innen- und Außennaht des Krümmers. Die erste Lösung $R_a = - R_i$ entspricht dem Zylinder, die zweite Lösung $R_a = R_i = \infty$ dem geradachsigen Rohr. Beim Krümmer selbst tritt somit der Fall gleicher Spannungen in Innen- und Außennaht überhaupt nie ein.

Ausführungsarten von Blechrohren. Man unterscheidet genietete, geschweißte, hart gelötete und nahtfrei hergestellte Rohre. Für Wasserkraftanlagen wichtig die beiden ersteren. Die Herstellungsart hat Einfluß auf die Festigkeit des Materials in der Verbindungsnaht, der durch Einführung des Wirkungsgrades η der Naht Rechnung getragen wird. (Für Schweißeisen $\eta = 0,70$ (A. P. B.), für überlappt wassergas geschweißte Naht $\eta = 0,90$, für spiralgeschweißte Rohre $\eta = 0,95$; für Nietnaht $\eta = 0,70$ bis 0,85, bzw. rechnerisch zu bestimmen (s. „Hütte"). Blechstärken nicht unter 7 bis 5 mm (Verstemmen erschwert; 4 mm ausgeführt im St.-Wolfgangwerk (Salzkammergut) bei nur 375 mm Durchmesser: Zwischenlage von mit Mennige bestrichenem Papier zwischen die Bleche in der Nietnaht erhöht die Abdichtung. — Obere Grenze $s = \sim 30$ mm (Schwierigkeit der Bearbeitung und der Herstellung mit gleichen Festigkeitseigenschaften über die ganze Materialstärke, schlechte Materialausnutzung wegen Spannungsunterschieden innen und außen. Daher Teilung der Wassermenge zweckmäßig, um kleinere D und s zu erhalten. Größte bisher angewandte Blechstärke wohl 45 mm (Usine d'Orlu bei $H = 950$ m Gefälle). — Untere Grenze für D etwa 20 cm für genietete, etwa 10 cm für geschweißte Rohre (Schwierigkeit der Herstellung der Naht). Obere Grenze für geschweißte Rohre bisher $D =$ etwa 3 m, für genietete Rohre etwa 6 m (Ontario-

Werk am Niagarafall in Nordamerika Rohre mit 5,5 unterem und 6,1 m oberem Durchmesser).

Handelsübliche Abmessungen, Überpreise bei Überschreitung derselben (s. A. P. B.), sind zu beachten.

Material in Amerika Stahlblech (entspricht im wesentlichen unserem Flußeisen. Auch in Deutschland bezeichnet man neuerdings als Stahl alles auf flüssigem Wege hergestellte, ohne Nachbehandlung schmiedbare Eisen). — In Deutschland wird heutzutage ebenfalls das weichere Siemens-Martin-Flußeisen vor dem Schweißeisen bevorzugt (ersteres größere Zugfestigkeit, 3400 bis 5000 kg/cm², höhere Elastizität

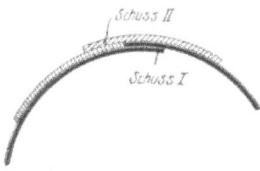

Abb. 30. Rohrschußüberlaschung.

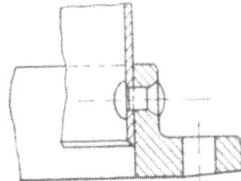

Abb. 31. Abgeschrägter Flansch.

$E = 2150000$ bis 2000000 kg/cm², bei gleicher Dehnung $\varphi = 22$ bis 28% oberhalb der Elastizitätsgrenze, daher für die gelegentlich (dynamische Druckstöße) mit außerordentlicher Schroffheit beanspruchten Rohre von Wasserkraftanlagen besonders geeignet).

Herstellung in konischen oder — meist — zylindrischen Schüssen. Maximale Baulänge mit Rücksicht auf Transport etwa 10 m. Bei genieteten Rohren muß die Überlappungsrichtung von Schuß zu Schuß wechseln, so daß der Blechstoß der verschiedenen Schüsse in derselben Zylindermantellinie zu liegen vermag, ohne daß die Überlappungen der einzelnen Rohrschüsse sich an den Rohrenden überdecken (Abb. 30).

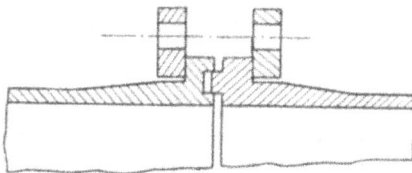

Abb. 32. Überlappt vorgeschweißte Köpfe mit losen Flanschbunden.

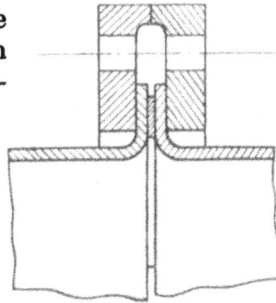

Abb. 33. Überwurfflanschringe mit Bördelflanschverbindung.

Rohrverbindungen. Wo Schweiß- oder Nietverbindung nicht möglich, Verwendung von nahtlos gewalzten oder Stahlgußflanschen. Bevorzugung solcher vor Flanschringen aus Winkeleisen wegen besserer Anpassung an bzw. Vermeidbarkeit von Durchbiegung sowie der schrägen Anlaufflächen, die bei Flanschen aus normalem Winkeleisen zur Anwendung von schräg abgeschnittenen Unterlegscheiben zwingen. Befestigung der Flanschen meist durch Nieten, neuerdings auch durch Schweißen. Dicke der Flansche (nach Bach) $h = \frac{5}{4} d$ ($d =$ äußerer

Schraubendurchmesser), wenn die Schraubenteilung das übliche Höchst-
maß von 160 mm nicht überschreitet. — Abschrägung des Flansches
von den Schraubenlöchern nach außen, um etwa 2 mm je Ring nach
Abb. 31. — Anwendung loser Flanschringe nach Abb. 32 und 33 (Blei-
ringdichtung). Dicke des Flansches in diesem Fall (Berücksichtigung des
Biegungsmoments nach Bach) aus

$$h \geq r_d \cdot \sqrt{3 \cdot \frac{p_i \cdot (r_1 - r_m)}{k_b \cdot (r_2 - r_3 - e)}}, \qquad (63)$$

worin r_d äußerer Halbmesser des Dichtungsringes, r_1 Schraubenteilkreis,
r_m mittlerer Halbmesser der Flanschauflagerung, r_2 äußerer Halbmesser
der Flansche, r_3 innerer Halbmesser derselben e-Durchmesser der Schraubenlöcher (Abb. 34).

Die vielfach angewandte Abschrägung unter 45° der losen Flanschen an der inneren Seite, die zum Aufsitz derselben auf dem Bordring
dient (s. Abb. 35), hat die Bedeutung, daß die Inanspruchnahme der

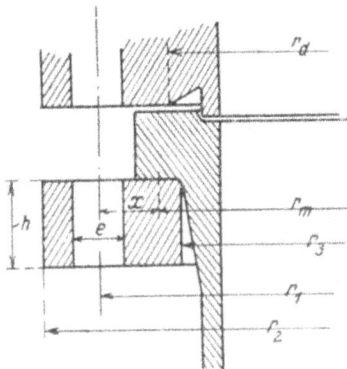

Abb. 34. Bezeichnungsfigur für Flansch-
höhe h.

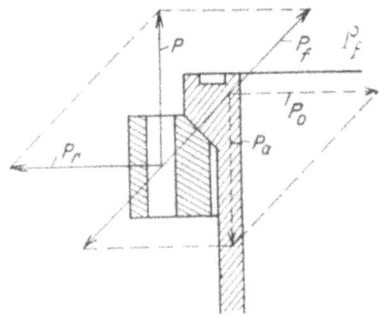

Abb. 35. Abgeschrägter loser Flansch,
Kräfteplan.

losen Flansche am geringsten ausfällt, wenn die in Abb. 35 eingetragenen
Kräfte: Schraubenkraft P_s und Flächendruck P_f sich im Schwerpunkt
des Flanschenquerschnitts schneiden, wie in Abb. 35 angenommen.
Durch die radiale Komponente P_r der Kraft P_s wird die Flansche auf
Zug beansprucht. In gleicher Weise ergibt die in Gegenwirkung gegen
die Kraft P_f auftretende Kraft in der Rohrwand eine achsial gerichtete
Komponente P_a und eine radial gerichtete P_0, welch letztere die Rohr-
wand auf Druck beansprucht.

Weitere Flanschverbindungen zeigen die Abb. 36 bis 55. Einige
derselben lassen erkennen, daß Zwischenstücke in den Flanschenverbindungen zweckmäßig angewandt werden, um kleine Längen- und Rich-
tungsfehler in der Rohrleitung auszugleichen. Die kugelig ausgedrehten
Unterlegscheiben der Muttern und Schraubenköpfe ermöglichen dabei

Abb. 36.

Abb. 37.

Abb. 38.

Abb. 39.

Abb. 40.

Abb. 41.

Abb. 43.

Abb. 44.

Abb. 42.

Abb. 45.

Abb. 36 bis 45. Flanschverbindungen.

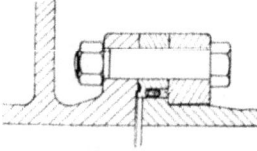
Abb. 46.

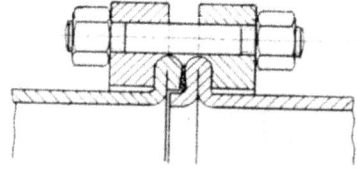
Abb. 47.

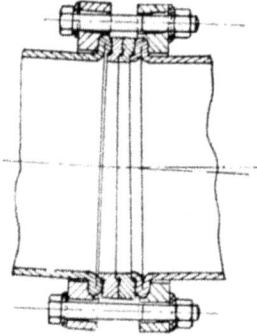
Abb. 48.'

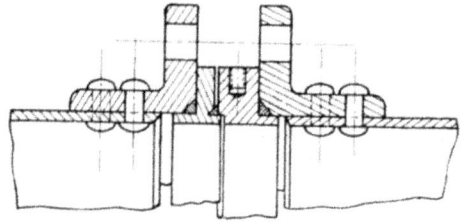
Abb. 49.

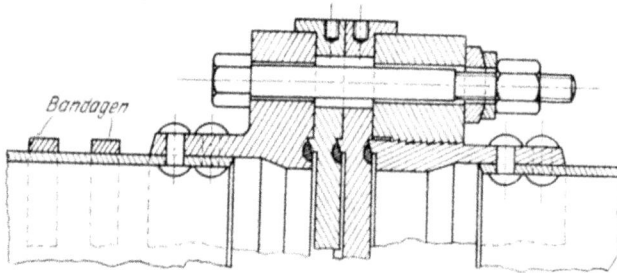
Abb. 50.

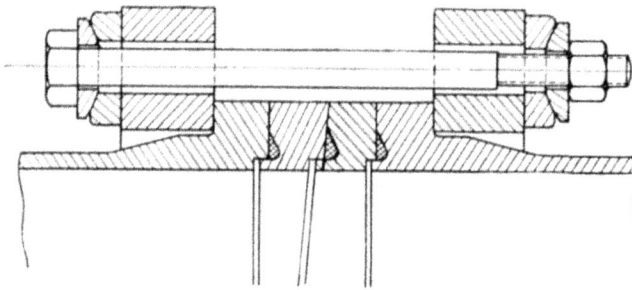
Abb. 51.
Abb. 46 bis 51. Flanschverbindungen.

die Einstellung derselben in die genaue Kraftrichtung, so daß exzentrische
Belastungen der Schraubenbolzen und damit Biegungsbeanspruchungen
derselben vermieden werden.

Eine eigenartige noch nicht in der Praxis eingeführte Rohrverbindung wurde von der Firma Vereinigte Stahlwerke A. G., Werk August

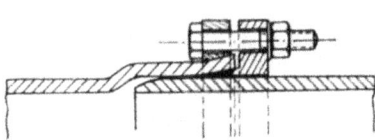

Abb. 52.

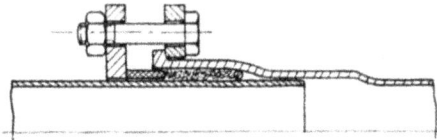

Abb. 53.

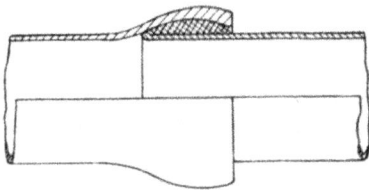

Abb. 54.

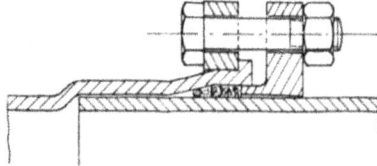

Abb. 55.

Abb. 52 bis 55. Flanschverbindungen.

Thyssen-Hütte, Gewerkschaft, in Mühlheim a. d. Ruhr, erstmals auf der
Internationalen Ausstellung für Binnenschiffahrt und Wasserkraftnutzung, Basel 1926, gezeigt. Diese als verzahnte Schrumpfmuffenverbindung bezeichnete Rohrverbindung zeichnet sich dadurch aus, daß
eine absolut dichte Verbindung ohne Einlagen oder sonstige Dichtungsmittel erreicht wird, indem die vorher bearbeiteten Verzahnungen genau
aufeinander passend gemacht werden können. Erforderlichenfalls
kann durch Verstemmen nachgeholfen werden. Die Zahntiefe beträgt
1 bis 3 mm. Die Verbindung ist außerordentlich raumsparend und billig
herzustellen. Bei Verwendung im Rohrstollen oder Druckschacht kann
der Felsaushub auf ein Minimum beschränkt werden, da das äußere
Rohr der Muffe von innen erwärmt und dann über das Innenrohr gezogen werden kann, das es nach dem Erkalten durch Schrumpfen fest
umfaßt (Abb. 56).

Genietete Rohre.
Die allgemeinen Forde-
rungen, die an eine gute
zweckmäßige Nietung
für Rohre gestellt wer-
den müssen, sind: Ge-

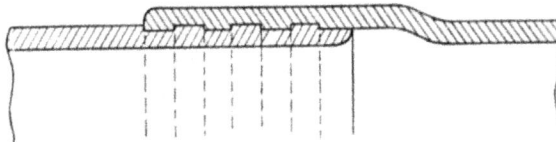

Abb. 56. Verzahnte Schrumpfmuffenverbindung (Thyssen).

währleistung für die Übertragung der in der Nietnaht auftretenden Kräfte
bei möglichster Schonung des Materials, gutes Dichthalten in der Naht
bzw. gute Abdichtungsmöglichkeit, Einfachheit in der Herstellung

Mechanischer Teil.

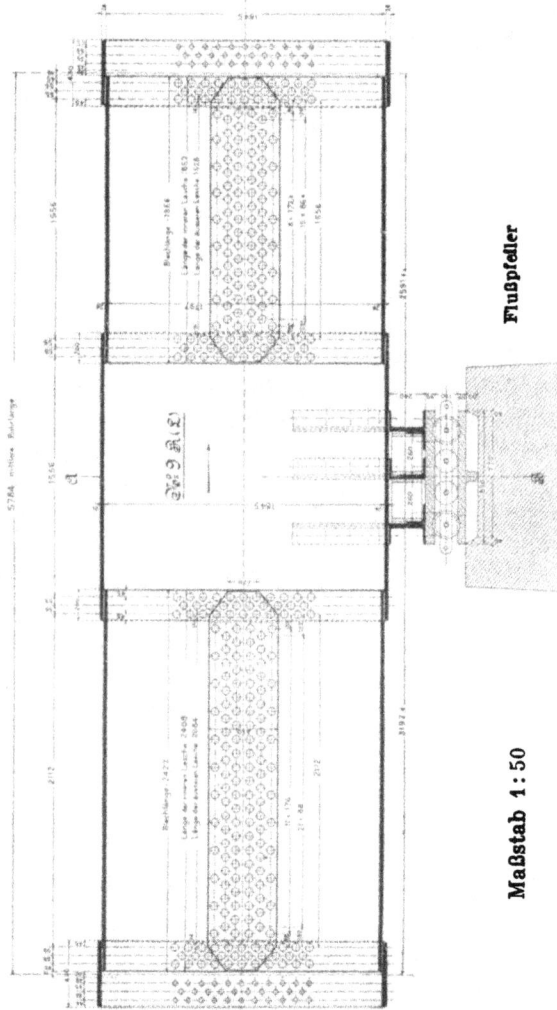

Schnitt A.-B.
In Pfeilrichtung
gesehen.

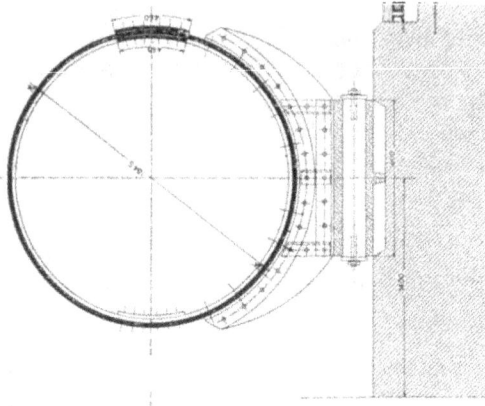

Druckleitung Zone XI.
Rohr Nr. 9 R (L.).

Albulawerk

Flußpfeiler

Abb. 57. Rohrschußvernietung am Albulawerk.

Maßstab 1 : 50

(Kostenfrage), Möglichkeit der Ausführung von Reparaturen, möglichste Anpassung an die hydraulischen Forderungen.

Was die Schonung des Materials anbetrifft, so verlangt die bei Überlappungsnietung, einschnittige Nietung, in Blech und Niete auftretende Biegungsbeanspruchung, solche Nähte möglichst nicht in Zug- und Biegungsbeanspruchungen zu legen; die Laschennietungen sind bei Auftreten von Zug- und Biegungsbeanspruchungen an sich mehr am Platz. Dasselbe gilt für die Schweißnaht geschweißter Rohre.

Schonung des Materials ferner durch Erhaltung der Zähigkeit desselben (Ausglühen nach dem Nieten), Lochen (Stanzen) der Nietlöcher setzt die Zähigkeit erheblich herab. Die Löcher werden zweckmäßig gebohrt. Dabei Bleche übereinander legen, um Quetschungen der Nieten zu vermeiden. Maschinennietung schont ebenfalls das Material und gibt gleichmäßigere Arbeit als Handnietung. Gleichmäßige Erwärmung der Nieten im elektrischen Ofen. Belassung der Niete unter dem Druck der Nietmaschine, bis zur Abkühlung unter die Temperatur der Blaubrüchigkeit (ca. 280 bis 300°). Erschütterung durch Hämmern bei Handnietung hierbei besonders schädlich.

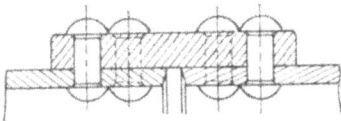

Abb. 58. Einschnittige zweireihige Zickzacklaschenquernietung.

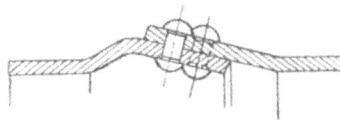

Abb. 59. Abgekröpfte Rohrschüsse mit Überlappungsnietung.

Doppellaschennietung teurer als Überlappungsnietung, dagegen Blechstärken bei ersterer oft geringer, deshalb erstere oft wirtschaftlicher. — Herumführen der abgeschrägten Blechkante um die Nieten in Wellenlinien (teuer) bei Rohren für Wasserkraftanlagen entbehrlich, weil geringes Lecken im Gegensatz zu Dampfkesseln (Explosionsgefahr) belanglos.

Hydraulisch wichtig, bei konischen Schüssen Stoßkante vermeiden, also unteren Schuß über den oberhalb anschließenden legen. Querschnittserweiterung bedingt hier allerdings Borda-Carnotschen Verlust; ob dieser größer als Stoßverlust, mag dahingestellt bleiben; jedenfalls allgemeine Regel, in der Wasserzuführung zur Turbine Verzögerungen vermeiden, da die damit verbundenen Energieverluste größer als bei Beschleunigung (Kontraktionsverluste). Verluste an Stoßkante dürften mit Rücksicht auf Wasserpolsterbildung nicht zu hoch einzuschätzen sein (Abb. 57, 58 und 59).

Geschweißte Rohre. Soweit Eisenblechrohre in Frage kommen, werden sie in der Regel mit übereinander gelappter Schweißnaht hergestellt, da diese widerstandsfähiger ist als die stumpfe Schweißnaht. Die Schweißhitze wird heute vielfach in der Wassergasflamme erzeugt. Als Material hat sich hier besonders Siemens-Martin-Flußeisen bewährt.

Geschweißte Rohre großen Durchmersers oft teuerer als genietete Rohre, bei welchen zwar der Materialaufwand höher (Überlappungen, Nieten), der Fabrikationsapparat aber einfacher als bei geschweißten Rohren. Abgesehen vom Bohren der Nietlöcher können genietete und geschweißte Rohre heute mit gleicher Leichtigkeit an der Baustelle fertiggestellt werden (Preßluftnietung, Wassergas- und elektrische Widerstandsschweißung).

Die durch die Erfordernisse des Dampfkesselbaues (Höchstdruck von 100 atm und darüber) angeregten sehr erheblichen Fortschritte der Schweißtechnik kommen nunmehr auch den Druckrohrleitungen zugute. Es ist heute möglich, geschweißte Rohre von 80 bis 100 mm Wandstärke und darüber bei 34 bis 42 kg/mm² Festigkeit des Materials (Siemens-Martin-Flußeisen, Feuerblechqualität) und einer minimalen Dehnung von 25% sowie einem Wirkungsgrad von über 90% (unter 90% wird im Dampfkesselbau nicht abgenommen; erreicht wurden bis zu 97% Wirkungsgrad der Schweißnaht) zu erhalten. Bei solchen Eigenschaften der Schweißnaht ist die Materialausnutzung eine denkbar gute und übertrifft diejenige der besten Nietverbindungen. Es ist daher nicht zu verwundern, daß die Schweißverbindung auf der heutigen Stufe der Technik der Nietverbindung technisch vorgezogen wird, wobei nur im Einzelfall die Frage zu beantworten ist, ob der technische Vorteil der besseren Materialausnutzung den wirtschaftlichen Nachteil der teureren Herstellung (der Materialabfall beträgt bei der Herstellung der hochwertigen, starkwandigen Schweißrohre im Dampfkesselbau z. Zt. noch 100 bis 200% des Gewichts der fertigen Rohre; mit Fabrikationsverbesserungen kann hier noch Großes geleistet werden) nicht aufwiegt.

Mit der Möglichkeit der preiswerten Herstellung starkwandiger geschweißter Rohre von hoher Güte der Schweißnaht werden auch die sogenannten Bandagenrohre entbehrlich, die zwar bis in die jüngste Zeit ganz gute Dienste geleistet haben, aber doch immer nur als ein gewisser Notbehelf angesehen werden müssen, da im Bandagenquerschnitt die Materialausnutzung schlecht, in dem zwischen den Bandagen liegenden reinen Rohrquerschnitt aber durch die Bandagen doch kein voller Schutz gegen Materialüberbeanspruchung geboten ist. Dazuhin ist auch deren Herstellung nicht ganz billig, da unter den Bandagen Nuten von 1 bis 2 mm Tiefe in die Rohrwand eingedreht und alsdann die Bandagen warm aufgezogen werden müssen, um ein Wandern der Bandagen, insbesondere an steiler Rohrtrace, zu verhindern (Abb. 60).

Eine besondere Art von Bandagenrohren sind die autofrettierten Wellrohre[1]). Es sind dies Stahlrohre mit kalt aufgezogenen Ringen, die in einer Presse gestaucht und mit 150% Überdruck beansprucht werden.

---

[1]) Les tuyaux multiondes frettés, in „Le Génie civil", 1927, H. 22, S. 534/5 und Les tuyanx multiondes frettés, von Ferrand, in „Bulletin technique de la Suisse Romande", 1927, H. 11, S. 134/5.

Dadurch wird das Material zwischen den Armierungsringen leicht gewellt und nach außen gedrückt. Das Autofretageverfahren bezweckt eine Vergütung des Materials durch Anwendung hohen Innendrucks über die Elastizitätsgrenze hinaus. Es werden somit bei den autofrettierten Rohren vielerlei Festigkeitsqualitäten vereint nutzbar gemacht, erstens die natürliche Festigkeit des glatten Rohres, zweitens die erhöhte Festigkeit der Wellrohre, drittens diejenige der Rohrbandagen, viertens die

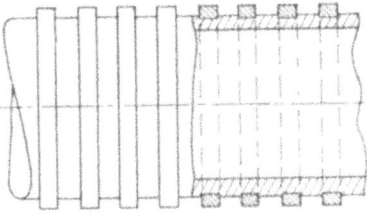

Abb. 60. Bandagenrohr.   Abb. 61. Innenschweißmuffe.

Materialvergütung durch Beanspruchung über die Elastizitätsgrenze hinaus. Das Verfahren ist indes noch zu jung, um ein abschließendes Urteil über dasselbe zu ermöglichen.

Beim Verlegen in Erde, im engen Rohrstollen oder im Druckschacht bietet die Schweißverbindung zweier Rohrschüsse unter Umständen erhebliche Vorteile, da — genügend großen Rohrdurchmesser vorausgesetzt (Zugänglichkeit) — solche Muffen inwendig geschweißt werden können (autogen oder elektrisch [Kraftwerk Achensee], und daher an Bodenaushub- bzw. Felsausbrucharbeit gespart werden kann, durch

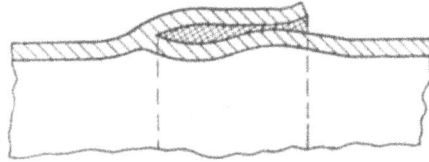

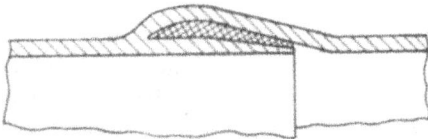

Abb. 62. Außenschweißmuffe.   Abb. 63. Außenschweißmuffe.

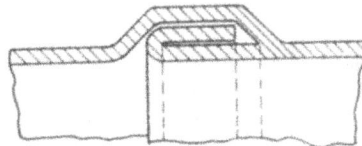

welche außenliegende Flanschen usw. zugänglich gemacht werden müßten. Abb. 61 zeigt eine solche Innenschweißmuffe. Außenschweißmuffen (Abb. 62 und Abb. 63) bieten dagegen den Vorteil leichterer Zugänglichkeit zu Revisionszwecken.

Einige wichtige Angaben für Rohre von Städte-Heizwerken verdanken wir E. Schulz[1]), der darauf hinweist, daß sich bei Rückführung des Kondensats von Fernheizwerken (auf die indes häufig verzichtet wird) in den kalten Leitungen Sauerstoff, der in den beheizten Gebäuden angereichert wurde, oder gelöste Gase, die schon im Speisewasser enthalten

---

[1]) E. Schulz, Berliner El. Werke A. G., „Bau und Betrieb amerikanischer Städteheizwerke", Z. V. d. I. 1926, S. 1713.

sind, ausscheiden und dadurch oft zu starken Anfressungen, kostspieligen Ausbesserungen und Betriebsstörungen Anlaß geben, Gefahren, die namentlich bei intermittierendem Betrieb gegeben sind. Da die unter dem Fahrdamm, Bürgersteigen oder Häusern verlegten Rohre solcher Anlagen häufig nicht oder schwer zugänglich sind, werden solche Störungen besonders unliebsam empfunden. In Amerika wird deshalb für diese Zwecke ein spezieller Werkstoff bevorzugt, der sich vorzüglich schweißen läßt und gegen Anfressungen sehr widerstandsfähig ist. Es ist ein Schweißeisen etwa folgender Zusammensetzung:

Kohlenstoff	0,02%
Mangan	0,03%
Phosphor	0,14%
Schwefel	0,02%
Silizium	0,16%
Schlacke	3,00%

wobei der hohe Gehalt an reinem Eisen und an Schlacke auffällt. Heizrohrleitungen aus diesem Material haben nach 14 Jahren 50% schadhafte Rohre ergeben, während eine gleiche Schadenziffer sich bei Heizrohren aus Schmiedeeisen bereits nach 7 jähriger Betriebsdauer ergab. Der Hinweis ist nach Schulz für deutsche Heizwerke deshalb besonders wichtig, weil es in Deutschland Rohre aus Schweißeisen für solche Zwecke nicht gibt.

In neuerer Zeit finden vielfach und gerne Verwendung spiralgeschweißte Rohre mit umgebördeltem Rand und aufgeschweißten schmiedeeisernen Flanschen, wie solche in Deutschland von der Rheinischen Metallwaren- und Maschinenfabrik in Düsseldorf-Rath und auch in Amerika vielfach hergestellt werden. Die genannte deutsche Firma lieferte seinerzeit solche bis zu 622 mm äußerem Durchmesser bei einer normalen Baulänge von 10 m und für einen Betriebsdruck bis zu 15 atm. Diese Anordnung der Schweißnaht bringt es mit sich, daß dieselbe auf dem ganzen Umfang des Rohres verteilt ist und daher der vollen Einwirkung der auf die Längsnaht gemäß Gleichung (1) entfallenden Spannung entzogen ist. Inwieweit dies ein Vorteil ist, erscheint zweifelhaft, da durch das Hinzutreten einer entsprechenden Komponente der in der Quernaht wirkenden Spannung sich von Steigungswinkeln φ der Spirale (Winkel zwischen Schweißnaht und einer Ebene senkrecht zur Rohrachse) über 37° ab für die Schweißnaht eine Gesamtnormalspannung ergibt, die größer ist als die Spannung in der Längsnaht. In der Tat konnte ich an einer Ausführung des genannten Werks einen Steigungswinkel von $\varphi = 24°$ der Spirale feststellen, für welchen Fall die bezeichnete Art der Spannungsermittlung eine normal zur Schweißnaht gerichtete Spannung im Betrag von ca. 0,86 des Wertes der Spannung in der Längsnaht ergibt. Es ergibt sich demnach in diesem Falle eine vermutlich günstige Wirkung der Schräglage der Schweißnaht bezüglich ihrer Beanspruchung.

Geschweißt-genietete Rohre. Es ist endlich darauf hinzuweisen, daß manchmal auch die Längsnaht geschweißt, die Quernaht genietet wird. Man verbindet auf diese Weise den hydraulischen Vorteil der glatten Längsnaht mit dem technologischen der bequemeren Herstellung der genieteten Quernaht an der Baustelle.

Nahtlose Röhren. Außer den genannten Rohrarten stehen für Wasserkraftanlagen nahtlose Röhren zur Verfügung, die entweder nach dem Walzverfahren von Mannesmann · von den deutsch-österreichischen Mannesmannröhrenwerken in Düsseldorf oder nach dem Loch- und Ausziehverfahren von Ehrhardt von der Rheinischen Metallwaren- und Maschinenfabrik in Düsseldorf erzeugt werden. Während letztere nur für kleinere Durchmesser ausgeführt werden (nach allerdings älteren Katalogen) bis maximal ca. 50 mm äußerem Durchmesser, werden erstere bis zu ca. 300 mm Lichtweite geliefert. Beide Ausführungsarten zeichnen sich durch vorzügliches Material mit hohen Festigkeitswerten, geringe Wandstärken und leichtes Gewicht sowie Eignung für hohen Druck (die spiralgeschweißten Rohre für bis zu 30 atm, Mannesmannrohre bis zu 50 atm und, sofern sie aus Stahl gefertigt sind, bis zu 70 atm Druck) aus. Näheres ist aus den jeweils gültigen Katalogen der Werke zu entnehmen. Die Verbindung der einzelnen Rohre geschieht durch Flanschen mit aufgeschraubtem Bordring oder durch Gewindemuffen. Von den Mannesmannwerken werden außerdem Muffenstahlröhren mit glatten Muffen hergestellt, die einem Probedruck von 70 atm unterworfen werden und sich für Hochdruckrohrleitungen bestens bewährt haben. Fabrikationslängen für diese drei Rohrarten sind 4 bis 8 bis 12 m.

Infolge der wachsenden Bedeutung hoher Drücke sowohl für Dampfkraft wie für Wasserkraft hat im Laufe der letzten Jahre die Herstellung nahtloser Rohre außerordentlich zugenommen und gleichzeitig wurden die Mittel zu ihrer Herstellung vervollkommnet. Die wichtigste Fabrikationsmethode für dieselben ist heutzutage das mit dem Pilgerschritt-Rohrwalzwerk, auf welchem die Rohre aus dem zuvor gelochten Block ausgewalzt werden, indem bei jeder halben Umdrehung das Werkstück abwechselnd um ein geringes Stück zurückgeworfen und dann von dem Werkstückzubringer wieder mechanisch vorgebracht wird, und zwar um ein geringeres Maß, als es vorher zurückgeworfen wurde. Das Werkstück läuft dabei über einen zwischen den Walzen liegenden Dorn.

Neben dem eigentlichen Auswalzen laufen in der Fabrikation eine eine Reihe von Nebenprozessen. Nach einem unlängst von der Pittburgh-Steel-Products-Company, Allingtown, in Betrieb genommenen, von der Demag A.-G. zu Duisburg gelieferten Rohrwalzwerk[1] gestaltet sich

---

[1] Z. V. d. I. 1927, S. 238. (Vereinigtes Mannesmann-Schräg- und Pilgerschritt-Walzverfahren.)

der ganze Herstellungsvorgang etwa wie folgt: Die zuvor je nach Rohr-
größe in verschiedenem Durchmesser und Längen gegossenen Stahl-
blöcke werden in einem hydraulischen Blockbrecher auf geeignete Größe
verteilt. Nach Erwärmen der Stücke in Vorwärmeöfen auf ca. 1400° C
gelangen die Blöcke über einen Rollgang zu einem Schrägwalzwerk, wo
die Stücke gelocht und vorgewalzt werden. — Alsdann übernimmt das
Pilgerschrittwalzwerk die Blöcke, wobei im Gegensatz zu anderen
Röhrenausstreckverfahren nur ein mit Kaliber versehenes Walzenpaar
verwendet wird. Bei dem nun folgenden abwechselnden Vor- und Rück-
wärtspilgern des Werkstücks geht das Ausstrecken des auszuwalzenden
Hohlblockes so rasch vor sich, daß das Rohr in einer Hitze hergestellt
werden kann. Nach Verlassen des Pilgerschrittwalzwerks werden die
Enden des Rohres auf einer Warmsäge gerade geschnitten. Über Schlepp-
züge wird das Rohr einem Nachwärmeofen zugeführt. Alsdann folgt
Behandlung auf einem Polierwalzwerk, mit tonnenförmigen Walzen,
das dem Rohr vollkommene Rundung und hochglänzende Oberfläche
bei gleichmäßiger Wanddicke verleiht. Der Polierprozeß kann auch weggelassen werden; alsdann geht das Rohr unmittelbar zum Maßwalzwerk,
das mittels kalibrierter Walzen den genauen Außendurchmesser der
Rohre herstellt, ohne daß dabei ein Dorn benützt würde. Schließlich
durchläuft das Rohr eine Kreuzwalzenrichtmaschine, in der es nach-
gerichtet wird. Der Herstellungsgang wird nach Abkühlung des Rohres
auf einem Warmbett in der Adjustage beendigt, wo das Rohr auf die gewünschte Länge geschnitten und gegebenenfalls mit Gewinde versehen wird. Die übliche hergestellte Rohrlänge beträgt 20 m, es wurden
aber auch schon Rohre bis zu 39,5 m Länge gewalzt. Im ganzen vermag
das Walzwerk in 24 Stunden 300 t Rohre von 150 bis 320 mm Außendurchmesser auszubringen.

Besonders weit entwickelt sind die mechanischen Mittel und Hilfs-
einrichtungen in den amerikanischen Rohrwerken, wo sehr große Auf-
träge (es werden oft wochenlang Rohre einer einzigen Abmessung gewalzt. Ferner beträgt der Jahresbedarf an Bohrrohren für die Ölfelder
rd. 2½ Mill. Tonnen; das Ölleitungsnetz hat eine Gesamtlänge von
136000 km, d. h. mehr als doppelt soviel als das deutsche Eisenbahn-
netz) die Anlage bester Einrichtungen wirtschaftlicher erscheinen lassen
als in Europa. Rohre bis zu 8 m Länge erzeugt man im Hohlblockwalz-
werk (nach Stiefel oder Mannesmann) und im anschließenden Reduzier-
walzwerk (schwedisches Walzwerk). Für kurze Rohre von mehr als
225 mm bis 500 mm Durchmesser (insbesondere für Flaschen und Behälter) wird das Cupping-Verfahren angewandt, bei dem die Rohre
aus runden Blechtafeln nach einem Preß- und Ziehverfahren hergestellt
werden.

Schutzmittel gegen Rost und Anfressungen. Sämtliche Eisenrohre
sind mehr oder weniger der Gefahr des Rostens ausgesetzt. Wie schon

bisher bemerkt, wird dem in der Regel durch einen Zuschlag an Wandstärke Rechnung getragen, der je nach Verhältnissen mehr oder weniger hoch einzusetzen ist.

Diese Methode betrachtet die Rostbildung als ein mehr oder weniger unvermeidliches Übel und hält in dem „Rostzuschlag" den Tribut bereit, der ihm im Laufe der Jahre gezollt werden muß.

Aber es gilt auch, diesem Feind einer langen Lebensdauer der eisernen Rohranlagen unmittelbar entgegenzutreten, wobei allerdings hinzugefügt werden muß, soweit dies möglich ist; denn in der Tat besteht die Möglichkeit zur Rostbildung in so weitgehendem Maße, daß man ihrer wohl nie ganz Herr werden dürfte. Um so mehr lohnt es sich, den Umständen nachzuforschen, die seiner Entwicklung besonders zuträglich sind, um durch Vermeidung dieser die Rostbildung selbst zu bekämpfen.

Die ganze Frage der Rostbildung gehört einem so umfangreichen Komplex von Erscheinungen an, daß die Frage des Metallschutzes ein besonderer Wissenschaftszweig geworden ist, dem namhafte Vertreter verschiedener wissenschaftlicher Disziplinen ihre Arbeit widmen. In Deutschland werden diese Fragen von dem Reichsausschuß für Metallschutz in Zusammenarbeit mit der chemisch-technischen Reichsanstalt bearbeitet, in England wurde für diesen Zweck der Korrosionsausschuß (Corrosion Commitee) gebildet. Wie umfangreich der ganze Fragenkomplex ist, geht schon daraus hervor, daß nicht weniger als sieben verschiedene Theorien bestehen, mittels deren man der Lösung der Fragen näher zu kommen hofft.

Obgleich ein weiterer Begriff der Rostbildung alle Arten von Anfressungen und Zerstörungen des reinen Metalls umfaßt, so versteht man doch gemeinhin unter Rost irgendeine Oxydationsstufe des Metalls. Das chemische Element Fe (Eisen) vermag mehrere solche Oxydationsverbindungen einzugehen. Gemeinhin versteht man unter Eisenrost Eisenoxydhydrat (Eisenhydroxyd) von der chemischen Formel $Fe(OH)_3$. Die Bekämpfung der Rostbildung beruht im allgemeinen auf dem Grundsatz, rostbildende chemische Vorgänge zu verhindern, nicht zustande kommen zu lassen, was entweder dadurch erreicht wird, daß das Zusammentreten der entsprechenden chemischen Reagenzien verhindert wird (Trennungs- und Schutzschicht zwischen Eisen und den Stoffen, die chemische Einflüsse auszuüben vermögen), oder dadurch, daß Gegenreaktionen eingeleitet werden. Letzteres Verfahren ist natürlich nur dann anwendbar, wenn im Einzelfall die rostbildende Ursache einwandfrei erkannt ist. Auch das erstere Verfahren kann insofern nicht in beliebiger Form angewandt werden, als die Schutzschicht den angreifenden Einflüssen widerstehen muß. Auch im allgemeinen muß die Schutzschicht widerstandsfähig sein, damit sie nicht durch Temperatur- oder Witterungseinflüsse, häufiges Naß- und Wiedertrockenwerden Risse bekommt und durch diese den schädlichen Einflüssen Zutritt zum Eisen gestattet.

Gerade an solchen schadhaften Stellen pflegen sich Rostherde zu bilden, die der Weiterbildung des Rostes außerordentlich förderlich sind. Es ist daher eine der Hauptaufgaben des Metallschutzes geworden, solche Farben- und Lackzusammensetzungen herzustellen, welche in dieser Beziehung die nötige Widerstandsfähigkeit aufweisen. Aber auch metallische Überzüge (Verchromungsverfahren) und das sogenannte Verstickungsverfahren (lückenlose Nitritüberzüge) sind im Begriff, zu geeigneten Schutzüberzügen ausgebildet zu werden.

Während Leinölfarben (Leinölfirnis mit Bleimennige gemischt) insbesondere wegen ihrer Wetterbeständigkeit eine große Bedeutung für Schutzanstriche haben, scheinen sich Bakelite, Zapon- und Zellonlacke, Teeröl (Preolit), Teerfirnisse und Teerlacke im übrigen den Leinölfarben überlegen zu erweisen. Auch die chemische Beschaffenheit des Untergrundes scheint von maßgebendem Einfluß zu sein; jedenfalls sind Rostschutzmittel nur wirksam, wenn die metallische Oberfläche vorher gut gereinigt wurde, was mit Stahldrahtbürsten oder besser mittels Sandstrahlgebläses geschieht. Wichtig ist noch zu wissen, daß frischer Kalkmörtel Eisen stark angreift, wenngleich die Rostbildung gewöhnlich zum Stillstand kommt, während Zementmörtel das Eisen blank hält. Diese Tatsache ist insbesondere für den Eisenbetonbau von größter Wichtigkeit.

Gußeisen ist durch seine Gußhaut mehr gegen Rostbildung geschützt als Walzeisen. Strömendes Wasser beseitigt durch die in ihm suspendierten Teile mit der Zeit die rostschützende Schutzschicht (Anstrich usw.). Die Anwendung eines Schutzanstrichs ist über die oft mehrjährige Bauzeit von besonderer Wichtigkeit (Lagern im Freien, öfteres Naß- und Trockenwerden, probeweises Füllen und Entleeren der Rohre, freier Zutritt der Luft usw.).

Rostschützende Überzüge: insbesondere heiß aufgetragener Teer oder Asphalt bei Vorwärmung der Rohre auf 100 bis 150°. Das Muffeninnere und das Rohrende sind frei zu lassen, um Spritzen des heißen Bleies beim Abdichten und Beschädigen der Arbeiter zu vermeiden. Durch Anstrich mit Kalkmilch kann das Anhaften des Asphalts und Teers verhindert werden (Asphaltbad). Genietete Rohre werden an Ort und Stelle gestrichen, bei Grundierung mit Eisen- oder Bleimennige, darüber mehrmaliger Anstrich mit wetterbeständiger Spezialfarbe. Solche Schutzanstriche sind z. B. Bleisuboxyd (Pb_2O, Subox) als emulsive Mischung mit Leinöl. Subox ist säure- und laugenfest. In Erde verlegte Eisenrohre, insbesondere Gußeisenrohre, werden zweckmäßig mit in Teer oder Holzzement getränkten Hanfseilen in ein- oder mehrfacher Lage umwickelt. Für Blechrohre bildet ein innerer und äußerer Mantel aus Zementmörtel einen vorzüglichen Rostschutz. Bedingung ist dichtes Anliegen der Zementmörtelschicht an der Blechwand; die Haftfestigkeit des Betons kann dabei durch Bewehrung aus Eisendrahtnetz erhöht werden.

Neben diesen Anstrichen kommen Metallüberzüge in Betracht, vor allem der übliche Rostzuschlag zur Wandstärke von 2 bis 3 mm Dicke, ferner Verzinkuug (galvanisierte Rohre) bei kleineren Durchmessern. Besonders erfolgreich sind die nach dem Schoopschen Metallspritzverfahren (Ausführung durch die Metallasitor-Berlin A. G., früher Meurersche Aktiengesellschaft für Spritz- und Metallveredelung in Berlin) ausgeführten Metallüberzüge, die an Wirtschaftlichkeit die Farbanstriche übertreffen. Für Turbinenrohrleitungen sind diese Metallüberzüge allerdings noch nicht benutzt worden. Nach dem Metallspritzverfahren können auch die feinsten Fugen und Nähte geschlossen und viele schwer zugängliche Teile behandelt werden.

Gelegentlich sind Thermoelementwirkung oder vagabundierende elektrische Ströme [z. B. Gas- und Wasserleitungsröhren der Stadt Karlsruhe[1]), die durch die benachbarte Leitung der elektrischen Straßenbahn beeinflußt wurden] Ursache von Rostanfressungen an Eisenrohren. Diesem kann durch das Cumberland-Verfahren[2]) durch Erzeugung eines entgegengesetzt gerichteten Stroms entgegengewirkt werden.

Eine weitere Quelle von korrodierenden Zerstörungen sind die sogenannten Kavitationserscheinungen, über die unten noch zu berichten sein wird.

Als sehr wirksamer Schutz gegen Anfressungen aller Art hat sich die in letzter Zeit mehrfach angewandte (Bergbau, Aufbereitungsanlagen) Gummifütterung von Rohren und insbesondere Krümmern erwiesen. Sie wird vorzugsweise bei unreinem Wasser und sandigem Schlamm benutzt.

Rohre aus anderem Baumaterial als Metall.

Holzrohre.

Anwendung besonders in Skandinavien und Nordamerika; in Deutschland erst in den letzten Jahren in größerem Umfang. In Österreich (nach einer Statistik vom Jahre 1924) 94 Anlagen mit Holzrohren im Betrieb. Es bestehen z. Zt. in Deutschland und Österreich drei Firmen, die den Holzrohrbau betreiben.

Man unterscheidet drei Arten: 1. konische Daubenrohre (früher z. B. von der Firma Herzog in Logelbach im Elsaß in Baulängen von ca. 5 m bei 0,5 bis 2 m lichtem Durchmesser geliefert und für Trinkwasserversorgung in den Vogesen und im Schwarzwald, auch den Alpenländern öfters angewandt). 2. Durchlaufende Daubenrohre, auch Vorbaurohre genannt; diese werden heute ganz überwiegend angewandt. 3. Sogenannte Fabrikrohre.

---

[1]) Z. V. d. I. 1910, S. 1877, „Schutz von Gas- und Wasserrohren gegen Erdströme".

[2]) Vgl. hierzu Z. V. d. I. 1927, S. 140ff., Janzen, „Das elektrolytische Verfahren zur Verhütung der Zerfressungen von Metallen"

Kontinuierliche (durchlaufende) Daubenrohre. Die Herstellung derselben ist äußerst einfach, indem genau wie bei der Herstellung von
Fässern eine Anzahl hölzerner Dauben aneinandergereiht zur Bildung
der Rohrwand verwendet werden, wobei dieselben durch eiserne Bandagen am Auseinanderfallen verhindert werden. Die einzelnen Dauben
werden dabei in der Längsrichtung gegeneinander versetzt, so daß auch
die Stoßfuge der einzelnen Rohrlängen, die der Daubenlänge entsprechend angenommen werden soll, gegeneinander versetzt erscheinen. Man
erhält auf diese Weise ein durchlaufendes Rohr, so daß die Frage der
Verbindung einzelner Rohrlängen dadurch gelöst ist, daß die an den
Seitenwänden und an den Umreifungsbandagen durch deren Druck
erzeugte Reibung der gegeneinander versetzten Dauben den Zusammen-
halt herstellt. Allerdings sucht man sämtliche Daubenstöße auf einen
Abschnitt von 60 bis 120 cm zu vereinigen, da die Daubenenden namentlich bei hohen Innendrucken oder infolge von Sonnenbestrahlung das
Bestreben haben, nach außen zu springen. Die Armierung wird an diesen
Stellen zweckmäßig durch Zusatzreifen verstärkt.

Bei der Herstellung solcher Holzleitungen werden ihre einzelnen
Dauben genau nach Lehren allseitig so bearbeitet, daß die Seitenwände
in Radialebenen zu liegen kommen. Beim Zusammenfügen werden die
Dauben gegen Lehren gelegt, welche dem lichten Querschnitt des
Rohres (meist Kreiszylinderquerschnitt) entsprechen, dann sofort mit
den eisernen Bandagen umfaßt, die einzelnen Stöße durch Eintreiben
von zugeschärften Eisenblechen etwa 2 cm tief in die Stirnflächen der
Dauben und Bestreuen derselben mit trockenem Sägemehl, das durch
die nachfolgende Berührung mit dem aus dem Rohr nach außen drücken-
den Wasser aufquillt, abgedichtet. Die Eisenbleche greifen etwa 5 mm
in die Nachbardaube über; Vorbereitung der Einschnitte für die ein-
zulegenden Blechzungen
mit der Säge.

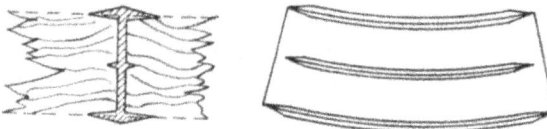

Abb. 64. Kelsey-Stoß für Holzrohre.

Noch besser soll der
seit 1912 gebräuchliche
stumpfe amerikanische
Kelsey - Stoß (Abb. 64)
sein, wobei das Dauben-
ende nicht durch einen Einschnitt verletzt und dadurch Fäulnisherde an den
Daubenenden vermieden werden. Der Kelsey-Stoß deckt das ganze Daubenende und greift auf Außen- und Innenseite um ein kurzes Stück über.

Dichtung der Längsfugen der Dauben durch Feder von 6 bis 10 mm
Höhe und meist halbkreisförmigem Querschnitt (Abb. 65), die sich beim
Zusammenpressen der Dauben in die glatte Fläche der benachbarten
Dauben hineinpreßt. Dabei genügt es, die Umschnürungseisen mäßig
fest anzuziehen, da beim nachherigen Quellen des Holzes im nassen
Zustand die Abdichtung der Längsfugen erfolgt.

Dieses Quellen des Holzes hat quer zur Richtung der Faser einen viel größeren Betrag als in der Faserrichtung selbst. Für Fichtenholz beträgt der Größtwert des Quellens bei Wassersättigung linear: parallel zur Faser 0,09% und senkrecht zur Faser 6,2%, so daß ein Dichtwerden der Längsfugen selbst bei anfänglichem Klaffen im ersten Zusammenbau fast ausnahmslos zu erwarten ist. Bei den Querfugen tritt diese Quelldichtung weniger sicher ein, da z. B. eine 5 m lange Daube sich günstigstenfalls, d. h. wenn das Holz beim Zusammenbau vollständig trocken war und nach Inbetriebnahme des Rohres völlige Sättigung mit Wasser möglich ist, sich um 0,08% = 4 mm verlängert. Demgegenüber beträgt die Quellung im Rohrumfang, also quer zur Faser des Holzes, z. B. für ein Rohr von 500 mm Durchmesser rd. 10 cm, d. h. pro Fuge zwischen den 20 Dauben eines solchen Rohres 5 mm. Allerdings wird das Holz meist nicht in ganz trockenem Zustand verwendet, so daß dieser Quellbetrag entsprechend zu vermindern wäre. Außerdem wird eine völlige Wassersättigung meist durch den Druck der Armierungseisen verhindert (vgl. die geringere Wasseraufnahmefähigkeit eines zusammengedrückten Schwammes).

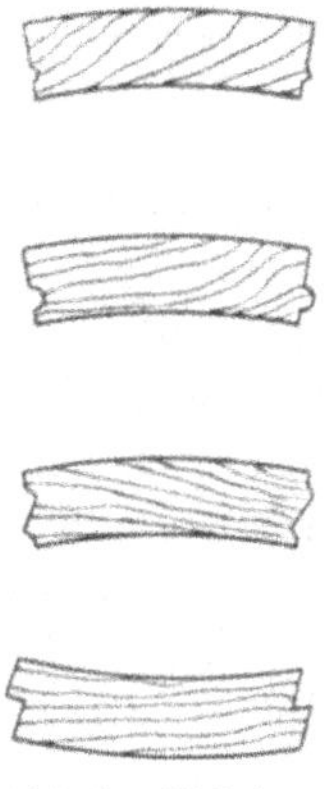

Bei Verwendung für Innendrücke größer als 2,4 atm soll es zweckmäßig sein, die Dauben so aus dem Holz herauszuschneiden, daß die Jahresringe möglichst konzentrisch mit der Rohrwand verlaufen (Abb. 65). Länge der einzelnen Dauben 2,5 bis 6 m. Maß der Versetzung je zweier Nachbardauben gegeneinander bis zu etwa 1,20 m und nicht weniger als 0,60 m. Beim Zusammensetzen werden die einzelnen Dauben gegen die vorhergehenden angesetzt und mit Hämmern und Holzschlegeln unter Benutzung einer hölzernen Schlaghaube fest gegen dieselben angetrieben, bis in der Stirnfuge die erwünschte Abdichtung erreicht ist.

Abb. 65. Holzdauben mit Feder.

Als Baustoff eignen sich vor allem wasserbeständige Hölzer, insbesondere auch dann, wenn dieselben gegen das wiederholte Benetzen und Abtrocknen unempfindlich sind; deshalb insbesondere Kiefer und Lärche; dann selbstverständlich das vorzügliche, aber oft zu teure Eichenholz; ferner wesentlich die verschiedenen Tannenarten (Fichte, Weißtanne und die amerikanische Douglastanne).

Am besten bewährt (nach amerikanischen Angaben) Rotholz, Brasilienholz, Pernambukholz, das sind besonders harzreiche Holzarten. Aus Deutschland liegen durchaus befriedigende Erfahrungen mit Weißtanne vor. Selbstverständlich ist nur gesundes, geradfaseriges Holz, das frei von jeder Art von Fäule (Trocken-, Rot-, Weiß-, Ringfäule, Brand, Spreufleckigkeit usw.), Ästen und anderen Fehlern ist, zu verwenden, da andernfalls besondere Ansprüche an Lebensalter, Betriebszuverlässigkeit, Nichterfordernis von Reparaturen, nicht gestellt werden können. Das Holz soll außerdem im Freien oder im Ofen gut getrocknet sein. Nach amerikanischen Bauvorschriften soll beim Einbau des Holzes ein Feuchtigkeitsgehalt von 12% desselben nicht überschritten werden, was wohl der erwähnten Quellfähigkeit zugute kommen soll. Kleine, nicht durchgehende Äste in nicht mehr als 60 cm Entfernung voneinander oder vom Daubenende sind belanglos, sofern sie auch von den Daubenkanten einen Mindestabstand von 2,5 cm haben.

Die Beanspruchung der Armierungseisen ergibt sich als zusammengesetzt aus derjenigen durch den Wasserdruck in der Rohrleitung und aus derjenigen durch die Quellkraft des Holzes. Letztere, die ihrer Größe nach nur schwer bestimmt werden kann, da insbesondere der Feuchtigkeitsgrad des Holzes im Zeitpunkt des Einbauens sowie der mögliche Grad der Wassersättigung nach Füllung des Rohres nicht bekannt sind, tritt um so mehr in Erscheinung, je kleiner die Beanspruchung des Rohres durch den Wasserdruck im Rohrinnern ist. Aus besagten Gründen ist es daher auch kaum möglich, die Quellkraft des Holzes in bestimmter rechnungsmäßiger Größe zu berücksichtigen; doch haben die Erfahrungen der Praxis gezeigt, daß auch bei Hangleitungen, die unter einem Überdruck von ½ bis 1 atm stehen, die nach dem statischen Druck einschließlich dynamischer Drucksteigerungen dimensionierte Armierung auch die Quellkraft des Holzes aufzunehmen vermag, wenn die Beanspruchung des Eisens mit 800 kg/cm² begrenzt ist. Bei 5 bis 10 atm Überdruck, wo die zusätzliche Quellkraft des Holzes prozentual nicht mehr so sehr ins Gewicht fällt, genügt es, die rechnungsmäßige Beanspruchung des Eisens auf 1000 bis 1100 kg/cm² zu beschränken. Voraussetzung für die Erfüllung dieser Bedingungen ist, daß beim Anziehen der Armierungsringe während des Rohrvorbaues dem Eisen keine oder nur geringe Vorspannung gegeben wird. Das zur Umschnürung benutzte Eisen (Rundeisenstäbe aus Flußeisen) sollte eine Zugfestigkeit von 4000 bis 4500 kg/cm² aufweisen.

Bezüglich der Quellfähigkeit des Holzes interessiert, daß am grünen Koniferenstamm volle Sättigung mit Wasser einem Wassergehalt von 40% entspricht. Bei lufttrockener Ware gilt ein Wassergehalt von 15% als zulässig. Diese Feuchtigkeit ist fast ausschließlich in den Zellwänden enthalten, und neu hinzutretende Feuchtigkeit wird zunächst ebenfalls von diesen aufgenommen. Erst nachdem der Wassergehalt auf 30% zugenommen hat, nehmen auch die Hohlräume der Zellen Wasser auf. Das Quellen des Holzes ist also in erster Linie der Wasseraufnahme der Zellwände zuzuschreiben, und das Quellen des gut ausgetrockneten Holzes beginnt sofort mit der Wasseraufnahme.

Die Trocknungszeit des Holzes, die bei Trocknung an der Luft bis zu 2 Jahren beträgt und dementsprechend einen erheblichen Kapitaldienst beansprucht, wird wesentlich abgekürzt durch künstliche Trock-

nung mittels Dampf und Vakuum. Hierbei kann rasche Temperatur-
steigerung dem Gefüge des Holzes gefährlich werden.

Stärke der Armierungseisen üblicherweise zwischen 3,5 bis 7 mm.
Wegen des für die Rohre üblichen dicken Teeranstrichs, der gleichzeitig
als Schutz gegen animalische Angriffe (Nagetiere) dient, ist ein besonderer Schutz der Armierungseisen im allgemeinen nicht nötig; hält
man ihn doch für wichtig, so ist Feuerverzinkung der galvanischen
Verzinkung vorzuziehen, da letztere den Beanspruchungen beim Wickeln
nicht gewachsen ist.

An den beiden Enden werden die Umschnürungseisen durch Spannschuhe zusammengehalten und zu diesem Zweck das eine Ende mit
Gewinde zum Aufschrauben einer Mutter, das andere Ende mit einem
nietkopfähnlichen Abschluß versehen, der sich in den Spannschuh gegen
eine entsprechende Fläche legt (Abb. 66). Spannschuhe aus Temperguß
hergestellt (Vorzug geringen Gewichts) oder im Gesenk geschmiedet
oder aus Flußeisenblech gestanzt. Letz-
tere beiden Arten sollen sich insofern
nicht voll bewährt haben, als sie nicht
genügend die Form halten. Auch hat
die durch D. R. G. M. geschützte Ausführung in Flußeisenblech den Nachteil
scharfer Kanten, welche auf dem Holz
aufliegen und dieses verletzen können
(Benutzung von Unterlagscheiben aus
Zinkblech).

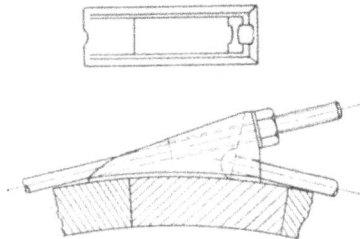

Abb. 66. Spannstück mit Bewehrungseisen.

Die Festigkeitsberechnung der Holz-
rohre gestaltet sich verhältnismäßig einfach. Die Dauben werden
zwischen je zwei Umschnürungseisen, die als Auflager dienen, auf Biegung beansprucht; die Berechnung auf solche ergibt in der Regel Abmessungen, die hinter den aus technischen praktischen Gründen zu
wählenden erheblich zurückbleiben. Erst bei höheren Drücken und
verhältnismäßig großem Bügelabstand, der sich — gerade bei höheren
Innendrücken — schon wegen der Schwierigkeit der Abdichtung der
Längsfugen der Dauben, die durch den Zug der Umschnürungseisen
bewerkstelligt wird, meist verbietet, kann Berücksichtigung der der
Biegungsbeanspruchung des Holzes entsprechenden Abmessungen erforderlich werden. Wie zu ersehen, ist die Kombination von Holz und
Eisen sehr glücklich gewählt, insofern durch den Innendruck das hierzu
besonders befähigte Flußeisen auf Zug in Anspruch genommen wird,
während durch diese Zugbeanspruchung das von der Umschnürung
umgebene Holz Druckbeanspruchung ausgesetzt ist, die an sich der
Natur des Holzes besser entspricht.

Ist z die Anzahl der Umschnürungsbügel pro laufenden Meter
Rohrlänge, a in cm der Abstand zweier benachbarter Umschnürungs-

bügel — somit $z = \dfrac{100}{a}$ —, d der Durchmesser der Rundeisenbügel,
$P = p_i \cdot D_i \cdot 100$ der Wasserdruck auf 1 m Rohrlänge, so ergibt sich für
die Spannung σ, mit der die Umschnürungsbügel beansprucht werden,
die Beziehung

$$\sigma = \frac{p_i \cdot D_i \cdot 100}{2 \cdot z \cdot \dfrac{\pi \cdot d^2}{4}} = \frac{p_i \cdot D_i \cdot 100}{2 \cdot \dfrac{100}{a} \cdot \dfrac{\pi \cdot d^2}{4}}, \tag{64}$$

woraus mit einer zulässigen Beanspruchung $\sigma = k_z = 1200 \text{ kg/cm}^2$

$$a = \frac{2400 \cdot \dfrac{\pi \cdot d^2}{4}}{p_i \cdot D_i}$$

und mit $k_z = 800 \text{ kg/cm}^2$

$$a = \frac{1600 \cdot \dfrac{\pi \cdot d^2}{4}}{p_i \cdot D_i}. \tag{65}$$

Hiermit ergeben sich mit $d = 0,8$ bis $2,5$ cm innerhalb des Druckbereichs
von $p_i = 0$ bis $p_i = 12 \text{ kg/cm}^2$ und des Durchmesserbereichs $D_i = 0,30$
bis $D_i = 3$ m Bügelabstände von etwa $a = 4$ cm bis $a = 14$ m bei Wahl
eines möglichst kleinen d-Wertes. Durch Wahl stärkerer Eisenbügel
kann man, wo die Zuverlässigkeit der Abdichtung der Längsfugen dies
zuläßt, bei mäßig großem D_i und p_i auch noch beträchtlich größere
Bügelabstände a erreichen.

Nach Rabowsky[1]) soll die Annahme, daß die Beanspruchung der
Holzdauben auf Biegung derjenigen des beiderseits eingespannten
Trägers mit gleichmäßig verteilter Last entspreche (Belastungsfall 10
der „Hütte"), hinreichende Werte für die Bemessung der Dauben
ergeben, das Moment somit für die spezifische Last q und den Bügelabstand a gesetzt werden können

$$M = \frac{a^2 \cdot q}{12} = k_b \cdot W = k_b \cdot \frac{\pi \cdot D_i \cdot s^2}{6}, \tag{66}$$

wobei W das Widerstandsmoment der beanspruchten Daube bedeutet.
Für den Innendruck p_i in kg/cm^2, d. h. $q = \pi \cdot D_i \cdot p_i$ in kg/cm Rohrlänge
folgt aus Gleichung (66)

$$s = 0,707 \cdot a \cdot \sqrt{\frac{p}{k_b}}, \tag{67}$$

worin für Weichholz $k_b = 50 \text{ kg/cm}^2$ zulässig erscheint, während wasser-
sattes Kiefernholz tatsächlich eine Festigkeit von 162 kg/cm² aufweist,
wenn der Druck parallel der Faser gerichtet ist. Durch weitere Labora-

---

[1]) Herbert Rabowsky, „Holzdaubenrohre", Berlin, 1925.

toriumsversuche soll nach Meinung Rabowskys der Beweis erbracht
werden können, daß k_b für nasses uhd armiertes Holz nicht unwesentlich
höher als 50 kg/cm² angenommen werden könne.

Solche Holzrohre wurden bisher in Rohrweiten von 0,45 m bis 6 m
sowie für Innendrücke bis zu 12 atm ausgeführt. Im allgemeinen empfiehlt sich jedoch, als oberste Druckgrenze 9 atm einzuhalten.

Gegen äußeren Druck sind die Holzrohre wegen der verwendeten
großen Holzstärken (ca. 5 bis 12 cm) verhältnismäßig widerstandsfähiger als die dünnen Eisenblechrohre. Trotzdem — insbesondere bei
großen Rohrdurchmessern — Kontrollrechnung nach Gleichung (37)
stets zu empfehlen. Auch mit Formänderung infolge Eigengewichts
und Wasserbelastung muß bei Holzrohren von größerem Durchmesser
ebenso gerechnet werden wie bei Eisenblechrohren, und sie beanspruchen
gleichfalls entsprechende Berücksichtigung. Sofern die Rohre nicht in
der Erde verlegt werden, erfolgt deren Stützung durch hölzerne Sättel,
die in Abständen von etwa dem ein- bis zweifachen des Rohrdurchmessers aufgestellt werden und das Rohr im unteren Halbkreis umfassen
oder durch Betonsättel mit leichter Eisenarmierung, deren Unterhaltungskosten wesentlich geringer sind als diejenigen der dem Verderben
durch Faulen ausgesetzten Holzsättel, so daß erstere trotz der höheren
Anlagekosten vorzuziehen sein dürften.

Holzrohre können in der Regel nicht allein ohne Zuhilfenahme
anderer Materialien verwendet werden. Sie müssen vielmehr an Eisenrohre, an Mauerwerk angeschlossen und Abzweigungen müssen möglich
gemacht werden. Der Anschluß an Mauerwerk geschieht, sofern er nicht
einfach durch Einmauern des Rohrendes erfolgt, wobei eine zwischen
Mauerwerk und Holzrohr gelegte Wergpackung den verschiedenen Aus-
dehnungswerten beider Materialien infolge Wärme, Schwinden, Quellen,
Rechnung trägt, unter Zuhilfenahme einer gußeisernen Muffe, die mit
Rippen im Mauerwerk festgehalten wird. Ähnlich gestaltet sich der
Zusammenschluß von
Holz- und Eisenrohren
mittels eines muffen-
artigen Zwischenstückes,
das nach dem Eisenrohr
zu jedoch auch mittels
Flansch angeschlossen
sein kann. Der Anschluß
erfolgt gemäß Abb. 67

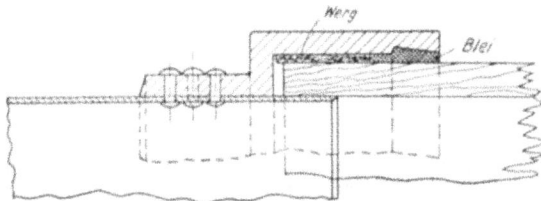

Abb. 67. Muffenanschluß für Holzrohre an Eisenrohre.

durch eine auf die Eisenleitung aufgenietete gußeiserne Muffe, wobei auch
das Blechrohr zungenartig über das Ende des Holzrohres übergreift.
Die Dichtung mit Werg und Blei unterscheidet sich nicht wesentlich
von derjenigen, die bei Muffen gußeiserner Rohrleitungen angewandt
wird. Diese Verbindungsart ist verhältnismäßig wichtig wegen der in

Amerika häufig angewandten Einschaltung von Blechkrümmern bei Holzrohren großen Durchmessers, um auf diese Weise auch starke Krümmungen in die Rohrtrace legen zu können. — Anschlußstutzen aus
Gußeisen erhalten an der Stelle des
rechteckigen Ausschnitts im Holzrohr sattelförmige Ausbildung und
Nuten, in welche die Daubenenden
eingreifen. Die Spannschuhe für
die Eisenumschnürung werden dabei
auf dem Sattelstück aufgegossen.
In ähnlicher Weise werden Mannlöcher an Holzrohren angebracht.
— Auch die Anzapfung von Holz-
rohren mit kleineren Anschlußstücken, die mit einem geeigneten Gewinde
versehen sind, ist möglich (Abb. 68, 69 und 69a).

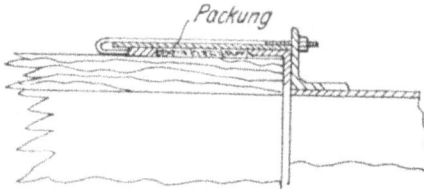

Abb. 68. Muffenanschluß für Holzrohre an
Eisenrohre, andere Ausführung.

Die Lebensdauer der Holzrohre wird stark beeinflußt durch die Art
des Gebrauches derselben. Besonders ist der häufige Wechsel von Be-
feuchtung und Austrocknung des Holzes, wobei Luftzutritt und Wärme
Schimmel- und Fäulnisbildung hervorrufen, wodurch das Holz zerstört
wird, zu vermeiden. Die längste Lebensdauer wird nach amerikanischen

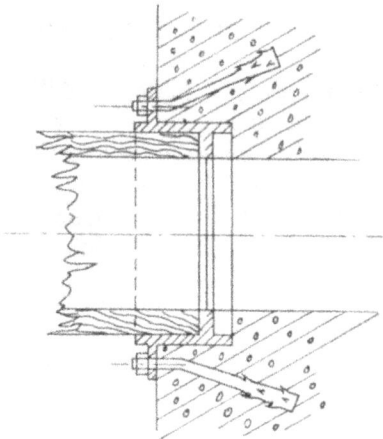

Abb. 69. Anschluß von Holzrohren an
Mauerwerk.

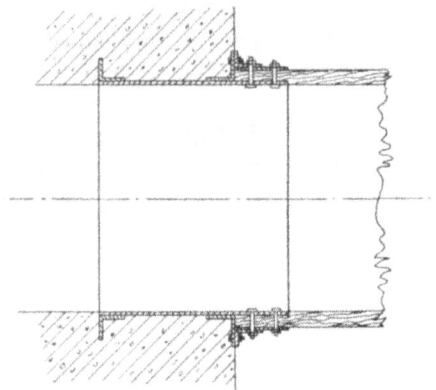

Abb. 69a. Anschluß von Holzrohren an
Mauerwerk.

Erfahrungen der ständig mit Wasser gesättigten Holzrohrleitung zu-
gesprochen, weshalb auch beim Verlegen des Rohres bzw. der Festlegung der Rohrtrace darauf Rücksicht zu nehmen ist, daß erhöhte
Stellen, die Luftansammlung begünstigen, vermieden werden und daß
möglichst alle Teile des Rohrstranges unter einem inneren Überdruck
von etwa 1 bis 2 atm liegen, der die Sättigung des Holzes mit Wasser

begünstigt[1]). Deshalb ist dafür Sorge zu tragen, daß die erste Rohrstrecke bis auf etwa 20 m unter Oberwasserspiegel in der Wasserfassung mit starkem Gefälle verläuft[2]). Zur Bekämpfung schädlicher
Luftansammlung steht außer dem Mittel geeigneter Linienführung die
Anwendung von Entlüftungsventilen zu Gebot.

Günstig für die Verlängerung der Lebensdauer von Holzrohren ist
Verlegen desselben in Ton-, Lehm- oder nassem Sandboden; weniger
gut hält es sich in trockenem Sandboden, am schlechtesten in Kalk-
boden. Äußerst bedenklich wäre dagegen die Verlegung in Humus-
boden, dessen Säuregehalt die Zerstörung des Holzes und die Einwirkung
des Schwammes (merulius lacrimans) fördert. Gefährlich ist auch die
Verlegung in lehmiger und alkalihaltiger Erde. Indeß hat sich auch die
Verlegung der Holzrohre in freiem Gelände gut bewährt, wenn durch
regelmäßige Kontrolle der Dichtungsfugen und im Bedarfsfalle Anziehen
der Umschnürungsbügel dafür Sorge getragen wird, daß die Rohre außen
trocken bleiben. Nach anderen Angaben soll die offene Verlegung die
größte Lebensdauer verbürgen. Sehr förderlich ist der Erhaltung der
Holzrohre in trockenem Zustand auf der Außenfläche das Anbringen
eines Schutzdaches über demselben, wodurch dasselbe Witterungs-
einflüssen (Regen, Schnee, Sonnenbestrahlung) fast ganz entzogen wird.
Auch sind Reparaturen am Schutzdach leichter und billiger. Entschieden
zu vermeiden ist auch Verlegung zur Hälfte in Erde, zur andern Hälfte
frei, da hierdurch die Fäulnis an der Trennungslinie zwischen Erde
und Luft sehr gefördert wird.

Bei Beobachtung dieser Maßnahmen kann mit einer Lebensdauer
der Holzrohre gerechnet werden, die derjenigen der Eisenrohre nicht
nachsteht. Auf 20 Lebensjahre kann bei einigermaßen sorglicher Behandlung jedenfalls gerechnet werden, 30 bis 40 Jahre dürften keine
außerordentliche Lebensdauer sein; darüber hinausgehende Lebensdauer
ist bei amerikanischen Wasserversorgungsanlagen mehrfach nachgewiesen.
Im allgemeinen rechnet man für Eiche 100, für Kiefer und Lerche 40
bis 85, für Fichte 40 bis 67, für Pappel 20 bis 30 Jahre.

Insoweit die erwähnten natürlichen Bedingungen für die Erhaltung
einer hohen Lebensdauer der Holzrohre nicht gegeben sind, kann durch
Konservierung des Holzes viel erreicht werden. Am besten hat sich

---

[1]) Rabowsky empfiehlt als Minimaldruck 8 m Wassersäule bei Verlegung im
Erdboden und 4 m Wassersäule bei offener Verlegung.

[2]) Bekanntlich finden sich in Rhein und Donau noch Holzpfähle von alten
Römerbrücken, die sich im Wasser bei vollständigem Luftabschluß bestens kon-
serviert haben. Zum Teil ist dies allerdings einer Verkieselung der Oberfläche zu
verdanken, mit der bei Holzrohren nicht gerechnet werden kann. Die Vorkommnisse
beweisen jedoch, daß Holz in Wasser viele Jahrhunderte alt in brauchbarem Zustand bleiben kann. Außerdem ist ja eine altbekannte Tatsache, daß in Wasser
stehende Pfähle (z. B. bei Hafenbauten) stets an der Übergangsstelle von Wasser
zu Luft zuerst zu faulen beginnen.

im Wasserbau die nach dem Rüpingschen Sparverfahren bewerkstelligte Teerölimprägnierung bewährt. Bei demselben werden die zu imprägnierenden Hölzer in Imprägnierungszylinder eingefahren und dort unter hohen Luftdruck gesetzt, worauf heißes Teeröl mit noch höherem Druck nachgepreßt wird. Bei Aufhebung des Druckes wird überschüssiges Teeröl durch die im Holz angesammelte Preßluft wieder herausgepreßt. Es ist dies das heute in Deutschland verbreitetste Holzimprägnierungsverfahren, das mit dem älteren Teerölimprägnierungsverfahren heute in mehr als 40 über Deutschland verbreiteten Imprägnierungsanstalten ausgeübt wird. — Ein anderes führendes Teerölimprägnierungsverfahren wird unter dem Namen Karbolineum von Avenarius ausgeführt. Die Amerikaner verwenden zur Imprägnierung der Holzrohre mit Vorliebe Kreosot.

Von fast ebenso großer Bedeutung wie die Teerölimprägnierung ist das Kyanisierungsverfahren (nach dem Erfinder J. H. Kyan benannt), bei welchem mit Quecksilbersublimatlösung, neuerdings unter Zusatz von Fluornatrium, womit eine doppelt so große Imprägnierungstiefe erreicht wird, getränkt wird. Auch dieses Verfahren hat in Deutschland etwa 40 Pflegestätten.

Neben diesen z. Zt. wichtigsten Verfahren sind im Wasserbau neuerdings mit Metallsalzen gute Erfolge erzielt worden, ein Verfahren, das sonst vorwiegend für Grubenhölzer Anwendung findet. Diese Salzgemische bestehen wiederum etwa zu 80% aus Fluornatrium, 10 bis 15% Phenolverbindungen und einem geringen Zusatz von Natriumbichromat, Zinksalzen usw., und in Deutschland sind von diesen Salzgemischen insbesondere die unter dem Namen Basilit und Triolit hergestellten bekannt geworden.

Es haben sich ferner im Wasserbau gut bewährt die Paraffinimprägnierung (Amerika) sowie die Powellsche Zuckerimprägnierung (Australien), wobei die Zuckerlösung mit arsensauren Salzen versetzt wird. Dieses Verfahren sowie die Salzgemischimprägnierungen stellen sich etwas billiger als die Teerölimprägnierung, stehen dieser jedoch in Beziehung auf Qualität ziemlich allgemein insofern etwas nach, als die Frage der Verhinderung des Auswaschens der verwendeten Salze durch das Wasser noch nicht restlos gelöst ist.

Insoweit Holzrohre für die Fortleitung von Trinkwasser in Betracht kommen sollen[1]), dürfte weder die eine noch die andere Art der Holzimprägnierung angewandt werden können, da entweder der Geschmack des Wassers leidet oder die Verwendung giftiger Salze zur Imprägnie-

---

[1]) Eine Reihe von Wasserkraftanlagen dienen gleichzeitig der Wasservesorgung, so die Hochdruckanlage der Stadt Nordhausen am Harz, die Ybbs-Werke bei Wien, eine Reihe von Talsperranlagen, insbesondere im Tätigkeitsbereich des Ruhrtalsperrenvereins.

rung, wie dies fast ausschließlich der Fall ist, die gesundheitlichen
Eigenschaften des Wassers stark herabsetzt[1]).

Ein wesentlicher Vorteil der Holzrohre ist neben kurzen Liefer-
fristen deren geringer Preis. In Amerika, wo in den ausgedehnten
Urwäldern reiche Holzvorräte in geeigneten Qualitäten zur Verfügung
stehen, wo die Erzeugungsstätten eiserner Rohre fernab vom Verwendungsort liegen und die Transportkosten für die dazu hin schwere und
oft sperrige Ware den Beschaffungspreis derselben erheblich belastet,
vermögen die Holzrohre daher auch in wirtschaftlicher Hinsicht die
Konkurrenz mit Eisenrohren zu bestehen, ja sie stellen sich z. T. ganz
wesentlich billiger als Eisenrohre. Insbesondere bei niedrigem Innendruck und größeren Durchmessern trifft dies zu, während ein Druck
von ca. 7 bis 8 atm nach oben, ein lichter Durchmesser von etwa 150 mm
nach unten ungefähr die Grenze der Wirtschaftlichkeit der Holzrohre
gegenüber Eisenrohren darstellt. Die Höhe des Eisenpreises spricht
gerade bei höheren Drücken insofern weniger mit, als bei diesen die
Eisenbewehrung der Holzrohre verhältnismäßig stark sein muß und
daher auch bei den Holzrohren einen großen Aufwand an Eisen erfordert,
so daß schließlich der gegenüber Eisenrohren geringere Einheitspreis
der Rundeisenumschnürung nicht mehr ausschlaggebend wird, während
andererseits die für Eisenrohre kleinen Durchmessers und bei geringem
Druck aus technisch-fabrikatorischen Gründen erforderliche Über-
dimensionierung den Holzrohren für dieses Gebiet einen nicht unerheb-
lichen wirtschaftlichen Vorsprung gibt. Die Wirtschaftlichkeit der
Holzrohre wird ferner durch den Durchmesser begrenzt und ergibt bei
etwa $1/_2$ m Rohrdurchmesser nur noch bei kleinen Innendrücken einen
in die Augen springenden Vorteil gegenüber Eisenrohren. Unter günstigen Umständen, d. h. bei kleinen Innendrücken und mittleren bis
großen Durchmessern und mäßigen Holzpreisen, kann der wirtschaftliche Vorteil der Holzrohre gegenüber Eisenrohren erheblich werden
und unter Umständen über 70% der Eisenrohrpreise ausmachen. Da
aber das hier in Frage kommende Anwendungsgebiet der Holzrohre
meist bei größeren Drücken liegt, möge vor einer unüberlegten Über-
schätzung dieses Vorteils immerhin gewarnt werden.

Beachtenswert sind ferner die geringen Verlegungskosten von Holzrohren, die etwa 10 bis 15% der Rohrkosten betragen und damit jedenfalls erheblich hinter denjenigen für Eisenrohre zurückbleiben, während
für die Verlegung von Eisenbetonrohren sogar 30 bis 50% der Rohrkosten in Rechnung gestellt werden müssen.

Diese wirtschaftliche Überlegenheit der Holzrohre kommt insbesondere bei den kontinuierlichen Holzdaubenrohren dank der einfachen
und billigen Verlegung derselben zur Geltung. Die einzelnen Dauben

---

[1]) S. u. a.: „Die Wasserkraft", 1921, S. 189ff., „Holzschutzmittel und ihre
Anwendung im Wasserbau" von Th. Wolff-Friedenau.

werden in der Fabrik zurechtgeschnitten und kommen dann zur Baustelle zum Versand. Die Gewichtsersparnis von 40 bis 60 % des fertiggestellten Holzrohres gegenüber Eisenrohren sowie die Möglichkeit, die
Dauben auf engstem Raum verfrachten zu können, bedeuten eine größere
Erleichterung sowohl für Bahn-, Wasser- und Landtransport, für letzteren
insbesondere im Gebirge in unwegsamen Gegenden, womit ja beim Bau
von Wasserkraftanlagen oft genug gerechnet werden muß und wo oft
als einziges billiges Transportmittel der Rücken eines Maulesels zur
Verfügung steht. Die eisernen Umschnürungsbügel können gleichfalls
in der Fabrik oder auch auf der Baustelle aus gewöhnlichem Rundeisen
hergstellt werden. Der kontinuierliche Verlauf der Holzrohre ohne über-
stehende Muffen und Flanschen ermöglicht außerdem, die Abmessungen auf ein Minimum zu beschränken. Die Dichtungen sind leicht
und mit einfachen Hilfsmitteln herzustellen. Ein großer technischer
und wirtschaftlicher Vorteil ist ferner die Möglichkeit, zu den Ausfüh-
rungsarbeiten an der Verwendungsstelle im wesentlichen ungeschultes
Personal verwenden zu können, da in der Regel ein Vorarbeiter für eine
Gruppe von etwa 10 bis 20 Mann genügt. Mit einer solchen Gruppe
mag ein durchschnittlicher Tagesfortschritt von etwa 20 bis 40 m
erreicht werden.

Weitere Vorteile der kontinuierlichen Daubenholzrohre: leichte
Instandhaltung durch Nachziehen der Bewehrungseisen und Ausführ-
barkeit von Reparaturen, indem stets einzelne Dauben ausgewechselt
werden können, wozu ein halber Tag meist genügt, die Möglichkeit,
die Rohre in verhältnismäßig engen Kurven mit kleinsten Krümmungsradien bis etwa zum 60 fachen[1]) des Rohrdurchmessers zu verlegen,
wobei die in der Geraden fertiggestellten Rohre lediglich durch Drücken
und Wuchten in die gewünschte Kurvenform gebracht werden können,
die Elastizität des Holzrohres, die es gegen Druckschwankungen unemp-
findlicher macht als Eisenrohre, wie auch seine mit der Elastizität verbundene verhältnismäßige Unempfindlichkeit gegen Steinschlag (bei
offen verlegten Rohren). Ferner sind Holzrohre unempfindlich gegen
Elektrolyse, und da die Eisenbewehrung gut geteert oder mit Schutz-
farbe gestrichen[2]), z. T. verzinkt angewendet wird, kommt auch Beschädigung durch Abrosten kaum in Frage. Da Holz ein schlechter
Wärmeleiter ist, ist das im Holzrohr fließende Wasser gegen Frostgefahr,
wie überhaupt gegen Temperaturschwankungen besser geschützt als in
anderen Rohren, wie auch durch die Erfahrung zweifellos nachgewiesen.
Damit entfällt dann die Querschnittsversperrung durch Eis und die

---

[1]) Nach Angaben der amerikanischen Literatur; Rabowsky, „Holzdaubenrohre", empfiehlt dagegen einen Krümmungsradius von etwa dem 90 fachen der
Lichtweite nicht zu unterschreiten.

[2]) Die Holzteile selbst bleiben meist roh, mitunter werden sie gleichfalls mit
einem äußeren Teeranstrich versehen. Über Verwendung imprägnierten Holzes s. o.

damit verbundene Leistungsabnahme der Rohrleitung sowie die Gefahr, die den umschließenden Wänden aus der Volumenvergrößerung des Wassers beim Übergang aus dem flüssigen in den festen Zustand erwächst (bekanntlich hat Wasser bei $+ 4^0$ C sein spezifisch kleinstes Volumen). Der geringe Wärmeausdehnungskoeffizient des Holzes erspart außerdem die Anwendung von Ausdehnungsstücken und die mit diesen verbundenen Betriebsschwierigkeiten. Die geringe Rauhigkeit des Holzrohres sichern ihm ferner einen hohen hydraulischen Wirkungsgrad, der von anderen Rohrarten nicht übertroffen wird und der gegenüber 10 Jahre alten Gußeisenrohren bzw. neuen genieteten Eisenrohren gegen 15%, gegenüber 20 Jahre alten Gußeisenrohren bzw. 10 Jahre alten ge-nieteten Eisenrohren gegen 25% Mehrlei-stung an Wasserfüh-rung im Gefolge ha-ben mag. (Bericht des U. S. Departement of Agriculture, Wa-shington, Bulletin Nr. 376, 1910, von Fred C. Scobey.) Im allgemeinen wird man aber gut tun, die Mehrleistung der Holzrohre gegenüber Eisenrohren auf nicht mehr als 10 bis 15% einzuschätzen.

Abb. 69 b. Bau eines Holzvorbaurohres an der Verwendungsstelle.

Das geringe Ge-wicht und die Elasti-zität des Holzes, sowie die damit verbundene Beweglichkeit der Holzrohre machen sie zur Überwindung von Schluchten, Taleinschnitten und anderen Hindernissen besonders geeignet, da sie bei Überführung solcher in einfacher und billiger Weise an einem Drahtseil aufgehängt werden können (Sedro-Woolley, Staat Washington).

Als besonders beachtenswerte Ausführung soll hier die Hangrohr-leitung der Talsperre bei Vöhrenbach im Schwarzwald angeführt werden, die sich dadurch auszeichnet, daß das dort verwendete Daubenholzrohr von 900 bzw. 1000 mm lichter Weite mit einem 80 mm starken Eisen-betonmantel umgürtet ist, wobei zu den üblichen spiraligen Umschnü-rungsbügeln, welche die Dichtung übernehmen, noch in den Beton eingelegte Längseisen hinzukommen, welche die Zugkräfte aufnehmen. Die Dauben sind 2 m lang, 38 mm dick und 100 bis 108 mm breit; an den Langs- und Stirnseiten greifen sie mit Nut und Feder ineinander,

doch sind kleine Zwischenräume gelassen, um ein Sprengen des Betonmantels infolge Quellens des Holzes zu vermeiden. Demselben Zweck
dient ein Inertolanstrich auf der dem Betonmantel zugekehrten Außenseite des Holzrohres, wodurch ein unnötiges Quellen des Holzes verhindert werden soll. Außerdem ist das Holzrohr einmal mit Holzzement
bestrichen. Als Material ist gut getrocknetes Fichtenholz verwendet.
Das Rohr hat einem Innendruck von 2.3 atm zu widerstehen. Bei der
hier gebotenen Ausnutzung der Vorteile sowohl der Holz- wie der
Betonrohre ist beachtlich, daß auch insofern eine Verbilligung eintritt,
als die sonst für die Herstellung von Betonrohren erforderliche Kern-
schalung in Wegfall kommt. Der tägliche Baufortschritt betrug trotz
ungünstiger örtlicher Verhältnisse 30 m.

Abb. 69c. Fertig verlegtes Holzvorbaurohr einer
Wasserkraftanlage.

Sonst richtet sich
der Baufortschritt bei
den Vorbaurohren
wohl nach dem Durch-
messer, dem Betriebs-
druck und deshalb
nach der Menge und
Stärke der Eisenbe-
wehrung, sowie nach
der Form der Rohr-
trace. In gerader
Strecke wurde bei
einem Überdruck von
1 atm und 0,5 m Rohr-
durchmesser ein täg-
licher Fortschritt bis
zu 40 m erzielt, wäh-
rend bei mittleren Verhältnissen (Hangleitung mit Krümmungen und
mittlerem Durchmesser) etwa 25 bis 30 m zu erreichen sein dürften. Bei
starkem Betriebsdruck (8 atm) und dementsprechend starker Armierung reduziert sich dieser Betrag erheblich, nämlich auf ca. 8 bis 10 m
je Tag.

Fabrikrohre. Neben dieser für Wasserkraftanlagen in erster Linie
in Betracht kommenden Holzrohrkonstruktion sei noch einer zweiten
kurz Erwähnung getan, die für besondere Zwecke unter Umständen
gute Dienste leistet. Es sind die in fertigen Längen hergestellten Muffenrohre. Sie bauen sich genau so wie die durchlaufenden Daubenrohre
aus einzelnen Holzdauben auf, nur sind dieselben sämtlich in Schüssen
bündig abgeschnitten, beim sogenannten Zapfenstoß am einen Ende
mit abgesetztem Schwanzende, am anderen mit Muffe versehen, was
beides dadurch hergestellt wird, daß von der vorhandenen Dauben-

stärke das eine Mal von außen, das andere Mal von innen ein entsprechender Teil abgedreht wird, so daß das Schwanzende des einen Rohres genau in die Muffe des anderen Rohres hineinpaßt und innen eine glatte Wandung entsteht. Ein Dichtungsmaterial ist hierbei nicht erforderlich, da das Holz durch Aufquellen die Abdichtung besorgt. Dasselbe ist der Fall bei Anwendung von doppelten hölzernen Überschiebemuffen, die für Rohre von mehr als 30 cm lichter Weite und bei größerem Betriebsdruck in Frage kommen. Diese Überschiebemuffen sind grundsätzlich genau so wie die Rohre selbst hergestellt. Die Verbindung mit Überschiebemuffen oder der sogenannten Manschettenstoß ist dem Zapfenstoß insofern überlegen, als letzterer das Auswechseln einzelner Rohrteile bei Schadhaftwerden sehr erschwert, während beim Manschettenstoß das Auswechseln ohne alle Schwierigkeit möglich ist. Die Eisenbewehrung der Rohre kann hier ebenfalls durch einzelne Ringe mit

Abb. 69 d. Fabrikrohr in einer Zellstoffabrik.

Spannschuhen erfolgen; in der Regel wird sie jedoch fortlaufend durch Aufwicklung von galvanisiertem, besser feuerverzinktem Rundeisen in Spiralen maschinenmäßig auf der Wickelbank hergestellt. An den Rohrenden wird die Wicklung bis zu 3 facher Lage der Windungen übereinander verstärkt. Die fertigen Rohre werden mit heißem Asphaltteer gestrichen und dann in Sägemehl gerollt, um den Überzug gegen Stöße und Zerfließen widerstandsfähiger zu machen.

Diese Rohre, die für lichte Weiten von 4 bis 60 cm bei Baulängen von 0,90 bis 6,0 m geliefert werden, glaubt man, mit 15 atm Betriebsdruck bei inneren Durchmessern bis zu 26 cm, mit 9 bis 10 atm bei größeren Durchmessern beanspruchen zu können. Ihre Anwendung ist nicht ganz so vorteilhaft wie diejenige der kontinuierlichen Holzrohre, doch sind sie den Eisenrohren immerhin vielfach noch wirtschaftlich überlegen. Sehr schlanke Kurven können wie bei gußeisernen Rohren durch Ausnutzung der in der Muffenverbindung liegenden, beschränkten Beweglichkeit hergestellt werden. Für kleinere Kurvenradien werden von der amerikanischen Holzindustrie entweder die marktgängigen gußeisernen Formstücke oder solche verwendet, die, mit etwas längeren Muffen versehen, besonders für Holzrohre hergestellt werden. Für Abzweigungen, Schieber usw. werden ebenfalls gußeiserne Formstücke benutzt, bei geringem innerem Überdruck unter Umständen auch besondere Holzformstücke. Der Zwischenraum zwischen Holzrohr und eiserner Muffe wird mit Werg und Teerstrickgedichtet. Auch hilft das Quellen des Holzes dabei mit. Von der Österreichischen Holzrohr - A. G. in Wien wird zur Verbindung von Holzrohr und Eisenmuffe eine ihr patentierte Stopfbüchsenverbindung verwendet. Ohne Formstücke und für normale Rohrschußlänge beträgt der Minimalkrümmungsradius etwa das 80 fache des Rohrdurchmessers. Mit kurzen Rohrstücken von 1 bis 2 m Länge können noch Krümmungsradien von etwa dem 30 fachen des Rohrdurchmessers ausgelegt werden.

Abb. 69e. Fertiges Fabrikrohr.

Beachtenswert ist der mit Fabrikrohren zu erreichende große tägliche Baufortschritt von ca. 150 bis 200 m je Tag. Dem kommt auch das geringe Gewicht der Rohrschüsse zugute, insofern z. B. ein gewickeltes Fabrikrohr von 5 m Länge und 30 cm Durchmesser 60 kg wiegt, also von einem kräftigen Mann getragen werden kann. Das geringe Gewicht ermöglicht auch den wirtschaftlichen Versand der Holzrohre auf große Strecken oder bei hohen Frachtsätzen.

Beton- und Eisenbetonrohre.

Gewöhnliche Betonrohre kommen für Wasserkraftanlagen weniger in Frage. Die Eigenschaft des Betons, auf Zug nur ganz mäßige Beanspruchungen ertragen zu können, schließen seine Anwendung überall da aus, wo Innendrücke zu beherrschen sind, und beschränkt daher die Anwendung der Betonrohre auf bezüglich des Scheitels drucklose oder nur ganz geringem Innendruck unterworfene Strecken der Rohrtrace.

Soweit Beton für Rohrstrecken verwendet werden soll, die einigermaßen erheblichem Innendruck ausgesetzt sind, ist die Verbundkonstruktion des Eisenbetons anzuwenden, wobei wie bei den Holzrohren der Eisenbewehrung die Aufgabe zufällt, die vom inneren Wasserdruck herrührende Zugbeanspruchung aufzunehmen, wofür sich Beton nicht eignet, während der Beton gleich dem Holz bei den Holzrohren nur die Aufgabe erfüllt, die dichte Rohrwand zu bilden. Indeß empfiehlt sich eine leichte Eisenbewehrung eigentlich bei allen Betonrohren, deren sprödes Material der Beschädigung durch Stöße, Schläge beim Transport besonders ausgesetzt ist und auch hiergegen durch die Eiseneinlage einigermaßen geschützt ist. Als Eisenbewehrung wird gleichfalls wie beim Holz Rundeisen angewendet, entweder in Ringform, wobei die Enden der einzelnen Rundeisenringe zur Herstellung bzw. Vergrößerung der Haftfestigkeit zwischen Beton und Eisen winklig abgebogen sind. Die offenen Enden der einzelnen Ringe sind dabei gegeneinander zu versetzen, oder das Rundeisen findet als endlose Spirale gewickelt Anwendung. Durch einige leichtere Längseisen wird die Lage der Drahtringe gegeneinander fixiert; gleichzeitig wird das Rohr dadurch in gewissem Grade befähigt, Biegungsbeanspruchungen aufzunehmen. Auch Drahtnetze und Streckmetall benutzt man gelegentlich als Einlage. Sie wird in Form von mit der Rohrschale konzentrischen kreisrunden Ringen oder von Ellipsen mit liegender langer Achse ausgebildet, je nachdem die Rohrleitung nur Innendruck oder auch den Druck einer äußeren Überschüttung aufzunehmen hat. So bewehrte Rohre wurden bis vor wenigen Jahren für in der Regel nicht mehr als 3 atm, äußerstenfalls für bis zu 5 atm Innendruck angewendet, neuerdings ist man indeß durch Verbesserung der Betonbewehrung dazu gekommen, Eisenbetonrohre auch für erheblich höhere Wasserdrücke anzuwenden.

Zwecks Anwendung von Eisenbetonrohren für noch höhere Innendrücke wurde schon die Anwendung eines vollständigen Blechmantels an Stelle der Rundeiseneinlage empfohlen und angewandt (Blechmantelrohr Patent Ziegler-Claustal). Ihre Anwendbarkeit bestimmt sich in letzter Linie durch die Kostenfrage, da im übrigen gute Erfahrungen mit denselben gemacht wurden. Beton schützt bekanntlich, wie das an den ältesten ausgeführten Monierbauten längst einwandfrei nachgewiesen ist, vollkommen gegen Rostgefahr (vgl. oben unter Rostschutzmittel für Eisenrohre), im übrigen soll sich die Konstruktion auch gegen Frost als widerstandsfähig erwiesen haben, während gerade für Beton durch Zufrieren der mit Wasser gesättigten Haarrisse eine erhöhte Frostgefahr vorliegt. Mit einer vollständig geschlossenen Blecheinlage erreicht man allerdings auch eine vollständige Wasserdichtheit der Rohre.

Eine weitere interessante Konstruktion von Eisenbetonrohren will deren Anwendungsbereich auch in das Gebiet der höheren Innendrücke ausdehnen und macht in letzter Zeit von sich reden.

5*

J. G. Wiebenga[1]) schlägt hierzu einen ganz anderen Weg als den der
kombinierten Rohrkonstruktion vor, die allerdings überdies anwendbar bleibt; der für die gewöhnliche Rohrkonstruktion zu große innere
Überdruck soll dadurch herabgesetzt werden, daß ihm ein entsprechender Gegendruck von außen entgegengesetzt wird. Zu diesem
Zweck wird um das innere Rohr ein Mantel, gleichfalls in Beton
hergestellt, gelegt, der gegenüber dem inneren Rohr einen Hohlraum übrig läßt. Dieser wird mit Druckwasser gefüllt, dessen Druck
um etwas niedriger ist als der Innendruck. Durch Anwendung mehrerer solcher Mäntel und wiederholte Druckabstufung läßt sich der
jeweilige innere Überdruck im Rohrinnern bzw. in den Mantelhohl-
räumen auf ein wünschenswertes Maß reduzieren. Es handelt sich also
bei dieser Rohrkonstruktion um eine hydraulische Parallele zu der
sogenannten „künstlichen Metallkonstruktion". Rohr und Mantel sind
durch kurze Längsleistenstücke gegeneinander abgestützt. Gerade
diese Abstützung mag indes ein besonders wunder Punkt der Konstruktion sein, denn obwohl der Erfinder für das Rohr selbst diesem
knochengerüstähnlichen Aufbau eine gewisse Elastizität und große
Widerstandsfähigkeit gegen äußere Belastungen nachrühmt, ist die
Abstützung durch die Längsrippen andererseits der alleinige Träger
des Rohr- und Wassergewichts und insofern der Gefahr übergroßer
Beanspruchung ausgesetzt. Auch scheint es noch fraglich, ob die
Druckhaltung in den Mänteln keine Schwierigkeiten bereitet. An sich
scheint die Konstruktion auch ziemlich teuer, und es ist deshalb ab-
zuwarten, ob sie sich in der Praxis einzuführen vermag und wie sie
sich bewährt. Umfassende Versuche sollen im Gang sein und später
veröffentlicht werden.

Gegenüber der vorerwähnten, wohl stets etwas empfindlich blei-
benden Konstruktion ist in allerjüngster Zeit eine kombinierte Konstruktion gefunden worden, die Zement als Hauptbestandteil verwendet
und in einer Ausführung bereits für 1800 m Gefälle, also für rd. 180 atm
angewandt wurde, die also allen Anforderungen genügen dürfte. Es
handelt sich um das armierte Billé-Ligonnet-Rohr, das sich durch
völlige Wasserdichtheit auszeichnen soll. Diese völlige Dichtheit wird
letzen Endes durch Asphaltierung auf der Innenseite erreicht. Diese
innere Asphaltschicht ist von erheblicher Dicke; sie beträgt ca. 30 bis
60 mm. Die Verbindung mit der umgebenden Zementschicht wird durch
kleine scharfkantige Kieselsteine oder ähnliche hergestellt, welche nach
Erwärmung auf ca. 200° C auf die Asphaltschicht aufgestreut werden,
in den Asphalt einsinken und fest in diesem haften, während die heraus-
ragenden Enden eine ebenso zuverlässige Heftung für den Zement und
Beton bilden. Dieses Originalverfahren von Billé wurde von Ligonnet

---

[1]) „De Ingenieur", 1920, Heft 26, nach „Das Gas- und Wasserfach" (Journal
für Gas- und Wasserversorgung) vom 1. Januar 1921.

dahin verbessert und verbilligt, daß die Herstellung der Röhren im Schleuderverfahren erfolgt, wobei mit der äußeren stark armierten Zement- und Betonumhüllung begonnen wird, während die innere dichtende Asphaltschicht als letztes Glied des Fabrikationsganges aufgetragen wird. Die Röhren werden von einer französischen Finanzgruppe für Frankreich, von einer amerikanischen für Amerika und Kanada hergestellt; erstere hat sich die Patentrechte für die ganze Erde gesichert. Wirtschaftlichkeitsziffern für diese technisch sicher bedeutungsvolle Konstruktion (vgl. den Aufbau der Blutgefäße) sind z. Zt. noch nicht bekannt. Der in Abb. 70 dargestellte Querschnitt läßt den konstruktiven Aufbau der Billé-Ligonnet-Rohre erkennen.

Eine auf Materialersparnis und beste Materialausnutzung ausgehende Konstruktion ist die bei dem Eisenbetondücker zur Durchquerung des Friga-Tales (Zentrale Caneva in Oberitalien) angewandte. Der Dücker ist 400 m lang und hat einen inneren Durchmesser von 3,80 m; er dient der Verbindung zweier Druckstollen. Die Versteifung des eine Wandstärke von nur $16'' = 40,6$ mm aufweisenden Rohres erfolgt durch exzentrische Rippenkränze von 4,60 m Durchmesser und $18'' = 45,7$ mm mittlerer Rippenstärke. Die Verbindung

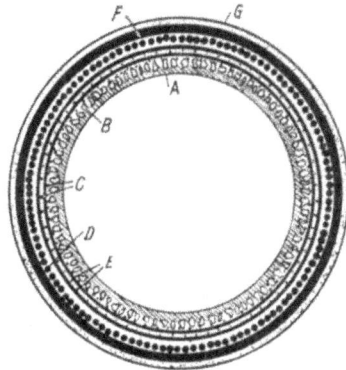

Abb. 70. Billé-Ligonnet-Rohr.

zweier Rohrschüsse erfolgt durch Flanschverschraubung, wobei die beiden konisch abgesetzten Rohrenden ineinander geschoben sind. Die Abstützung des Rohres geschieht durch Pendelstützen aus Eisenbeton, so daß das Rohr eine gewisse Beweglichkeit besitzt. Außerdem sind 4 Dehnungsfugen angeordnet (Abb. 71 und 72).

Die Schwierigkeit in den Stoßfugen erschwert die Anwendung sowohl der gewöhnlichen Beton- als auch die der Eisenbetonrohre; desgleichen läßt die Wasserdichtigkeit der Rohrwände hin und wieder zu wünschen übrig, wenngleich bei Verarbeitung hinreichend nassen Betons die Verwendung besonderer Glattstriche zur Dichtung der Haarrisse entbehrlich sein soll. Indes trifft auch dies nur bis zu Wasserdrücken von etwa 50 m Höhe zu. Wo ausnahmsweise Betonrohre unter höheren Wasserdruck gesetzt werden sollen, ist ein solcher nicht entbehrlich oder ein besonderer dichtender, eine wasserundurchlässige Haut erzeugender Anstrich mit Teer, Siderosthen-Labrose, Nigrit, Heimalol, Inertol anzuwenden. Letztere schützen den Beton gleichzeitig gegen den Zerfall infolge chemischer Einwirkungen, wie er von sehr weichen und kohlensäurehaltigen Wassern (im Urgebirge, mehr als $^1/_{10}$%

Kohlensäuregehalt ist schädlich), von Säuren oder chemischen Industrie u. a. m. ausgehen kann. Bei Kanalisationsrohren wird mit
Vorliebe eine Auskleidung mit Kesslerschem Zementfluat, ein wasser-
dichtes, öl- und säurefestes Material in Stärke von etwa 8 mm vorgenommen.

Bei in der Baugrube gegossenen Zementrohren bringt die natürliche
Schwindung des Rohres, die in den ersten Monaten der Erhärtung am
größten ist, besondere Schwierigkeiten für die Abdichtung, insbesondere
auch in den Stoßfugen, deren Einschaltung schon wegen der erwähnten
Schwindung unerläßlich ist, da sonst notwendigerweise Risse im Beton-
körper entstehen müssen. Um diesen Schwierigkeiten zu begegnen, hat
man beim Bau der 1720 m langen und 2,3 m im
Lichten weiten Druckrohrleitung aus Eisenbeton

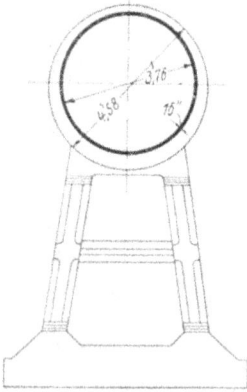

Abb. 71. Betonrohr der
Zentrale Caneva.

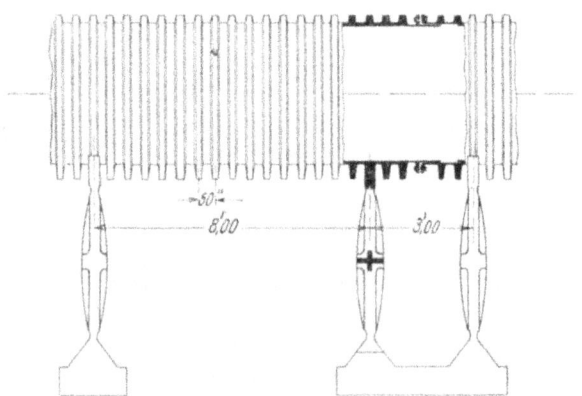

Abb. 72. Betonrohr der Zentrale Caneva, Querschnitt.

des in der Nähe von Wien liegenden Kraftwerks Föhrenbach, die einem
höchsten Innendruck von 2 atm ausgesetzt ist und dementsprechend
Wandstärken von 16 bis 20 cm aufweist, das Verfahren angewandt, die
ganze Rohrleitung aus Teilstücken von je rd. 72 m Länge herzustellen,
die nach mindestens sechswöchentlicher Erhärtungszeit durch Betonmuffen verbunden wurden. Die Zwischenräume zwischen den einzelnen
Rohrabschnitten betrugen etwa 60 cm. Diese Bauweise hat sich nunmehr über einen Zeitraum von mehr als 3 Jahren bewährt. — Eine
gleiche Ausführung der Druckrohrleitung des Kraftwerks Blumau
(4500 m Länge, Teillängen 91 m, 14 bis 21 cm Wandstärke, 2,8 atm
höchster Innendruck) bestätigt ebenfalls die Brauchbarkeit dieses Verfahrens.

Zur Erreichung guter Wasserdichtheit bei sparsamer Wandstärke
ist der Zusammensetzung des Betons besondere Aufmerksamkeit zu
schenken. Fette Mischungen unter Anwendung von Portlandzement im

Verhältnis 1 : 4 bis 1 : 6 sind hier unerläßlich. Die Beschränkung der Korngröße auf 20 bis höchstens 30 mm muß im Interesse der vollständigen Sättigung der Hohlräume durch das Bindemittel gefordert werden. — Noch größere Wasserdichtigkeit wird erreicht durch Traßzusatz, wobei allgemeinen Interesses halber aus den Untersuchungen des Dipl.-Ing. Unna-Köln[1]) folgende Zusammenstellung, in der 5 die höchste, 1,1 die geringste Dichtigkeit (gleich Kittmasse geteilt durch Hohlräume) bedeutet, mitgeteilt sein möge:

$1\frac{1}{2}$ Traß : 1 Kalk : 1 Sand 5,0 Dichtigkeit
1   „ : 1 „   : 1 „   4,4 „
1   „ : 1 „   : 2,3 „   2,3 „
1   „ : 1 „   : 3 „   1,4 „
1   „ : 2 „   : 5 „   1,7 „
1   „ : 1 Zement : 4 „   1,3 „
1   „ : 1 „   : 4,5 „   1,1 „
   1   „   : 2 „   1,2 „
   1   „   : 2,5 „   1,1 „
   1   „   : 3 „   0,9 „

Hiernach sollen also Zementmörtel 1 : 2 und 1 : 2$\frac{1}{2}$ noch dicht sein, während die Mischung 1 : 3 schon nicht mehr dicht ist. Aus der Zusammenstellung erhellt die hohe Bedeutung des Traßzusatzes für die Dichtigkeit der Mörtelmischungen; und es wurden demnach in bezug auf Dichtigkeit an erster Stelle die Traßkalkmischungen, an zweiter die Traßkalkportlandzementmischungen, an dritter die Traßportlandzement- und an letzter Stelle die reinen Portlandzementmischungen stehen.

Da indes auch die Festigkeit von Bedeutung ist, sei bemerkt, daß die hohe Druckfestigkeit von 100 kg/cm² durch eine Kalktraßmischung 1 Traß : 1 Kalk : 3 Sand (in Raumteilen), die von 75 kg/cm² durch die Mischung 1 Traß : 1 Kalk : 4 Sand, die von 50 kg/cm² durch 1 Traß : 1 Kalk : 5 Sand und die von 30 kg/cm² durch 1 Traß : 1 Kalk : 6 Sand bei normaler Beschaffenheit dieser Mörtelsoffe bestimmt zu erzielen ist. Die Erzielung höherer Festigkeiten hängt von dem Zusatz, von dem teueren und schnell bindenden Portlandzement ab.

In letzter Zeit sind noch die Tonerdezemente von Bedeutung geworden, die indes vorläufig vorwiegend im Ausland (Frankreich, Schweiz, Amerika, England) hergestellt werden. Auch ist ihr hoher Preis vielfach ihrer Anwendung hinderlich. Der Tonerdezement zeichnet sich insbesondere durch hohe Festigkeitswerte sowie dadurch aus, daß er die Festigkeit des Mörtels und Zements nicht allmählich steigert, sondern daß er dem Beton seine Festigkeit im wesentlichen schon am ersten Tage erteilt.

---

[1]) „Über die Bestimmung rationeller Mörtelmischungen."

In neuerer Zeit kommt auch der Betonhärtung große Bedeutung
zu. Hier ist der Stahlbeton Kleinlogel zu nennen; er ist das Erzeugnis
eines besonderen, unter Patentschutz stehenden Herstellungsverfahrens
(Zement mit einem metallischen Zuschlagsstoff) und wird wegen seiner
außerordentlichen hohen Widerstandsfähigkeit gegen mechanische Abnutzung (Schleifhärte des Betons) als Schutzschicht auf Beton und andere
Konstruktionen aufgetragen. Er eignet sich daher auch als Schutzschicht
gegen mechanische Abnutzung in Beton- und Eisenbetonrohren, wobei
die Schutzwirkung insbesondere gegen die ausschleifende Wirkung von
im Wasser mitgeführtem Sand zur Geltung kommt. Seine Härte wird
zu dem 8fachen bester maschinengepreßter Kunststeine und zum
2,2 fachen besten Granits besonderer Auslese angegeben. Auch die
Festigkeitseigenschaften sind hervorragend, so beträgt seine Durch-
schnittsfestigkeit 650 kg/cm². Auch die Wasserdichtigkeit ist vorzüglich
und bei Drücken bis über 250 atm bewährt. Dieser Spezialbeton hat
bereits bei einer großen Zahl von Ausführungen seine vorzüglichen
Eigenschaften erwiesen.

Des weiteren ist die Betonhärtung mittels Kieselfluorids, das im
Handel unter dem Namen Dr. Hallers Tutorol bekannt ist, von großer
Wichtigkeit, da auch sie für Wasserbauten, also z. B. für die Schutz-
härtung von Beton- und Eisenbetonrohren besonders geeignet ist. Es
wird in wässeriger Lösung zur Tränkung des abgebundenen Betons
benutzt, wobei sich die Struktur des getränkten Betons verändert,
indem die Säurekomponenten der Lösung, die Kieselsäure und Fluor-
wasserstoff, auf den freien Kalk des Betons einwirken, wobei im Innern
der Struktur Kieselsäure ausgefällt wird, die unter Abgabe von Wasser
zu Quarz erhärtet. Die verbleibende, nunmehr bedeutend aktiver ge-
wordene, andere Säurekomponente der Lösung, die Fluorwasserstoff-
säure, verbindet sich unter Ausscheiden von Kohlendioxyd mit dem
Kalkanteil des Betons zu Fluorkalzium (als Mineral als Flußspat bezeichnet), wodurch dem gehärteten Beton insbesondere auch hohe
Säurefestigkeit verliehen wird, da bekanntlich Fluorkalzium nur in
Flußsäure und rauchender Schwefelsäure löslich ist, Säuren, die in
der Praxis des Rohrleitungsbaus kaum vorkommen dürften. Es ist
daher der mittels Kieselfluoridtränkung gehärtete Beton insbesondere
auch sehr gut gegen chemische Einflüsse (auch Fettsäuren) geschützt,
während der gewöhnliche Beton wie an anderer Stelle ausgeführt,
sich hiergegen als ziemlich empfindlich erweist, indem sein freier Kalk
zersetzt, der Beton zermürbt wird. — Was die Widerstandsfähigkeit
gegen mechanische Beanspruchungen anbetrifft, so ist zu bemerken,
daß der mit Kieselfluorid behandelte Beton eine etwa 10mal so große
Härte aufweist wie der ungehärtete. Ein weiterer Vorzug ergibt sich
bei dieser Betonhärtung dadurch, daß durch das Ausfällen der Kieselsäure im Innern der Struktur eine vollkommene Abdichtung erzielt wird.

Dabei sind die Kosten des Verfahrens nicht sehr hoch, da je nach Aufnahmefähigkeit des Betons die Lösung von 1 kg Kieselfluorid Tutorol zur Härtung von 7 bis 10 m² Fläche ausreicht. Die Tiefenwirkung der Härtung ist dabei erheblich.

Die bezüglich der Wirksamkeit der Kieselfluoridtränkung angestellten Versuche haben indeß ergeben, daß schon die Zusammensetzung des Betons wesentlichen Einfluß auf dessen Härte ausübt. So ergaben sich für Beton 1 : 5 bzw. 1 : 3 ohne Tutorolhärtung die Härtezahlen (Pfaffsche Skala) 6,5 bzw. 13, d. h. die bessere Betonmischung zeigt eine um 100% größere Härte. Dies deutet darauf hin, daß den besseren Betonmischungen nicht nur bessere Festigkeitseigenschaften, sondern auch größere Härte und damit höhere Lebensdauer zukommt.

Es lassen sich Betonrohre bis zu 700 mm kleinsten lichten Weiten herstellen. Darunter zu gehen verbietet die Notwendigkeit, innere Fugendichtungen vorzunehmen. Die Lebensdauer ist derjenigen für Eisenrohre ungefähr gleich zu setzen. Gegenüber Holzrohren sind sie gleich Eisenrohren etwas empfindlicher gegen chemische Einflüsse und Elektrolyse, gegen Stöße und Schläge, gleichfalls gegen die ausschleifende Wirkung sandhaltigen Betriebswassers.

Eisenbetonrohre stellen sich im allgemeinen billiger als Eisenrohre, bei inneren Überdrücken bis zu etwa 30 m Wassersäule ist der Preisunterschied sogar recht erheblich. Holzrohre, die bis zu 60 m Wasserdruck am billigsten sind, werden dann von Eisenbeton unterboten.

Herstellung der Betonrohre. Sie erfolgt entweder in einzelnen Schüssen oder durchlaufend in der Baugrube. Die Herstellung der Schüsse erfolgt fabrikmäßig mittels zerlegbaren Eisenformen oder auf dem Bauplatz. Die Anwendung von Schüssen ergibt zahlreiche Stoßfugen und damit erhöhte Gefahr der Undichtheit. Großer Materialaufwand macht das Verfahren für größere Rohrdurchmesser teuer. Deshalb für wichtigere Rohre und höhere Drücke Bevorzugung der durchgehenden Bauweise. Schwindung des Betons erfordert auch hier, Stoßfugen einzulegen, deren Überbrückung durch Betonmuffen möglich. Bei großen Rohrdurchmessern Herstellung eines Kalkbetonbettes bis zur Höhe der Rohrachse. Nach Einlage der Bewehrungseisen (Rund- oder Winkeleisen in einzelnen Ringen oder Spiralen, zu deren Fixierung einige wenige Längseisen) erfolgt Betonierung der oberen Rohrhälfte über zerlegbare eiserne oder hölzerne Formen, die befahrbar ausgestattet werden können. Bei Verwendung eines geschlossenen Blechmantels ist dieser durch Sandstrahlgebläse zu reinigen, um die erforderliche Haftfestigkeit zu erzielen. Ein frisch aufgebrachter Zementmilchanstrich erhöht die Haftfestigkeit. Der Blechmantel wird durch hölzerne Formen bis nach erfolgter Betonierung in Form gehalten. Abdichtung der einzelnen Betonierstrecken durch Schläuche, die unter inneren Wasserdruck gesetzt werden. Luftableitung aus dem Beton durch Standrohre unter Abklopfen der Kernformen mit Hämmern. Die Zeit des Abbindens des Betons sollte nicht unter 24 Stunden bemessen werden. Dichter Guß wird durch Anwendung leicht flüssigen Betons erreicht. Im ganzen beachte die Bedingungen für Beton und Eisen, aufgestellt vom Deutschen Betonverein. Eiserne Formen werden zweckmäßig vor Einstampfen des Betons eingeölt, um das Lösen des Betons von der Form zu erleichtern.

Die Gefahr ungenügender Verbindung der einzelnen Betonschichten vermeiden die nach dem Schleuderverfahren hergestellten Eisenbetonröhren. Die rasche Umdrehung der Betonform (500 bis 1000 Umdrehungen pro Minute) bringen allerdings dafür die Gefahr der Betonentmischung. Beimischung von Faserstoffen (Deutsche Schleuderröhrenwerke in Meißen) vermindert diese Gefahr. — Weitere Bauweisen von Schleuderröhren durch die Schweizer Sigwartmastenwerke (Sigwartröhren), sowie das Vianinirohr der Firma Eduard Züblin & Co. in Kehl, Baden. Letztere bei Durchmessern bis zu etwa 500 mm und niedrigem Betriebsdruck frei Fabrik noch etwas billiger als Holzvorbaurohre, doch sind die Verlegungskosten höher.

Die Unabhängigkeit der Fabrikherstellung der Rohre von Witterung, Bauzeit an der Baustelle, Unterbringung der Arbeiter, die größeren Schwierigkeiten der Überwachung und die maschinellen Anlagen an der Baustelle selbst lassen im allgemeinen die Fabrikherstellung als vorteilhaft erscheinen, sofern Abnutzung und Gewichte des Fabrikates mäßig sind und den Transport nicht über Gebühr erschweren. Für die Fabrikherstellung fällt außerdem ins Gewicht die Ersparnis an Transportkosten zur Baustelle für die maschinellen Einrichtungen, die geringere Abnutzung derselben in der fabrikmäßigen Benutzung, die geringere räumliche Belastung des Bauhofs an der Baustelle und andere der Verbilligung der Betriebskosten zugute kommende Umstände. Es ist deshalb zu verstehen, daß trotz der andererseits nicht zu verkennenden Vorteile der durchgehenden Bauweise an der Baustelle selbst auch für große Rohrweiten der Versuch gemacht wurde, die Fabrikherstellung an Stelle der Ausführung auf der Baustelle treten zu lassen. Bemerkenswert ist in dieser Beziehung die Ausführungsform der

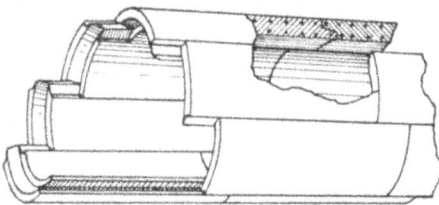

Abb. 73. Zusammengesetzte Eisenbetonschale der Reinforced Concrete Pipe Co.

Reinforced Concrete Pipe Co., welche eine Unterteilung der Eisenbetonschale der Rohrwand in einzelne Segmente und die Verbindung derselben in versetzten Flächen an Innen- und Außenwand vorsieht (Abb. 73). Hohe Ansprüche bezüglich des Innendruckes dürfen allerdings nicht gestellt werden. Auf diese Weise lassen sich Rohre bis über 3 m Lichtweite auch

fabrikmäßig herstellen, während für im ganzen hergestellte Fabrik-
betonrohre die Grenze bei 1200 bis 1500 mm liegen dürfte. In Amerika
geht man allerdings noch über dieses Maß hinaus.

Die Herstellung in der Baugrube ist kaum zu umgehen und auch
für kleine Rohrweiten vorteilhaft, wenn besondere Beanspruchungen
in Frage kommen, so daß das eigentliche Rohr örtlich durch Gewölbe-
ausbildung, Widerlager usw. verstärkt werden muß (Kreuzungen mit
Verkehrswegen, erheblichere Erdauflast usw.).

Betonrohre werden, wenn angängig, unter Erdschüttung verlegt,
da wegen der Sprödigkeit des Materials eine schützende Schicht stets
erwünscht ist. Dies bezieht sich auch auf Sonnenbestrahlung, da der
Wärmeausdehnungskoeffizient des Betons verhältnismäßig hoch
($\beta = 0{,}000014$, der von Eisen und Stahl $0{,}000011$, der von Holz
$0{,}000006$ bis $0{,}000009$) ist, so daß die Gefährdung des spröden Materials,
dessen Zugfestigkeit mit etwa 15 kg/cm², dessen Druckfestigkeit mit bis
zu 100 kg/cm², bei bestem Kalktraßmörtel, s. o.) bemessen werden
kann, nicht gering zu achten ist. Diese Sprödigkeit des Materials tritt
auch durch Rückbildung in den Auflagerstellen bei statisch unbestimmter
Auflagerung in die Erscheinung, so daß auch aus diesem Grunde die
satte, gleichmäßige Verlegung der Betonrohre im Erdreich einer offenen
Verlegung auf einzelnen Unterstützungssätteln entschieden vorzuziehen
ist. Aus beiden Gründen empfiehlt es sich, bei Eisenbetonrohren die
Längsbewehrung mit Eisen nicht zu sparsam zu bemessen; beim Zu-
sammenziehen des Betons soll sie dessen Zugfestigkeit überwinden
können, so daß statt einzelner klaffender Risse eine größere Zahl auf die
ganze Länge verteilter Haarrisse auftritt. Ludin berechnet für einen
größten Temperaturunterschied von 70^0 und eine Elastizitätsgrenze der
Stahleinlagen von 2800 kg/cm² den Anteil der Bewehrung an der Zugbeanspruchung infolge Wärmezusammenziehung zu $0{,}6\%$, so daß demnach das angestrebte Ziel ohne übermäßigen Eisenaufwand zu erreichen ist.

Bei Verlegung der Betonrohre im Boden sind moorige und Stellen,
die kohlensäurehaltiges Wasser führen, zu vermeiden, da Beton dagegen
besonders empfindlich und Ausfressungen ausgesetzt ist.

Eigenartig ist auch die Empfindlichkeit des Betons gegen über-
mäßig reines Wasser, das sehr wenig mineralische Beimengungen enthält und infolgedessen den Kalk im Beton auflöst. Eine Trinkwasser-
leitung in Vannes (Frankreich) ließ schon nach ganz kurzer Zeit erheblich
in der Leistung nach. Die Auflösung des Kalkes durch das sehr reine
Wasser hatte zur vollständigen Durchlöcherung der Rohre geführt.

Die Stoßfugendichtung erfolgt bei Eisenbetonrohren in sehr einfacher Weise durch keilnutenförmige Ausbildung der Rohrenden, wobei
das innere Keilende etwas kürzer gehalten ist als die Tiefe der Nut
beträgt, so daß beim Zusammenstoßen ein ringförmiger Hohlraum entsteht, in den Streckmetalleinlagen hineinreichen, die nach Ausgießen

des Ringraums mit Zementmörtel eine zugfeste Verbindung herstellen (Abb. 74). Statt der Streckmetallverbindung wird auch eine Verbindung durch Flachkeil, der in tangentialer Richtung durch zwei Bandeisenösen gesteckt wird, angewendet (Abb. 75). — Eine Art Muffenverbindung mit Bleirohrdichtung zeigt Abb. 76, welche einer Ausführung bei der Wasserversorgung der Stadt St. John, New Brunswik, entspricht. Das Bleirohr enthält eine Baumwollseele; die Dichtung hat sich bei den vor-

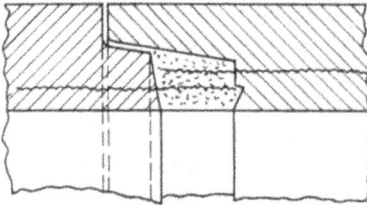

Abb. 74. Streckmetallverbindung.   Abb. 75. Flachkeilverbindung.

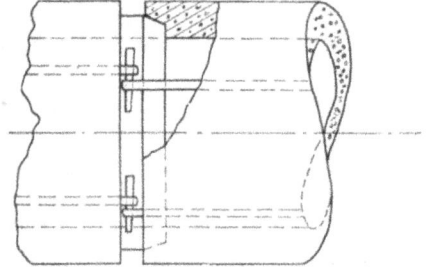

kommenden Wasserdrücken bis 24 m gut bewährt. Die Verbindung der gußeisernen Muffenteile mit der Betonmasse erfolgt durch mit Endhaken in die Muffenteile eingreifende Längseisen, die mit der Eisenbewehrung des Betons zu einem starren Gerippe verbunden sind. — Auch einfache Muffenverbindungen unter Anwendung von Teerstricken zur Abdichtung sind sehr beliebt.

Für Sigwart-Röhren wird endlich seitens der Schweizerischen Sigwartmastenwerke eine Überwurfmutter mit Eiseneinlage verwendet, die in den alsdann auszugießenden Hohlraum zwischen Muffe und Rohrende eingeschoben wird. Eine Nut in der etwas verstärkt hergestellten Stirnfläche der Rohre ermöglicht die Verwendung einer plastischen Dichtungsmasse.

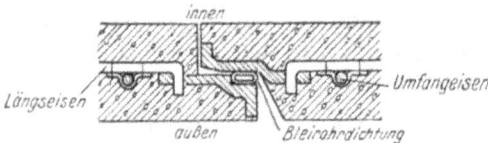

Abb. 76. St.-John, New-Brunswick-Verbindung.

Nach den nur über eine verhältnismäßig kurze Zeitspanne reichenden Erfahrungen mit Betonrohrausführungen zu schließen, hat es den Anschein, daß sich Eisenbetonrohre bestens bewähren werden. Die Schutzwirkung der Betonhülle gegenüber der dem Eisen drohenden Rostgefahr ist so erheblich, daß man wohl annehmen darf, daß Eisenbetonrohre Eisen- und auch Holzrohre nicht unerheblich an Lebensdauer übertreffen können. Letzten Endes müssen ja Eisenrohre infolge Undichtwerdens durch Abrosten ausgeschieden und durch neue ersetzt werden, lange bevor die Festigkeit des Eisenrohrs unter das zulässige Maß gesunken ist. Instandhaltungsarbeiten sind nach den allerdings noch nicht hinreichend langdauernden Erfahrungen nur in sehr geringem Umfang vorzunehmen und im allgemeinen unschwer auszuführen.

Auch die Kostenfrage liegt für die Eisenbetonrohre günstig. Die Möglichkeit der Verwendung von gegenüber den Eisenblechen billigen Eisensorten und der Wegfall des Rostzuschlags beschränken bei Eisen-betonrohren die Eisenkosten auf mäßige Höhe. Nach Ludin sollen die Anlagekosten von Eisenbetonrohren innerhalb des Hauptanwendungs-gebietes bis zu etwa 5 atm Innendruck etwa $^2/_3$ der Anlagekosten von Eisenrohren betragen; nach anderen Autoren[1]) soll die Wirtschaftlichkeit von Eisenbetonrohren noch bei wesentlich höheren Drücken gesichert sein. In Rücksicht auf die wohl etwas größere Lebensdauer der Eisen-betonrohre gestaltet sich dieses Verhältnis bei den Jahreskosten noch mehr zu deren Gunsten, so daß auch für die bei höheren Drücken in Betracht kommenden Blechmantelrohre das Gleichgewicht der Wirt-schaftlichkeit zwischen diesen und Eisenrohren erst bei größeren Drücken eintreten dürfte. Gegenüber Holzrohren ist der Kostenvorteil der Eisen-betonrohre nicht so erheblich und mag je nach Verhältnissen auch in das Gegenteil umschlagen. Auch ist dabei nicht zu verkennen, daß in zweifelhaften Fällen die Gewichtsfrage, die leichtere Transportmöglich-keit, also Transportkostenfragen, die größere Geschmeidigkeit zugunsten der Holzrohre zu entscheiden vermögen.

Die Festigkeitsberechnung von Eisenbetonrohren. Entsprechend der Kombination der Rohrkonstruktion aus Eisen und Beton, d. h. aus zwei Materialien, von welchen das erstere besonders zur Aufnahme von Zug-spannung, das letztere hierfür ungeeignet, dagegen geeignet zur Auf-nahme von Druckspannungen erscheint, geht die Berechnung der Eisen-betonröhre darauf aus, die Trennung der Zug- und Druckspannungen herbeizuführen, um demgemäß den beiden Konstruktionsmaterialien die ihnen entsprechenden Beanspruchungen zuweisen zu können. Die Be-rechnung lehnt sich der Spannungsberechnung in dickwandigen Rohren an. Eine solche Berechnungsmethode für Eisenbetonrohre gibt Klein-logel[2]) an, dessen Ausführungen ich hier im wesentlichen folge. Klein-logel geht von dem Leitgedanken aus, daß bei so hohen Innendrücken auch eine Eisenbetonrohrkonstruktion nicht frei von Rissen bleiben könne, so daß die Funktion des Abdichtens dem Beton nicht zugemutet werden kann, eine Auffassung, die in den nachfolgenden Berechnungen der Spannungsermittlung eine Stütze findet. Es ist also ein dünn-wandiges inneres Stahlrohr zu verwenden, das hauptsächlich nur die Dichtung zu gewährleisten hat, dagegen nur einen geringen Teil der auftretenden Kräfte aufnehmen soll, während die Aufnahme des größten Teils des Betriebsdruckes dem umhüllenden Eisenbetonrohr zufällt.

---

[1]) Kleinlogel, „Rohrleitungen für hohen Innendruck", in Bauing. 1920, S.284ff., Kleinlogel gibt dort ein Beispiel einer Eisenbetonrohrleitung für 360 m Gefälle.

[2]) Kleinlogel, „Rohrleitungen für hohen Innendruck", in Bauing. 1920, S.284ff.

Grundgedanke für die Entwicklung der Berechnungsformeln ist, daß bei jeder auftretenden Formänderung die radiale Ausdehnung des Stahlrohres gleich derjenigen des umhüllenden Eisenbetonrohres sein muß, ein Grundsatz, der in der Berechnung auf den höchstvorkommenden Betriebsdruck angewandt wird.

Bezeichnet mit den Bezeichnungen der Abb. 77

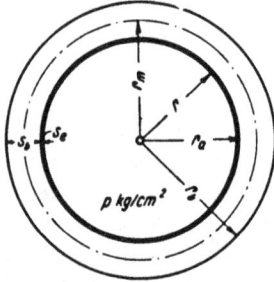

Abb. 77. Berechnung von Betonrohren.

σ_{bz} die durchschnittliche tangentiale Betonzugspannung,

σ_e die Zugbeanspruchung des eisernen Rohres,

E_b das Elastizitätsmaß des Betons,

E_e dasjenige des Eisens,

$n = E_e : E_b$ deren Verhältnis,

r den Radius des lichten Rohres,

r_a den äußeren Radius des Stahlrohres, also den inneren Radius des Eisenbetonrohres,

r_b den Außenradius des Eisenbetonrohres,

r_m den mittleren Radius des Betonringes,

s_e die Wandstärke des Eisenrohres,

s_b diejenige des Eisenbetonmantels,

so ist für eine kleine Zunahme Δr der Radien infolge der radialen Ausdehnung durch den Betriebsdruck

$$\sigma_{bz} = E_b \cdot \frac{\Delta r}{r_m}, \tag{68}$$

$$\sigma_e = E_e \cdot \frac{\Delta r}{r}. \tag{69}$$

Durch Division von Gleichung (69) in (68) fällt Δr heraus und man erhält

$$\frac{\sigma_{bz}}{\sigma_e} = \frac{E_b}{E_e} \cdot \frac{r}{r_m} = \frac{1}{n} \cdot \frac{r}{r_m}$$

und

$$\sigma_{bz} = \frac{1}{n} \cdot \frac{r}{r_m} \cdot \sigma_e. \tag{70}$$

Auf die Einheit der Rohrlänge (cm) gerechnet muß nun sein [vgl. Gleichung (1)]

$$s_e \cdot \sigma_e + s_b \cdot \sigma_{bz} = Z = p \cdot r, \tag{71}$$

wenn Z die gesamte in der Rohrwand herrschende Zugkraft auf die Einheit der Rohrlänge darstellt. Durch Einführen von σ_{bz} nach Gleichung (70) kommt

$$s_e \cdot \sigma_e + s_b \cdot \frac{1}{n} \cdot \frac{r}{r_m} \cdot \sigma_e = p \cdot r$$

und damit als Zugspannung des inneren Eisenrohres

$$\sigma_e = \frac{p \cdot r}{s_e + \dfrac{s_b}{n} \cdot \dfrac{r}{r_m}} \tag{72}$$

bzw. als mittlere Zugspannung des Eisenbetonmantels

$$\sigma_{bz} = \frac{p \cdot r}{n \cdot \dfrac{r_m}{r} \cdot s_e + s_b}. \tag{73}$$

Wir fragen uns nun, wie verteilen sich diese Spannungen im Materialquerschnitt? Für das dünnwandige Stahlrohr darf ohne weiteres konstante Spannung längs der ganzen Wandstärke angenommen werden. Bezüglich des starkwandigen Betonmantels erinnern wir uns, daß in dickwandigen Rohren die inneren Materialschichten wesentlich höher beansprucht werden als die äußeren Schichten. Der Behandlung der letzteren Frage soll die Lösungsmethode von Prof. Dr. Föppl[1]) zugrunde gelegt werden.

Bezeichnet (Abb. 78) a den Innenradius, b den Außenradius, z den Halbmesser eines beliebigen Punktes, so ist nach Föppl die Radialspannung in Punkten mit dem Halbmesser z:

$$\sigma_r = p_a \cdot \frac{a^2}{b^2 - a^2} \cdot \frac{z^2 - b^2}{z^2} \tag{74}$$

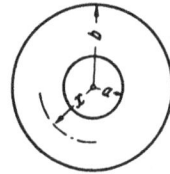

und die Tangentialspannung an der gleichen Stelle

$$\sigma_t = p_a \cdot \frac{a^2}{b^2 - a^2} \cdot \frac{z^2 + b^2}{z^2}. \tag{75}$$

Abb. 78. Berechnung von Betonrohren.

p_a bedeutet hier den an der Innenseite des Rohres wirkenden radialen Druck pro Flächeneinheit. Im vorliegenden Falle sind a und b durch r_a bzw. r_b zu ersetzen. Ist Z_b die ganze auf den Betonzylinder entfallende Zugkraft, so ist mit

$$Z_b = \sigma_{bz} \cdot s_b = \frac{p \cdot r}{n \cdot \dfrac{r_m \cdot r_a}{r} \cdot \dfrac{s_e}{s_b} + r_a}, \tag{76}$$

$$p_a = \frac{Z_b}{r_a} = \frac{p \cdot r}{n \cdot \dfrac{r_m \cdot r_a}{r} \cdot \dfrac{s_e}{s_b} + r_a}. \tag{77}$$

Mit diesem Wert für p_a liefern dann die Gleichungen (74) und (75) nach entsprechender Kürzung:

$$\sigma_r = \frac{p \cdot r \cdot r_a \cdot (z^2 - r_b^2)}{\left(n \cdot \dfrac{r_m}{r} \cdot s_e + s_b \right) \cdot (r_b + r_a) \cdot z^2} \tag{78}$$

[1]) s. o.

und

$$\sigma_t = \frac{p \cdot r \cdot r_a \cdot (z^2 + r_b^2)}{\left(n \cdot \dfrac{r_m}{r} \cdot s_e + s_b\right) \cdot (r_b + r_a) \cdot z^2}. \tag{79}$$

Mit $z = r_a$ und $z = r_b$ erhält man hiernach die Radial- und Tangentialspannungen an der Innenseite bzw. an der Außenseite des Eisenbetonmantels. Die Spannungen befolgen hiernach wie gemäß den bisherigen
(s. o.) Beziehungen für die Spannungen in dickwandigen Rohren das
Gesetz der Abnahme von innen nach außen. Die Radialspannungen sind
Druck-, die Tangentialspannungen Zugspannungen. Es kommt für die
Innenwand:

$$\sigma_{r\,max} = -p_a = -\frac{p \cdot r}{n \cdot \dfrac{r_m \cdot r_a}{r} \cdot \dfrac{s_e}{s_b} + r_a}, \tag{80}$$

$$\sigma_{t\,max} = \frac{p \cdot r \cdot (r_a^2 + r_b^2)}{2 \cdot \left(n \cdot \dfrac{r_m}{r} \cdot s_e + s_b\right) \cdot r_m \cdot r_a}; \tag{81}$$

für die Außenwand:

$$\sigma_{r\,min} = 0, \tag{82}$$

$$\sigma_{t\,min} = \frac{p \cdot r \cdot r_a}{\left(n \cdot \dfrac{r_m}{r} \cdot s_e + s_b\right) \cdot r_m}. \tag{83}$$

Da im allgemeinen das Eisenrohr im Vergleich zum Betonmantel
sehr dünn sein wird, so kann man mit guter Annäherung $r_a = r$ setzen,
womit man die vereinfachten Beziehungen erhält
für die Innenwand:

$$\sigma_{r\,max} = -p_a = -\frac{p}{n \cdot \dfrac{r_m}{r} \cdot \dfrac{s_e}{s_b} + 1}, \tag{84}$$

$$\sigma_{t\,max} = \frac{p \cdot (r^2 + r_b^2)}{2 \cdot \left(n \cdot \dfrac{r_m}{r} \cdot s_e + s_b\right) \cdot r_m}; \tag{85}$$

für die Außenwand:

$$\sigma_{r\,min} = 0, \tag{86}$$

$$\sigma_{t\,min} = \frac{p \cdot r^2}{\left(n \cdot \dfrac{r_m}{r} \cdot s_e + s_b\right) \cdot r_m}. \tag{87}$$

und für eine beliebige Stelle

$$\sigma_r = \frac{p \cdot r^2 \cdot (z^2 - r_b^2)}{\left(n \cdot \dfrac{r_m}{r} \cdot s_e + s_b\right) \cdot (r_b + r) \cdot z^2}, \qquad (88)$$

$$\sigma_t = \frac{p \cdot r^2 \cdot (z^2 + r_b^2)}{\left(n \cdot \dfrac{r_m}{r} \cdot s_e + s_b\right) \cdot (r_b + r) \cdot z^2}. \qquad (89)$$

Mit Hilfe dieser Formeln lassen sich die Spannungsdiagramme über die ganze Wandstärke berechnen.

Wie erwähnt, muß der gesamte, im Betonmantel vorhandene Zug durch die ringförmige Eisenbewehrung aufgenommen werden, da ja für Beton Zugspannungen nicht in Rechnung gestellt werden dürfen.

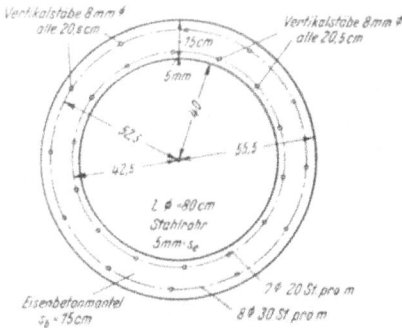

Abb. 79. Berechnung von Betonrohren.

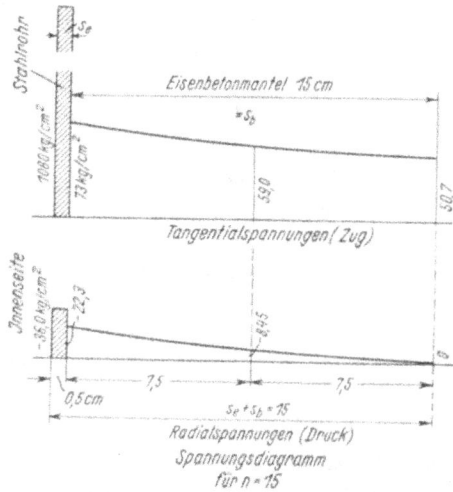

Abb. 80. Berechnung von Betonrohren.

Aus Gleichung (76) folgt die Zugkraft Z_b im Beton. Demnach ist der erforderliche Eisenquerschnitt des Betonmantels auf die Längeneinheit (cm) des Rohres:

$$f_{eR} = \frac{Z_b}{\sigma_{eR}} = \frac{p \cdot r}{\sigma_{eR} \cdot \left(n \cdot \dfrac{r_m}{r} \cdot \dfrac{s_e}{s_b} + 1\right)}. \qquad (90)$$

Kleinlogel gibt zu seinen Ausführungen a. a. O. ein Rechnungsbeispiel (Abb. 79) für eine Kraftrohrleitung von 360 m Gefälle, somit $p = 36\,\mathrm{kg/cm^2}$ (dynamische Drucksteigerungen sind nicht in Rechnung gestellt), $D_i = 2 \cdot r = 80$ cm lichten Rohrdurchmesser, $s_e = 5$ mm und $s_b = 150$ mm. Mit $n = E_e : E_b = 15$ ergibt sich nach Gleichung (72), (73), (84) bis (87) das in Abb. 80 dargestellte Spannungsdiagramm. Dasselbe ergibt:

1. Die Zugspannung des Stahlrohrs mit 1080 kg/cm² bleibt im Rahmen des Zulässigen (1000 bis 1200 kg/cm² als zulässig angesehen).

2. Die maximale Betonzugspannung von 73 kg/cm² wird das Auftreten von Rissen im Beton mit Sicherheit erwarten lassen, da die Zugfestigkeit des Betons bei weitem überschritten wird. Da indes der gesamte Zug des Betonmantels durch die in diesem eingebettete ringförmige Rundeisenbewehrung aufgenommen wird, andererseits die Dichtigkeit des Rohres durch das hier unerläßliche innere Stahlrohr gewährleistet erscheint, so ist dies ohne wesentlichen Belang, und es kennzeichnet dies den großen Vorteil der Stahl-Eisenbetonrohre gegenüber reinen Eisenbetonrohren, bei welchen selbstverständlich Zugrisse im Beton nicht auftreten dürfen und die demgemäß nur mit etwa 24 kg/cm² auf Zug beansprucht werden dürfen.

Der Querschnitt der erforderlichen Rundeisenbewehrung für 1 m Länge ergibt sich gemäß Gleichung (90) mit $\sigma_{eR} = 1200$ kg/cm² zu

$$f_e = 100 \cdot \frac{Z_b}{\sigma_{eR}} = 100 \cdot \frac{15 \cdot 60}{1200} = 75 \text{ cm}^2.$$

Die Bewehrung könnte daher gemäß den Eintragungen in Abb. 79 dimensioniert und angeordnet werden.

Kleinlogel führt noch die Vergleichsrechnung mit $n = 10$ statt $n = 15$ durch, womit sich geringere Spannungen im Stahlrohr, etwas größere im Betonmantel ergeben, weshalb die Rundeisenbewehrung in diesem Falle entsprechend zu verstärken wäre. -- Für den Wert $n = E_e : E_b$ ist hauptsächlich die Größe von E_b bestimmend, da E_e für die hier fast allein in Betracht kommenden Flußeisenbleche wenig von $E_e = 2100000$ kg/cm² abweicht. Für Beton wechselt dagegen die Elastizitätszahl stark je nach Betonmischung und der Frage, ob E_b für Zug oder Druck zu nehmen ist. Gemäß Gleichung (73) interessiert hier die Elastizitätszahl für Zug. Es ist jedoch meist E_b für Zug und Druck vorgeschrieben, so daß bei statischen Berechnungen mit vorgeschriebenem $E_b = 140000$ (für Zug und Druck)

$$n = \frac{E_e}{E_b} = \frac{2100000}{140000} = 15,$$

bei Berechnung statisch unbestimmter Tragwerke mit vorgeschriebenem $E_b = 210000$

$$n = \frac{2100000}{210000} = 10$$

zu wählen ist[1]). (Im äußersten Falle könnte etwa $E_b = 350000$ und $n = 6$ in Betracht kommen.)

---

[1]) „Hütte", 25. Aufl., Bd. I, S. 557.

Eternitrohre.

In den letzten Jahren erregt die Verwendung von Eternit für Röhren Aufsehen. Es handelt sich bei dem Eternit um die auch von der deutschen Eternit-Gesellschaft m. b. H. in Hamburg seit Jahren zur Herstellung von Dacheindeckungen verwendeten künstlichen Steinmasse, bestehend aus einer Mischung von langsam abbindendem Portlandzement und Asbestfaser im Verhältnis 4:1. Für letztgenannten Zweck ist das Material wegen seiner Widerstandsfähigkeit und Undurchdringlichkeit auch in Deutschland rühmlichst bekannt. Die Wasserundurchlässigkeit wird durch das besondere Verfahren zur Herstellung von Röhren aus Eternit noch gesteigert. In Italien ist die fabrikmäßige Herstellung von Eternitröhren aufgenommen worden, und die Tatsache, daß dort in den Jahren 1920·bis Ende Februar 1926 nicht weniger als 450 km Eternitrohrleitungen verlegt wurden, beweist, welcher Beliebtheit sich dieses Röhrenmaterial in seinem Ursprungsland erfreut. Die Eigenschaften dieses Materials geben hierzu indeß alle Berechtigung. Wiewohl die in Italien ausgeführten Eternitrohrleitungen überwiegend Leitungen für Wasserversorgungen (Trinkwasser, Nutzwasser, auch eine solche für Meerwassertransport für Straßenbesprengung und andere Zwecke in Genua) sind, für welchen Zweck die Eternitrohre besonders geeignet erscheinen, so schließt dies ihre Anwendung für Wasserkraftanlagen keineswegs aus, ja manche, insbesondere auch die hydraulischen Eigenschaften des Eternits prädestinieren diese Röhren geradezu zur Verwendung für Wasserkraftanlagen.

Das Herstellungsverfahren von Eternitrohren ist der Papierfabrikation entnommen, insofern der „Stoff", d. h. die mit Wasser stark verdünnte Mischung von Portlandzement und Asbestfaser aus Rührbütten entnommen und in gleichmäßiger Verteilung der Siebpartie der Maschine, die wie eine Papiermaschine mit einem endlosen Kupfersieb und hydraulischen Saugvorrichtungen versehen ist, zugeführt wird. So entsteht zunächst aus zwei zusammenarbeitenden Kupfersieben ein 2·0,1 mm = 0,2 mm dickes Eternitvlies, das — unter Ausschaltung der bei Papiermaschinen üblichen Trockenpartie — auf ein Filzband übernommen und durch dieses der Aufnahmewalze zugeführt wird. Der Durchmesser der letzteren entspricht der lichten Weite des herzustellenden Rohres. Durch Aufwickeln einer größeren Anzahl konzentrischer Eternitschichten auf die Aufnahmewalze kann der Rohrwand jede gewünschte Stärke gegeben werden. Da der Eternitflor in nassem Zustand auf die Aufnahmewalze gelangt, so findet leicht eine völlige Verfilzung der einzelnen Schichten untereinander statt, was wesentlich dazu beiträgt, die Rohrwände undurchlässig zu machen. Durch den Druck hydraulisch betriebener Druckwalzen wird dieser Vorgang gefördert, das Material gleichzeitig verdichtet und überschüssiges Wasser herausgepreßt. Nach Stillsetzen der Maschine wird die Walze nach vorn ausgeschwenkt und das Eternitrohr abgezogen. Nachdem es innen durch eine Holzleerform, außen durch halbkreisförmige Sockel abgestützt ist, wodurch Verformung in dem noch nassen Zustand verhindert wird, bindet das Bindemittel der Asbestfaser, der Portlandzement, innerhalb weniger Stunden ab, so daß das nunmehr fertige Rohr von seinen inneren und äußeren Stützen befreit werden kann. Es erfolgt nunmehr nur noch eine etwa 8 bis 10 tägige Lagerung in Wasser, die zur weiteren Verhärtung des Zements und Erhöhung der Festigkeitseigenschaften führt. Die Rohre werden somit ohne verstärkten Rand und ohne Muffe in einfacher Kreiszylinderform gepreßt. Eine Bearbeitung findet nur insofern statt, als die Enden senkrecht zur Rohrachse abgeschnitten und in einer Länge von etwa 150 mm zentrisch überdreht werden, um die Muffenverbindungen gut passend zu machen. Da die Härte des Eternits ungefähr derjenigen von hartem Holz entspricht, so ist eine Bearbeitung ohne Schwierigkeit möglich. Die Leistungsfähigkeit der kontinuierlich arbeitenden Röhrenmaschine ist gekennzeichnet durch ein tägliches (24 stündiges) Ergebnis von 700 Rohren von 50 mm Durchmesser zu je 3 m Länge = 2100 m oder von 20 Rohren von 1000 mm Durchmesser zu je 4 m Länge = 80 m.

Die Eternitrohre werden in lichten Weiten von 50 bis 1000 mm mit einer den deutschen Normen entsprechenden Abstufung ausgeführt. Für $D_i < 100$ mm beträgt die Normallänge 3 m, für $D_i > 100$ mm dagegen 4 m. Die Wandstärke ist durch den lichten Durchmesser D_i, den Betriebsdruck, sowie die Festigkeitseigenschaften des Eternits bestimmt. Die normalen Ausführungen entsprechen Betriebsdrucken von 2,5 bis 15,0 atm, die zugehörigen Probedrucke sind 5,0 bis 20,0 atm. Die ausgeführte Mindestwandstärke ist $s = 10$ mm, die Wandstärke wächst bei $D_i = 50$ mm und $p = 15$ atm Betriebsdruck auf 13 mm, bei $D_i = 1000$ mm und $p = 2,5$ atm auf 40 mm bzw. bei $p = 5$ atm auf 68 mm. Für höhere Betriebsdrucke werden bislang nur Rohre bis zu 600 mm Innendurchmesser ausgeführt; deren Wandstärke s beträgt bei 10 atm Betriebsdruck 60 mm, bei $p = 15$ atm 69 mm. Bei diesen Wandstärken sind nach Angaben der Herstellerin die Festigkeitseigenschaften der Eternitrohre noch nicht voll ausgenutzt. So konnte beispielsweise ein Rohr von 50 mm Durchmesser, das für 5 atm Betriebsdruck bestimmt war, ohne Schaden 35 atm aushalten. Auch zeigte sich kein Durchschwitzen von Wasser.

Die Art der Herstellung der Eternitrohre bringt es wohl mit sich, daß die Rohre, auch wenn man dieselben als homogen in der Struktur des Materials bezeichnen kann, doch gewisse Schwankungen in den Festigkeitseigenschaften aufweisen. Nach Untersuchungen des Materialprüfungsamtes Berlin-Dahlem betrug die mittlere Bruchbeanspruchung des Eternits 238 kg/cm². Das bakteriologische und mikrographische Laboratorium des öffentlichen Gesundheitsamtes in Rom hat als Bruchfestigkeit nur 177 kg/cm² festgestellt. Ferner hat das Versuchsinstitut der italienischen Staatsbahnen in Rom die Druckfestigkeit des Eternits als zwischen 111 und 219 kg/cm² wechselnd ermittelt. Immerhin lassen diese Angaben erkennen, daß die Festigkeit des Eternits wesentlich über derjenigen des Betons gelegen ist, was wohl als Einfluß der Beimischung der Asbestfaser zu werten ist, deren weiche Einbettung für den Portlandzement wohl der natürlichen Sprödigkeit des Zements entgegenwirkt. Wie oben angegeben, ist demgemäß auch die Härte geringer. Auch erweist sich Eternit in nicht unerheblichem Grade als elastisch und widerstandsfähig gegen Stöße, so daß Rohre, die man in wagrechter Lage aus 2 m Höhe auf gepflasterten Boden fallen ließ, keine Beschädigung erlitten.

Eine wertvolle Eigenschaft des Eternits ist sein spezifisches Gewicht, das $\gamma = 2$ kg/dm³ beträgt. Daher sind Eternitrohre trotz der größeren Wandstärken erheblich leichter als Gußeisenrohre derselben Lichtweite; und zwar sind bei Durchmessern D_i bis zu 100 mm Gußeisenrohre reichlich doppelt so schwer als Eternitrohre. Bei größeren Durchmessern ist der Unterschied nicht mehr so erheblich, doch beträgt bei den genannten größeren Durchmessern das Mehrgewicht von Gußeisenrohren gegenüber Eternitrohren immer noch ca. 50%. Dieses geringe Gewicht macht die Eternitrohre gleich Holzrohren besonders geeignet bei Verlegung in schwer zugänglichem Gelände und in Gegenden mit schlechten Beförderungsverhältnissen. Auch der Ersparnis an Transportkosten kommt das geringe Gewicht zugute; und das Fassungsvermögen des üblichen offenen 10 Tonnen-Güterwagens ist, auf die Länge der verladbaren Rohrstrecke bezogen, etwa 2½ mal so groß als bei Gußrohren.

Eine besonders auch für Trinkwasserleitungen wichtige Eigenschaft der Eternitrohre ist ihre physikalische und bakteriologische Dichtigkeit, welche die Rohre bereits in natürlichem Zustand besitzen. Irgendeine Behandlung der Rohrwände durch Schutzanstriche usw. ist daher entbehrlich. Nur für den Transport von Gasen werden die Rohre einem Tränkverfahren mit heißem Teer unterworfen, um sie vollkommen undurchdringlich für Gas zu machen. Mit Wasser gefüllt nehmen Eternitrohre eine geringe Menge Wasser auf; ein Quellen der Masse scheint hier in viel geringerem Maße einzutreten als bei Holz. Hydraulisch wertvoll ist, daß Eternitrohre frei von Ablagerungen bleiben und daß die Rauhigkeit ihrer Wände nahezu so gering ist wie diejenige von Holzrohren.

Dementsprechend ergeben Eternitrohre hohe hydraulische Leistung (s. u. unter Potenzformel). Wertvoll ist auch die Eigenschaft des Eternits, ein schlechter Wärmeleiter zu sein. Dies ist wichtig sowohl für Trinkwasserleitungen wegen der Erhaltung einer gleichmäßigen Temperatur des Trinkwassers, wie auch für Wasserkraftrohrleitungen wegen verringerter Gefahr der Eisbildung.

Alle diese wertvollen Eigenschaften wären praktisch nutzlos, wenn nicht auch wirtschaftliche Vorteile die Anwendung von Eternitrohren empfehlenswert machen würden. Solche sind außer in den schon erwähnten des leichten und billigen Transportes, in dem geringen Preis der Eternitrohre, sowie in den Ersparnissen an Verlegungskosten gegeben, machen letztere doch nur etwa den fünften Teil der Verlegungskosten von Gußeisenrohren aus. Dies ist hauptsächlich in der Möglichkeit leichter Handhabung der Eternitrohre, die Flaschenzüge und andere Hilfsmittel entbehrlich machen, und in dem entsprechend größeren Arbeitsfortschritt begründet. Letzterer beträgt für eine Eternitrohrleitung von 800 mm lichter Weite für Verlegung in einem 2,4 m tiefen Graben 48 m Länge in 9stündiger Arbeitszeit.

Für die Verbindung der einzelnen Eternitrohre untereinander sind Sonderkonstruktionen von Verbindungsmuffen geschaffen worden. Von den drei bekanntesten und bewährtesten ist die Gibault-Kuppelung (Abb. 81) die wichtigste, da sie in bezug auf Dichtigkeit und Wahrung der Beweglichkeit der Rohre allen Anforderungen gerecht wird. Sie besteht aus zwei gußeisernen Flanschen, die durch Schrauben zusammengehalten werden und die dabei 2 Gummiringe gegen eine gußeiserne Muffe pressen, die gleich weit über beide Rohrenden greift und in der Mitte ausgebaut ist, so

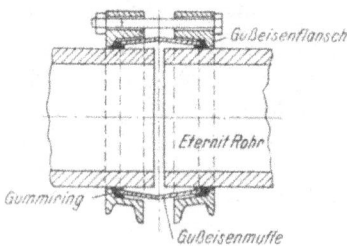

Abb. 81. Gibauld-Kuppelung für Eternitrohre

daß die Rohre kleine Bewegungen ausführen können, was je nach Örtlichkeit von besonderer Bedeutung werden kann. Die gußeisernen Muffen können durch solche aus Eternit ersetzt werden. Diese Art der Rohrverbindung gewährleistet im Verein mit der erwähnten Bearbeitung der Rohrenden eine selbsttätige Zentrierung, die anders bei der bei Gußeisenrohren üblichen Muffenverbindung nur durch sorgfältigste Arbeit beim Verlegen erzielt wird. Die gute selbsttätige Zentrierung der Eternitrohre wirkt sich auch in der hydraulischen Leistungsfähigkeit der Rohre vorteilhaft aus.

Eine weitere Verbindungsart ist diejenige mit der Simplex-Kuppelung. Dieselbe besteht aus 2 Gummiringen, über die mittels einer Zugvorrichtung eine Eternitmanschette aufgezogen wird. Auch diese Verbindung weist wie die Gibault-Kuppelung eine gewisse Nachgiebigkeit auf. Bei beiden Verfahren ist zwischen den Rohren an den Stößen eine schmale Lücke gelassen, die der Beweglichkeit der Rohre zugute kommt.

Als dritte Verbindungsmöglichkeit sei eine ungefähr der deutschen Verbindung bei gußeisernen Muffenrohren entsprechende Muffenverbindung erwähnt. Der Stoß wird hierbei durch einen Gußeisenring überdeckt und der Spielraum zwischen Rohr und Muffe beiderseits mit Blei vergossen. Das Verstemmen des Bleis bereitet dank der elastischen Eigenschaften des Eternits keine Schwierigkeiten.

Dank der Bearbeitungsfähigkeit des Eternits lassen sich auch auf der Drehbank Gewinde auf die Rohrenden aufschneiden und auf diese Gewinde eine vorher erwärmte gußeiserne Muffe aufschrauben. Die Abdichtung erfolgt in bekannter Weise mit Hanf und Teer. Letztere Verbindung soll sich insbesondere bei Abflußrohren für Hausentwässerungen bewährt haben.

Die Verlegung von Eternitrohren erfolgt gleich Eisen- und Betonrohrleitungen in einem Rohrgraben, wobei für glatte gleichmäßige Auflage des Rohres Sorge zu tragen ist. Deshalb ist im steinigen Boden eine Betonunterlage herzustellen. An den Verbindungsstellen muß sorgfältig mit feuchter Erde unterstopft werden.

Über die Lebensdauer der Eternitrohre lassen die bisherigen — ja auch noch recht kurzen — Erfahrungen keine endgültigen Schlüsse zu. Immerhin haben sich die Rohre unter verschiedenartigsten Umständen so gut bewährt, daß die Annahme einer großen, gewöhnlichen Beton- und Eisenbetonrohren wohl mindestens gleichkommenden Lebensdauer nicht ungerechtfertigt erscheint.

Rohre aus Papier.

In jüngster Zeit will man auch mit Rohren aus mit Asphalt getränktem Papier für Wasserleitungen gute Erfahrungen gemacht haben. Sie vermeiden gleich den Eternitrohren die Gefahr des Rostens und damit verbundener Querschnitts- und Leistungsverminderung sowie die der Veränderung des durchfließenden Wassers. Gegen die im Erdboden vorkommenden Säuren sowie gegen elektrische Ströme sind sie unempfindlich. Wegen ihrer Säurefestigkeit können sie auch zum Fortleiten von Säuren und Laugen benutzt werden. Ihre Wärmeleitfähigkeit ist gering. Sie werden für Innendrücke bis zu 50 atm hergestellt. Im Preis sind sie verzinkten Eisenrohren etwa gleich. In der Lebensdauer sollen sie diese aber übertreffen.

Vergleichende Betrachtungen zu den verschiedenen Rohrarten. Allgemeine Gesichtspunkte.

Eine Anzahl hierher gehöriger Fragen haben bereits in den Sonderkapiteln über die verschiedenen Rohrarten Erwähnung und z. T. Erledigung gefunden. Hier soll noch folgendes besonders besprochen werden, nachdem wiederholender- und zusammenfassenderweise kurz daran erinnert sein soll, daß Gußeisenrohre in ihrer Anwendung im wesentlichen beschränkt sind auf innere Überdrücke bis höchstens 10 atm, also 100 m Wassersäule, sowie lichte Weiten von etwa 600 m (wirt-

schaftliche Grenze), daß die bei ihnen gegenüber Blecheisenrohren
geringere Rostgefahr denselben häufig den Vorrang sichert. Die teuren
aber im übrigen in ihrer Anwendbarkeit nahezu unbeschränkten Eisenblechrohre stellen für den Turbinenbau die wichtigste Rohrform dar.
Genietet oder geschweißt oder in einer beide Herstellungsarten ver-
einigenden Form dienen sie hauptsächlich dem Wassertransport unter
hohen Drücken. Die vorzüglichen Festigkeitseigenschaften der Eisenbleche (hohe zulässige Belastung bei hoher Proportionalitätsgrenze,
Elastizität und Dehnbarkeit) machen sie für außergewöhnliche Beanspruchungen, insbesondere z. B. auch gegenüber hydraulischen
Druckschwankungen und Stößen, besonders wertvoll. Daneben sind
von Bedeutung die nahtlosen Rohre, insbesondere Mannesmann-Muffen-
rohre für hohen Druck, bei mäßig großen Durchmessern (bis zu ca.
300 mm) und spiralgeschweißte Rohre der Rheinischen Metallwaren-
und Maschinenfabrik in Düsseldorf (bis 300 mm lichte Weite). Bei
Holzrohren dürften vor allem das geringe Gewicht, die Zerlegbarkeit
in kleine und kleinste Teile, deshalb besondere Geeignetheit zur Anwendung in schlecht zugänglichem gebirgigem Gelände, große Anpassungsfähigkeit an das Gelände, Unempfindlichkeit gegen Wärmespannungen
(wegen des niedrigen Wärmeausdehnungskoeffizienten des Holzes und
dessen Elastizität), verhältnismäßige Unempfindlichkeit gegen Stöße,
Druckschwankungen, Frost (Holz als schlechter Wärmeleiter) bei —
wenigstens in holzreichen Gegenden — niedrigen Anlagekosten die wichtigsten maßgebenden Eigenschaften sein; Anwendungsgrenzen: maximal
ca. 9 atm Innendruck, 300 mm geringste lichte Weite (wirtschaftliche
Grenze). Für Eisenbetonrohre tritt vor allem die voraussichtlich hohe
Lebensdauer (dank des durch die Betonumhüllung gebotenen vorzüglichen Rostschutzes der Eisenbewehrung) bei niedrigen Preisen und im
allgemeinen guten Festigkeitseigenschaften in Erscheinung, während
besondere Beanspruchungen wegen der Sprödigkeit und geringen Zugfestigkeit des Betons hier allerdings im allgemeinen größere Gefahren
bringen als bei anderen Rohrarten, und in höherem Grade als bei diesen
besondere Maßnahmen erforderlich macht, da insbesondere auch die
Wasserdichtigkeit hierbei besonders gefährdet erscheint. Der Anwendungsbereich beschränkt sich auf Drücke bis zu maximal 50 m Wassersäule (im allgemeinen werden 30 m nicht überschritten, darüber hinaus
Anwendung von Blechmantelrohren), auf lichte Weiten über 700 mm
(Herstellungsrücksichten) Durchmesser, nach oben unbeschränkt. Eine
Sonderstellung nehmen unter den Eisenbetonrohrkonstruktionen die
Billé-Ligonnet-Rohre ein, die bezüglich hydraulischen und Festigkeits-
eigenschaften mit den Eisenblechrohren konkurrieren zu können scheinen.

Die Rohrleitungen werden entweder als drucklose Leitungen oder
als Druckrohrleitungen verlegt. In ersterem Falle erfüllen sie dieselbe
Aufgabe wie offene Kanäle, von welchen sie sich dann nur äußerlich

unterscheiden. Ein Vorzug der Druckrohrleitungen ist die größere Anpassungsfähigkeit an das Gelände, so daß diese insbesondere in schwierigem Gelände den Vorzug verdient, wenn die Anwendung von Freigefällkanälen und drucklosen Rohrleitungen nur bei Linienführung mit großen Umwegen möglich, wodurch die Anlagekosten ins Unwirtschaftliche steigen, während andererseits Druckrohre sich in vorzüglicher Weise der Gestalt des Geländes anzuschmiegen vermögen, das Durchfahren von Talmulden (Wasserkraft- und Wasserversorgungsanlage Nordhausen a. Harz, Dücker am Leitzachwerk), sowie das Überklettern von Höhenzügen (Heberleitungen) gestatten und dadurch in der Linienführung oft beträchtliche Abkürzungen herbeiführen, andererseits bei geringen Kosten schnelle Herstellung ermöglichen. Ein weiteres wichtiges Moment ist die Ansammlung von Luftblasen, die selbst in Druckleitungen mit größerem Rohrgefälle, wo sie bei Neigungswechseln und anderen Haftpunkten am Abwärtswandern gehindert sind, die Ursache erheblicher Störungen durch Querschnittsverengung sein können. In weit höherem Maße besteht eine solche Gefahr naturgemäß bei ganz flach angelegten Rohrleitungen, in welchen die Drucklinie mit der Scheitellinie des Rohres nahezu zusammenfällt. Man wird daher häufig Druckrohrleitungen mit starkem Rohrgefälle den Vorzug zu geben sich veranlaßt sehen. Als solche kommen sie dann insbesondere bei entsprechend hohen Gefällen in Anwendung als Falleitung zwischen Wasserschloß und Turbinenanlage. In diesem Falle sind sie durch andere Mittel nicht zu ersetzen; er bietet deshalb das wichtigste Anwendungsgebiet der Rohrleitungen bei Wasserkraftanlagen.

Wassergeschwindigkeiten. Bezüglich der anzuwendenden Wassergeschwindigkeiten sind verschiedene Gesichtspunkte maßgebend. Als erster, von dem alle weiteren Überlegungen auszugehen hätten, käme in Betracht, daß, wie weiter unten besprochen werden wird, eine Rohrleitung das Leistungsmaximum ergibt, wenn ein Drittel des Gefälles den Reibungsverlusten des Wassers geopfert wird. Dieser Grenzwert hat natürlich für Wasserkraftanlagen nur theoretische Bedeutung, da man bei einer Wasserkraftanlage niemals ein Drittel des Gefälles für Reibungsverluste opfern wird. Er kann dagegen bei Wasserversorgungsanlagen von Wichtigkeit sein, bei welchen der Druckhöhenverlust nicht in Betracht kommt, vielmehr wegen der hohen Wassergeschwindigkeit kleine Rohrdurchmesser gewählt und damit an Rohr-, d. h. Anlagekosten gespart werden kann. Nach diesem ersten Anhalt ist zu prüfen, ob die damit sich ergebende Wassergeschwindigkeit unterhalb der mit Rücksicht auf Ausschleifung als höchstzulässig zu erachtenden liegt. Dies wird bei gut vorgereinigtem Wasser, wie dies schon die Rücksicht auf die wertvolle Turbinenanlage erfordert, im allgemeinen der Fall sein. Für solches von schleifenden festen Bestandteilen möglichst freies Wasser kann als zulässig erachtet werden

für mit Glattstrich versehene Betonröhren. . . 4 bis 5 m/sec,
für gut asphaltierte Eisenröhren . . . . 4 „ 5 m/sec,
für Holzröhren . . . . 5 m/sec und darüber.

Die vorgenannte Bedingung, die ausschleifende Wirkung ver-
unreinigten Wassers zu beschränken, steht in engem, z. T. allerdings
gegensätzlichem Zusammenhang mit der Forderung, Versanden und
Verschlammen der Rohrleitung zu vermeiden. Bei flachen Strecken
genügt[1]) hierfür eine Wassergeschwindigkeit von 0,5 bis 1 m/sec. Kies
und kleinere Steinchen werden im fließenden Wasser bei senkrecht
ansteigendem Rohr durch Wassergeschwindigkeiten von 7 m/sec trans-
portiert. Mit Abnahme der Steigung bis zur horizontalen Rohrlage
nehmen die transportfähigen Wassergeschwindigkeiten rasch bis auf
1 m/sec ab. Bei fallendem Rohr vermindern sie sich weiter, so daß
bei einem Neigungswinkel $\operatorname{tg} \alpha = 0{,}15$ des fallenden Rohrstranges bereits
die Wassergeschwindigkeit 0 m/sec genügt, um das Rohr kiesfrei zu
halten. (Im horizontalen Fluß erfolgt Ausscheiden von Sand und
Schlamm bei Wassergeschwindigkeiten unter 0,3 m/sec [Reinigungseffekt.])

Als dritter zu berücksichtigender Punkt kommt hinzu, daß man
mit Rücksicht auf zufällige Beanspruchungen in Rohrleitungen infolge
von Druckschwankungen und Druckstößen, da diese ungefähr dem
Quadrat der Geschwindigkeiten, der Masse (Wassermenge) jedoch nur
in der ersten Potenz proportional sind, oft noch erheblich unter diesen
Grenzen bleibt und sich bei Beton- und Eisenbetonleitungen auf 2 bis
2,5 m/sec, bei Holzleitungen auf 2,5 bis 3 m/sec beschränkt. Bei den
besonders kostspieligen, allerdings infolge der besonderen Material-
eigenschaften besonderen Beanspruchungen auch eher gewachsenen
Eisenrohren (hoher Elastizitätsmodul, große Dehnungsfähigkeit) scheut
man allerdings vor der Anwendung von Wassergeschwindigkeiten bis
zu 5 m/sec nicht zurück, die jedoch nur in Ausnahmefällen überschritten werden sollten.

Bezüglich der Massenwirkung ist noch maßgebend die Länge L
der ganzen Rohrleitung, da die im Rohr bewegte Wassermasse bei ein
und demselben Gefälle groß ist bei langer, klein bei kurzer Rohrleitung,
d. h. abhängig ist von dem relativen Rohrgefälle oder dessen reziprokem
Wert, der Relativrohrlänge $L : H$. Holl[2]) empfiehlt mit Rücksicht
hierauf folgende Wassergeschwindigkeiten nicht zu überschreiten, die
auch der Regulierung der Turbinen infolge mäßiger Druckschwankungen
bei Belastungsänderungen zugute kommen:

       bei $L : H = 1$ bis 2 $c = 3$ m/sec
       „ $L : H = 2$ „ 4 $c = 2{,}5$ bis 2 m/sec
       „ $L : H = 5$ und mehr $c = 1{,}5$ „ 1 m/sec.

---

[1]) R. Weyrauch, „Hydraulisches Rechnen", 4. und 5. Aufl., Stuttgart, 1921.
S. 31 ff., sowie F. Bundschuh, „Druckrohrleitungen", Berlin, 1926.
[2]) Dipl.-Ing. P. Holl, „Die Wasserturbinen", Sammlung Göschen.

Diese Angaben über zulässige Wassergeschwindigkeiten entsprechen durchschnittlichen Verhältnissen von Wasserkraftanlagen. Indeß ist auch hierbei nicht zu vergessen, daß bei Entscheidungen hierüber der Verwendungszweck des Rohres im Einzelfall maßgebend ist. Steht die in Frage kommende Rohrleitung nicht in unmittelbarem Zusammenhang mit dem Turbinenbetrieb, wie Rohrleitungen von Entlastungsanlagen usw., so können die angegebenen Geschwindigkeiten selbstverständlich erheblich überschritten werden; so beträgt die Wassergeschwindigkeit in der eisernen Saugleitung in Gibswil (Schweiz) bis zu 12,4 m/sec, in der Leerlaufleitung des Löntschwerks ist man sogar bis auf 20 m/sec gegangen.

Auch bei Rohrleitungen, die in unmittelbarem Zusammenhang mit dem Turbinenbetrieb stehen, entsprechen die angegebenen Geschwindigkeiten dem Betrieb im Dauerzustand. Bei vorübergehenden Belastungsänderungen können die angegebenen Werte gelegentlich ohne Bedenken erheblich überschritten werden.

Einfluß auf den Reguliervorgang der Turbinen. Entscheidender Gesichtspunkt bei der Wassergeschwindigkeit ist der Einfluß auf den Reguliervorgang der Turbinen. Da einerseits je nach Bauart der Turbinen, der ganzen Wasserkraftanlage, sowie der Regulierungsvorrichtungen der Einfluß der Wassergeschwindigkeit sehr verschieden sein kann, andererseits die Anforderungen, die an die Regulierung gestellt werden, wechseln (Einzelanlage, Parellelbetrieb mehrerer Anlagen, Erhaltung der Frequenz bei Wechselstromerzeugung), so können und müssen obige Angaben je nach Umständen mehr oder weniger variiert werden. Vor allem ist dabei zu bedenken, daß nicht nur die Wassergeschwindigkeit an sich ihren Einfluß auf den Reguliervorgang ausübt, sondern daß es die Wirkungen der Wassermassen sind, welchen vorwiegend solcher Einfluß zuzuschreiben ist. Diese sind es, welche die dynamischen Drucksteigerungen in der Rohrleitung hervorrufen und dadurch mittelbar auf die Wassergeschwindigkeit in der Rohrleitung und der Turbine Einfluß nehmen oder die — bei Belastungsminderung — das Druckgefälle in der Rohrleitung herabsetzen und dadurch die Wassergeschwindigkeit in umgekehrter Richtung beeinflussen. Jedenfalls üben die Wassermassen auch einen Einfluß auf die Zeitdauer des Reguliervorgangs, auf das Ausklingen der Schwingungen im Reguliervorgang aus. Solche Einflüsse machen sich nicht nur in der Druckrohrleitung, sondern auch vom Saugrohr aus geltend. Es ist daher wichtig, auch die Saugrohrleitung — soweit dies ohne Beeinträchtigung stetiger und allmählicher Querschnittsübergänge möglich ist — in ihrer Länge tunlichst zu beschränken.

Ein gewisser Ausgleich für den Einfluß der Trägheit der Wassermassen in geschlossenen Wasserzu- und -abführungen zur Turbine läßt sich durch den Einbau von Schwungmassen erzielen, also durch ein besonderes Schwungrad oder durch Unterbringung von Schwungmassen in dem von der Turbine angetriebenen Generator. Oft werden, um in letztere nicht allzu große Schwungmassen verlegen und dadurch von normalen oder konstruktiv gefälligen Typen abweichen zu müssen, beide Wege gleichzeitig eingeschlagen. Ein solcher Ausgleich der Regulierungsschwankungen ist jedoch nur in beschränktem Maße möglich, wenn man nicht zur Anwendung unwirtschaftlich großer Schwungmassen schreiten will. Man muß dann in der Regulierung verhältnismäßig hohe Ungleichförmigkeiten zulassen, welche die Reglerschwingungen abzudämpfen und einen schwankungsfreien Betrieb herbeizuführen vermögen. Zu diesem Zweck ist der Regler mit einer Rückführung (einfache Rückführung) auszurüsten, und es genügen unter günstigen Bedingungen, wie sie meist bei kleinen offenen Turbinen vorliegen, bei welchen die Massenträgheit des Triebwassers sich noch verhältnismäßig wenig auswirkt, Ungleichförmigkeitsgrade von 4 bis 5%, um die Reglerschwingungen abzudämpfen.

Bei größeren Anlagen zeigt sich ein deutlicher Einfluß der Massenträgheit des Wassers schon in den Saugrohren und den Spiralgehäusen, so daß die erwähnten geringen Ungleichförmigkeiten nicht ausreichend sind. In solchen Fällen wird der Regler mit einer zweiten Rückführung ausgestattet, welche dem Regler eine vorübergehende Ungleichförmigkeit erteilt, insofern ihre Einwirkung einige Zeit nach Beendigung des Reguliervorgangs erlischt.

Hieraus ist zu ersehen, daß bei großen Rohrleitungsturbinen der Einfluß der Wasserträgheit auf den Reguliervorgang ein sehr erheblicher sein muß, und in der Tat erreicht diese vorübergehende Ungleichförmigkeit bei solchen sehr große Werte, nämlich 30% und mehr, wenn die Bedingungen der Stabilität der Regelung erfüllt sein sollen.

Da bei größeren Anlagen solche Drehzahlschwankungen, die sich je nach Schlußzeit des Reglers über eine beträchtliche Zeitspanne erstrecken können, unerträglich erscheinen, hat man versucht, die schädlichen Drucksteigerungen in den Rohrleitungen, welche diese großen Ungleichförmigkeiten bedingen, zu beseitigen. Dies ist insbesondere bei Freistrahlturbinen möglich, welche einerseits — als freihängend — von aus dem Saugrohr herrührenden Massenwirkungen unabhängig sind, bei welchen andererseits durch Verschieben eines Strahlablenkers, der den Wasserzufluß in der Druckrohrleitung in keiner Weise beeinflußt, zunächst jegliche Druckänderung vermieden wird, bis dann die Reguliernadel die Turbinendüse langsam schließt, wodurch nur ganz mäßige Drucksteigerungen hervorgerufen werden (eine grundsätzlich ebenso wirkende Konstruktion ist die Schwenkdüse, bei welcher die Strahlablenkung durch Ausschwenken der ganzen Beaufschlagungsdüse erfolgt). Nach Maßgabe des erfolgten Abschlusses der Beaufschlagungsdüse kann nunmehr der Strahlablenker zurückgezogen und wieder der ganze —

noch austretende — Beaufschlagungsstrahl auf das Freistrahlrad gelenkt werden. Solche Doppelregelung gestattet die Durchführung einer praktisch schwankungsfreien Regulierung bei mäßiger Ungleichförmigkeit selbst bei sehr hohen Gefällen; und es liegt hierin ein unleugbarer Vorzug der Freistrahlturbinen.

Bei Francisturbinen nämlich läßt sich eine solche Doppelregelung nicht in so vollkommener Weise anwenden. Da jedoch auch Francisturbinen für Hochgefälle — nach dem heutigen Entwicklungsstadium bis gegen 300 m — Verwendung finden, so sind Reguliereinrichtungen, welche ähnlich der Doppelregulierung der Freistrahlturbinen das Laufrad den dynamischen Drucksteigerungen in der Druckrohrleitung zu entziehen suchen, hierfür ebenso wünschenswert wie für die Freistrahlturbinen. Nicht in der vollkommenen Weise wie die Strahlablenkung der Freistrahlturbinen, doch immerhin in gewissem Grad ihren Zweck erfüllend, leisten dies bei Überdruckturbinen die Nebenauslässe oder Freilaufventile. Dieses Freilaufventil wird mechanisch oder hydraulisch so gesteuert, daß es bei jeder Schlußbewegung des Leitapparates der Turbinen möglichst synchron von seinem Sitze angehoben wird und Wasser ins Freie austreten läßt, statt es auf das Laufrad zu führen. Auf die Wirkungsweise dieser Freilaufventile näher einzugehen verbietet der Umfang dieser Schrift.

Bei Belastungsvermehrung versagen indes sowohl die Strahlablenker der Freistrahlturbinen, wie die Nebenauslässe der Überdruckturbinen, da sie die Druckminderung in der Druckrohrleitung nicht hintanhalten können. Hier werden andere Mittel angewendet, deren Wirksamkeit zwar ebenfalls beschränkt ist, da in den oberen Zuflußorganen (Druckstollen, offener Werkkanal) das Arbeitswasser bei vergrößerter Wasserentnahme zunächst nicht rasch genug nachfließen kann, da sich erst das neue Reibungs- bzw. Transportgefälle einstellen muß. Es wird daher das Wasser in der Nähe der Turbine wegsacken und Druckverminderung in der Druckrohrleitung verursachen. Da bis zur Herstellung des neuen Transportgefälles eine gewisse Zeit — die Anlaufzeit der Rohrleitung, sofern es sich nur um diese handelt — verstreicht, während welcher die Wasserentnahme durch die Turbine größer ist als die Wasserzuleitung, so findet zunächst die erwähnte, eventuell mit Wasserspiegelabsenkung verbundene Druckminderung statt. Um diese und die Wasserspiegelabsenkung möglichst zu beschränken, muß man dafür sorgen, daß in möglichster Nähe der Turbine sich ein größerer Wasservorrat in Reserve befindet, aus dem der mit der Druckminderung verbundene Wassermangel zunächst gedeckt werden kann. Zu diesem Zweck wird vor Beginn der Druckrohrleitung das Wasserschloß oder ein noch im Gebirge liegender Vorrats- und Reservestollen angelegt, aus dem der erhöhte Wasserbedarf zunächst gedeckt werden kann, bis infolge des sich nunmehr einstellenden

größeren Transportgefälles vergrößerter Wasserzufluß in der Wasserzuleitung stattfindet und damit Druckverminderung und Wasserspiegel-
senkungen behoben werden. Auch dieser Vorgang erfolgt unter Schwankungen, so daß die Turbinenregulierung noch des öfteren einzugreifen
Veranlassung hat, bis der neue Beharrungszustand hergestellt ist.

Insbesondere bei Betondruckrohren wirkt sich der dynamische
Druckausgleich durch ein Wasserschloß auch wirtschaftlich aus. Bei
mäßigen Gefällen pflegt man es in Form eines Standrohres oder Druckausgleichturmes, eventuell in Verbindung mit einem Entlastungsüber-
lauf, an das Ende der Druckrohrleitung unmittelbar vor das Turbinenhaus zu setzen. Beachtenswerte Ausführungen dieser Art, die sich
auch architektonisch vorteilhaft ausgestalten lassen, befinden sich an
der Wasserkraftanlage der Firma Gütermann & Co. in Gutach (Baden),
sowie an derjenigen der Firma C. A. Leuze in Owen u. T. (Württemberg).
Bei letzterer Anlage konnte man infolge dieses Druckausgleichturmes
mit der Beanspruchung der Eiseneinlagen der Betonrohrleitung bis auf
1200 kg/cm² gehen, während man sich bei einer ähnlichen Anlage (mit
nur 18,5 m statt 21,8 m Gefälle und 525 m statt 1346 m Länge der
Druckrohrleitung) ohne Druckausgleichturm in der Beanspruchung der
Eiseneinlagen auf 750 kg/cm² beschränken mußte. Die Zugbeanspruchung des Betons ist dabei nicht höher als 12 kg/cm², während man
neuerdings bis zu 20 kg/cm² gegangen ist.

Eine eigenartige, denselben Zwecken dienende Anordnung wurde
im Anschluß an eine Eisenbetondruckrohrleitung von 1,5 km Länge bei
17,5 m größtem Gefälle und 30 cbm/sec Wasserführung (6 m lichter
Rohrdurchmesser) bei dem Wasserkraftwerk Drac-Romanche bei Pont-
de-Claire an der Isère angewandt, indem das Dach des Turbinenhauses
als offener Ausgleichbehälter ausgebildet wurde, mit Zuleitung des
Wassers aus dem mit Erde bedeckten Eisenbetondruckrohr durch einen
schräg ansteigenden Eisenbetondücker. Von diesem Ausgleichbehälter
verteilt sich die gesamte Wassermenge durch Betonschächte auf 6 Zwil-
lingsturbinen, von welchen aus die in einer an das Betonmassiv der
Wasserkraftanlage anschließenden Maschinenhalle aufgestellten Gene-
ratoren mittels ca. 13¹/₂ m langen Wellen angetrieben werden. Ein
Entlastungsüberfall verbindet den offenen Ausgleichbehälter mit dem
Unterwasserkanal. Die Anordnung mag für den Druckausgleich von
so großen Wassermassen wie den vorliegenden wirtschaftliche Vorteile
bieten; sie ist in den Abb. 82 und 83 schematisch dargestellt.

In diesem Zusammenhang dürfte interessieren, daß Untersuchungen
über den Wasserverlust in den Entlastungsvorrichtungen von Wasserturbinen, wie den vorgenannten, ausgeführt worden sind[1]). Es ergaben
sich bei Versuchen mit

---

[1]) Bulletin technique de la Suisse Romande 1924, Heft 16, 18 und 19, J. Calame,
„Energie perdue par les organes de décharge des turbines hydrauliques".

ein mittlerer
Wasserverlust von

1. Spiralturbinen mit Synchronauslaß
   (Zentrale Spiez) 0,87%
2. Peltonturbinen, Nadel mit Schwenkdüse
   (Werk Kandergrund) 0,22%
3. Peltonturbinen, Nadel mit Strahlablenker
   (Ritom-Werk) 0,15%

Neben dem Umstand, daß Nebenauslässe von Francisturbinen an sich
am wenigsten geeignet erscheinen, die dynamischen Drucksteigerungen

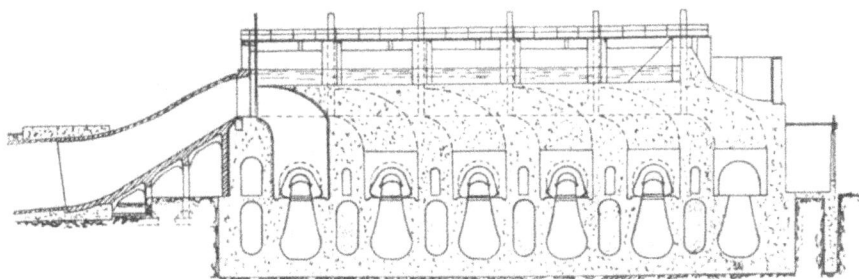

Abb. 82. Wasserschloß Drac-Romanche.

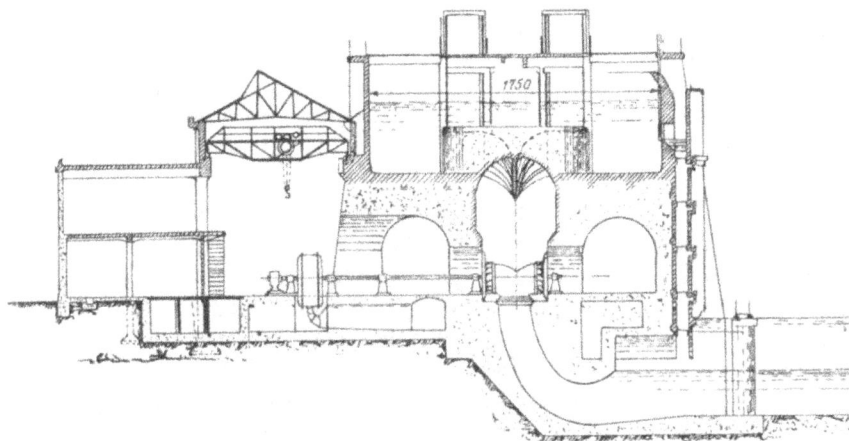

Abb. 83. Wasserschloß Drac-Romanche.

in der Rohrleitung zu beherrschen und zu beheben, ergeben diese unter
den genannten Regulierarten außerdem den größten Wasserverlust,
wenngleich von allen drei Regulierarten gesagt werden kann, daß der
Wasserverlust in durchaus erträglichen Grenzen bleibt und praktisch
vernachlässigt werden kann.

In neuester Zeit bieten sich gewisse Aussichten, auch bei Überdruckturbinen Doppelregulierungen anzuwenden, welche die Nachteile

der Nebenauslässe vermeiden. Solche Doppelregulierungen lassen sich anwenden bei Benutzung von flügelförmigen Drehschaufeln (Kaplan-Turbine), sowie von Flettner-Rotoren (rotierende Zylinder) an Stelle der Laufradschaufeln. In beiden Fällen läßt sich unter dem Einfluß des Reglers die Zirkulation um die Laufradschaufeln und damit das Drehmoment ändern, ohne daß der Wasserdurchfluß wesentlich geändert wird.

In einer zweiten Reglerphase ändert man langsam die Wassermenge durch Beeinflussung der Leitradschaufeln und macht gleichzeitig den Reglervorgang der ersten Phase, welcher die Laufradschaufeln betraf, rückgängig. (Für flügelförmige Drehschaufeln: Dr.-Ing. Dieter Thoma, München, D. R. P. Nr. 368010, „Geschwindigkeitsregler nach Patent 327080 mit gegenseitiger Vertauschung der Verbindungen des Reglers mit den Leit- und Laufschaufeln". — Bei Anwendung von Rotoren auf Wasserturbinen, die indeß bis heute nicht praktisch durchgeführt ist, dürfte dieser Effekt in erhöhtem Maße erreichbar sein, weil bei Rotoren die Zirkulation in viel weiteren Grenzen geändert werden kann als bei drehbaren Flügelschrauben.)

Zu erwähnen wäre in diesem Zusammenhang auch die Luftregulierung von Professor F. Euler (D. R. P. Nr. 365188 vom 24. 7. 1923), die vom Regler aus eine Drosselklappe oder einen Ringschieber am Saugrohr zu gestatten ermöglicht. Ihre Anwendung ist indeß auf Gefälle bis zu etwa 15 m beschränkt.

Ferner muß noch kurz des Einflusses Erwähnung getan werden, welchen Rohrleitungen auf das Durchgehen von Wasserturbinen haben[1] [2]. Das Durchgehen der Turbinen tritt ein, wenn bei beaufschlagten Leitschaufeln die Belastung an der Turbinenwelle weggenommen wird. Je nach Bauart der Turbine erhöht sich dabei die Drehzahl der Turbine in verschiedenem Maße, und zwar beträgt bei voller Beaufschlagung die Durchgeh-(Leerlauf-)Drehzahl n_0 für sehr schnellaufende Kaplan-Turbinen etwa 150%, bei normalen Francis- und alten Freistrahlturbinen etwa bis 180%, bei hochwertigen Francisschnelläufern bis über 230% der normalen Drehzahl n. Infolge der erhöhten Winkelgeschwindigkeit ergeben sich dabei wesentlich höhere Materialbeanspruchungen. Die Schutzmaßnahmen gegen letztere sind in der Vermeidung der hohen Leerlaufdrehzahlen zu suchen, was durch vorzeitiges Abbrechen der Beschleunigung der rotierenden Teile angestrebt wird. Neben dem kostspieligen Hilfsmittel der Vergrößerung des Schwungmomentes $G \cdot D^2$ (D hat hier selbstverständlich nichts mit dem Rohrdurchmesser zu tun), die allein das angestrebte Ziel nicht erreichen läßt, vielmehr nur die

---

[1] Ing. Attlmayr, „Das Durchgehen von Turbinen". Elektrotechnik und Maschinenbau, Wien, 1922, Heft 42.

[2] Ing. C. Reindl, „Schutz gegen das Durchgehen von Wasserturbinen", ebda., 1923, Heft 39 und 40.

Durchgehdrehzeit, d. h. die zur Beschleunigung von der normalen Drehzahl auf die Leerlaufdrehzahl bei voller Beaufschlagung erforderliche Zeit zu vergrößern vermag, ist dies anzustreben durch Wegnahme der Beaufschlagung mittels automatisch wirkenden Schnellschlußorganen, die mit Rücksicht auf die für die Rohrleitung gefährlichen dynamischen Druksteigerungen am oberen Rohrende anzuordnen sind. (Neuerdings scheint der Poebingsche Verteilungsschieber für staulose Regulierung [Hauptorgan der Esibe-Regulierung für Wasserturbinen] Aussichten zu bieten, das Schnellschlußorgan unmittelbar vor die Turbine legen zu können.) Nach Abschluß des Schnellschlußorgans wirkt auf die beaufschlagte Turbine nur noch die in der Rohrleitung vorhandene Wassermenge beschleunigend, und zwar mit abnehmendem Gefälle bis zu dessen völligem Verschwinden. Damit wird die Auslaufzeit der Rohrleitung von Bedeutung für die vorliegenden Verhältnisse. Die Durchgehzeit der Turbinen beschränkt sich fast immer auf Bruchteile von Minuten, oft auf wenige Sekunden. Dagegen hängt die Auslaufzeit der Rohrleitung von Wasserinhalt der Rohrleitung, Gefäßform, Gefälle und Ausflußquerschnitt ab (sie beträgt beispielsweise bei den Peltonturbinen des Bahnkraftwerks am Walchensee in Bayern ca. $5^1/_2$ Minuten bei $H = 192$ m Gefälle). Daher wird bei höheren Gefällen und großen Rohrweiten die Durchgehdrehzahl längst nahezu erreicht sein, bis die Gefälleverminderung fühlbaren Einfluß auf die Durchgehdrehzahl zu gewinnen vermag. Durch Belüftung des Saugrohres und Wegnahme des Sauggefälles kann das beschleunigende Drehmoment der Turbine vermindert werden, andererseits erhöht sich die Auslaufzeit der Rohrleitung auch wegen Verminderung des Druckhöhenverlustes infolge Verkleinerung der Wassergeschwindigkeit. Die Forderung eines hohen Druckhöhenverlustes als Schutzmaßnahme gegen zu starke Drehzahlerhöhung steht natürlich in Widerspruch mit der Forderung günstigster Ausnutzung der disponiblen Arbeit, doch wird dieses Moment in zweifelhaften Fällen die Wahl des kleineren Rohrdurchmessers erleichtern. Von diesem Gesichtspunkt aus gewinnt somit die Vergrößerung der Schwungmassen (Schwungräder usw.) nicht nur für Hochdruckanlagen, sondern auch für lange Rohrleitungen mit geringer Neigung (große Relativrohrlänge) erhöhte Bedeutung. Bei Peltonrädern bietet außerdem die Strahlablenkung vor dem Laufrad (Doppelregulierung) ein rasches und wirksames Mittel zur Verminderung bzw. völligen Aufhebung des Drehmoments. Mit den angegebenen Mitteln war es z. B. bei den erwähnten Bahnturbinen des Walchenseekraftwerks möglich, die höchste Drehzahl der Peltonräder auf 29% Überdrehzahl der normalen bzw. auf 8% über Auslösedrehzahl (die automatische Auslösung erfolgt dort nach 20% Drehzahlerhöhung über das Normale) zu beschränken. Die Überbeanspruchung der umlaufenden Teile vermindert sich dadurch vom 2,77fachen bei Durchgehdrehzahl auf das 1,67fache der normalen Beanspruchung.

Beachtenswert ist ferner, daß bei Abschluß eines Absperrorgans unmittelbar vor der Turbine, also am unteren Ende der Rohrleitung, erhebliche dynamische Drucksteigerungen eintreten können, welche eine entsprechende Erhöhung der Durchgehdrehzahl zur Folge haben. Es ist daher (s. u.), um diesen Einfluß zu vermindern, anzustreben, die Durchgehzeit der Turbine tunlichst größer zu machen als die Phase des direkten Wasserstoßes. Da dessen Dauer mit der Rohrlänge wächst, erhellt hieraus die Wichtigkeit der Vergrößerung des Schwungmoments bei langen Rohrleitungen, also insbesondere bei Hochgefälle.

Die Rohrleitung als Ganzes. Gesamtanlage.

Wirtschaftliche Betrachtungen.

Aus den vorgenannten allgemeinen Gesichtspunkten läßt sich zunächst für eine gegebene Wassermenge Q cbm/sec der innere Rohrdurchmesser D_i in erster Annäherung bestimmen. Mit Hilfe der oben angegebenen Festigkeitsbeziehungen ergibt sich die erforderliche Wandstärke. Die genauere Feststellung der lichten Rohrweite erfolgt einerseits auf Grund der Jahreskosten, die eine Rohrleitung jährlich zur Verzinsung, Tilgung, Erneuerung des Anlagekapitals, Reparaturen, Beaufsichtigung und Bedienung erfordert, andererseits auf Grund der Wertbeträge, welche dem durch Rohrreibung verbrauchten Gefälle entsprechen. Durch Summierung beider Beträge ergeben sich die Gesamtkosten, deren Veränderlichkeit bei verschiedenen Rohrdurchmessern in Funktion der Wassergeschwindigkeit (diese, nicht der Rohrdurchmesser, interessiert bei der graphischen Auftragung) aufzuzeichnen ist. Da der Aufwand für Verzinsung usw. mit dem Rohrdurchmesser wächst, der Ausfall an Einnahmen infolge von Reibungsverlusten dagegen mit dem Rohrdurchmesser abnimmt, so wird die Summenkurve stets ein Minimum aufweisen, dessen Lage die wirtschaftlich günstigste Wassergeschwindigkeit ergibt. Fällt diese innerhalb des durch die oben bezeichneten, in dieser Wirtschaftlichkeitsrechnung nicht als Einflußfaktoren enthaltenen besonderen Bedingungen angegebenen Bereichs, so ist die Wahl des Rohrdurchmessers hiernach zu bestimmen; anderenfalls muß man von der wirtschaftlich günstigsten Wassergeschwindigkeit abweichen, den Rohrdurchmesser den anderweitigen Bedingungen entsprechend wählen.

Im besonderen ist hierbei für eine Wassermenge Q cbm/sec bei einem Druckhöhenverlust h_w infolge Reibung des Wassers beim Durchfließen der Rohrleitung der entsprechende Leistungsverlust

$$N_v = \frac{\gamma \cdot Q \cdot h_w}{75} \text{ PS}$$

$$= 0{,}736 \cdot \frac{\gamma \cdot Q \cdot h_w}{75} \text{ kW,} \tag{91}$$

wenn $\gamma = 1000$ kg das Gewicht von 1 cbm Wasser bedeutet. Bei einer jährlichen Benutzungsdauer von T Stunden entspricht dies einer jährlichen Arbeit von

$$A_v = N_v \cdot T = 0{,}736 \cdot \frac{\gamma \cdot Q \cdot h_w}{75} \cdot T \quad \text{kWh} \tag{92}$$

und bei einem Preis von $B \; \mathscr{RM}$ pro kWh einem jährlichen Ausfall an Einnahmen in Höhe von

$$B \cdot A_v = 0{,}736 \cdot \frac{\gamma \cdot Q \cdot h_w}{75} \cdot T \cdot B \quad \mathscr{RM}. \tag{93}$$

Abb. 84 gibt ein Beispiel einer solchen Ermittlung des wirtschaftlich günstigsten Rohrdurchmessers[1]) in grundsätzlicher Darstellung, und zwar sind die Kurven b (Kurven der durch den Druckhöhenverlust verlorenen Arbeitsmenge) für den Ausfall an Einnahmen infolge von Reibungsverlusten je für den Preis von 15 Pf., 30 Pf. und 60 Pf. je kWh angegeben. Dementsprechend ergeben sich auch drei Summierungskurven. Eine solche Behandlung der Ermittlung ist oft erforderlich, da man häufig nicht im voraus weiß, welcher Preis für die kWh erzielt werden kann. Zieht man in Betracht, daß auch die jährliche Benutzungsdauer wie vielleicht auch die Wassermenge in weiten Grenzen veränderlich sein kann, daß noch eine Reihe anderer Faktoren der Rechnung nicht unbedingt fest steht, sondern sich im Laufe der Zeit ändern können, so erkennt man, daß es zwecklos sein müßte, die Rechnung mit allzu peinlicher Abwägung der einzelnen Faktoren durchzuführen. Man hat bei deren Wahl vielmehr die ungünstigsten Möglichkeiten in Rechnung zu ziehen. Die Länge der Leitung ist hierbei im wesentlichen ohne Einfluß, da Reibungsverluste und Rohrkosten mit ihr annähernd in gleichem Verhältnis zunehmen. Da nach Abb. 84 die Summenkurven in der Nähe des Minimums ziemlich flach verlaufen, somit geringe Änderungen der Wassergeschwindigkeit und damit des

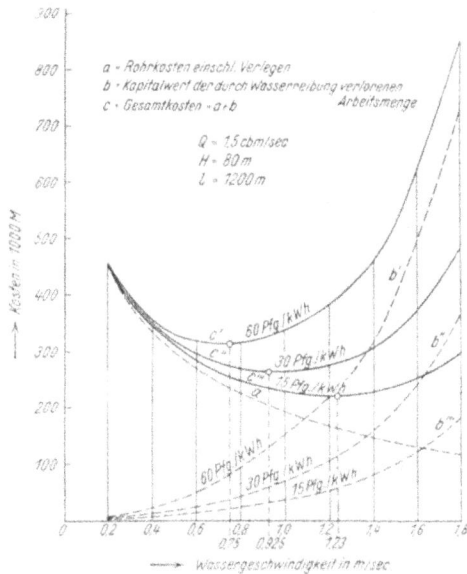

Abb. 84. Günstigster Rohrdurchmesser.

---

[1]) Für genauere Ermittlungen in diesen Fragen bietet R. Weyrauchs „Wirtschaftlichkeit technischer Entwürfe", sowie Dr.-Ing. v. Gruenewaldt, „Elemente der Wirtschaftlichkeitsberechnung von Wasserkraftanlagen" wertvolles Material.

Rohrdurchmessers keinen großen Einfluß auf die Wirtschaftlichkeit der Rohrleitung haben, ist ein gewisser Spielraum für die Wahl des Rohrdurchmessers vorhanden[1]).

Dem oben erwähnten Gedankengang der Anwendung der einfachen Mischungsrechnung zwecks Ermittlung der mittleren Wassermenge sind offenbar Bauersfeld und Ludin[2]) bei Aufstellung ihrer im übrigen auf derselben Grundlage basierenden Formeln für den wirtschaftlichsten Durchmesser von Druckrohrleitungen gefolgt. Danach erhält man für den wirtschaftlichsten Durchmesser von eisernen Druckrohrleitungen

$$D_i = \sqrt[7]{\frac{101{,}3 \cdot \eta_1 \cdot \eta_2 \cdot \eta_3 \cdot k_z \cdot w_1 \cdot (T_1 \cdot Q_1^3 + T_2 \cdot Q_2^3 + \cdots)}{\left(1 + \dfrac{p}{100}\right) \cdot \gamma_r \cdot k^2 \cdot s_0 \cdot w_2}} \qquad (94)$$

und für die obere Strecke der Druckrohrleitung mit einer Mindestwandstärke s_0

$$D_i = \sqrt[6]{\frac{101{,}3 \cdot \eta_1 \cdot \eta_2 \cdot w_1 \cdot (T_1 \cdot Q_1^3 + T_2 \cdot Q_2^3 + \cdots)}{\left(1 + \dfrac{p}{100}\right) \cdot \gamma_r \cdot k^2 \cdot s_0 \cdot w_2}}, \qquad (95)$$

worin bedeutet:

η_1 den Wirkungsgrad der Turbine (im Mittel etwa 0,82),

η_2 denjenigen des Generators (etwa 0,92),

η^3 den Wirkungsgrad der Schweiß- bzw. Nietnaht (etwa 0,70 bis 0,90),

k_z die zulässige Beanspruchung des Rohrmaterials in t/m²,

w_1 den mittleren Wert einer kWh an den Generatorklemmen in M.,

T_1, T_2, ... die Anzahl der Betriebsstunden mit den Beaufschlagungen $Q_1, Q_2, \ldots$,

$T = T_1 + T_2 + \ldots$ die Anzahl der Betriebsstunden im Jahr,

$Q_1, Q_2, \ldots$ die Wasserführung der Rohrleitung in m³/sec,

p den prozentualen Zuschlag zum Rohrgewicht für Flanschen, Muffen, Kompensationsstücke, Überlappungen usw. (gewöhnlich ca. 10%),

γ_r das spezifische Gewicht des Rohrmaterials,

---

[1]) Dieses graphische Verfahren stammt von R. Camerer, Z. V. d. I. 1908, S. 1901. — Ein anderes graphisches Verfahren, das gleichfalls gute Dienste zu leisten vermag, ist von F. Grünig in „Wasserkraft" 1921, S. 113 ff. angegeben.

[2]) W. Bauersfeld, „Die wirtschaftliche Bemessung der Hochdruckturbinenleitungen", Zeitschr. f. d. ges. Turb.-Wes. 1907, Nr. 28.

A. Ludin, „Die wirtschaftliche Bemessung der Triebwasserleitungen", ebda. 1914, Nr. 13.

k den Koeffizienten von de Chézy[1]),

H   die wirksame Druckhöhe (statischer + dynamischer Druck in m Wassersäule),

w_2 die Jahreskosten einer Tonne eingebauten Eisens (Rohre einschließ-lich Transport, Montage und Unterbau [Rohrgraben, Festpunkte usw.]), (etwa 9 bis 11% der Anlagekosten, letztere ca. 500 bis 700 $\mathcal{RM}$ je Tonne Eisen, je nach Schwierigkeit der Bauausführung),

s_0 Mindestwandstärke in m.

Die Gleichungen (94) und (95) sind für eiserne Druckrohrleitungen entwickelt. Da jedoch die Kosten von Holz oder Betonleitungen nicht sehr bedeutend von denjenigen eiserner Leitungen abweichen, können die Gleichungen näherungsweise auch für Holz- oder Betonleitungen an-gewandt werden, indem man für die Rechnung eine eiserne Leitung substituiert denkt. Eine weitere Annäherung erzielt man, wenn der Verbilligung der Rohrleitung bezüglich Material und Herstellung bei Verwendung von Holz oder Beton an Stelle von Eisen durch Einsetzen entsprechend niedriger Eisenpreise Rechnung getragen wird.

Bei großen Gefällen wächst der statische Druck in der Rohrleitung mit Zunahme des Höhenunterschiedes vom Oberwasserspiegel bis zum Meßpunkt. Man wird daher in höher liegenden Teilen der Rohrleitung mit geringen Wandstärken auskommen können, oder man wird in den tiefer liegenden Teilen derselben sich auf geringere Rohrweiten beschrän-

---

[1]) Der Koeffizient von de Chézy in der Chézyschen Geschwindigkeits-formel $c = k \cdot \sqrt{R \cdot J}$ ist zu setzen nach Ganguillet

$$k = \frac{23 + \dfrac{1}{n} + \dfrac{0{,}00155}{J}}{1 + \left(23 + \dfrac{0{,}00155}{J}\right) \cdot \dfrac{n}{\sqrt{R}}}, \tag{96}$$

bzw. für Gefälle $J = h_w : L > 0{,}0005$ (h_w Druckhöhenverlust, L Rohrlänge, auf welcher sich der Druckhöhenverlust h_w ergibt), was bei Kraftrohrleitungen meist zutrifft, einfacher nach Kutter (sogenannte kleine Kuttersche Formel)

$$k = \frac{100 \cdot \sqrt{R}}{m + \sqrt{R}}, \tag{97}$$

wobei der Koeffizient n von Ganguillet bzw. m von Kutter etwa zu setzen ist:

	n	m
für Eisenrohre mit glattem Stoß (geschweißt oder mit versenkten Nietköpfen) mit Innenanstrich; für gut gefügte und gehobelte Holzdaubenrohre	0,012	0,20
für längs und quer genietete Eisenrohre, Nietköpfe nicht versenkt, mit Innenanstrich; sorgfältig geglättete Betonrohre mit Innen-anstrich	0,0125	0,25
für kleinere längs und quer genietete Eisenrohre ($D < 0{,}50$ m), Nietköpfe nicht versenkt, mit Innenanstrich; fabrikmäßig her-gestellte, sorgfältig verlegte Betonrohre mit glatter Betonhaut ohne Innenanstrich	0,0135	0,35

ken müssen, um dieselbe Festigkeit zu erhalten. Diese Beschränkung auf
geringere Rohrweiten in den unteren Abschnitten der Rohrleitung kann
mit wirtschaftlichen Vorteilen verbunden sein, wenn die Betriebskosten,
die sich aus der sich hieraus ergebenden Ersparnis an Anlagekosten er-
rechnen (Verzinsung, Tilgung, Erneuerungsrücklage, Unterhaltung und
Reparaturen usw.), größer sind als die Einnahmen, die der aus dem Teil-
gefälle, das der Zunahme des Druckhöhenverlustes infolge der Quer-
schnittsverminderung entspricht, zu erzielenden Nutzleistung gleichkommen (Teilrentabilitätsberechnung). So wurde beispielsweise die
Druckrohrleitung des Albula-Werks (Schweiz) mit 2000 mm lichter Weite
in der oberen Rohrstrecke und mit 1800 mm lichter Weite in der unteren
Rohrstrecke ausgeführt. Dieser Reduktion des Rohrdurchmessers entspricht bei den dortigen Verhältnissen ein Druckhöhenverlust von 0,40 m
bzw. einem Energieverlust von 42 kW, dem eine Ersparnis an den Druckrohrleitungen von 123,2 t Eisen oder von 61 000 frs. gegenübersteht.
Der Preis pro kW würde somit 1466 fr. betragen, das ist etwa der dop-
pelte Betrag der bei der Gesamtanlage pro installiertes kW aufgewendet
wurde. Die Reduktion des Rohrdurchmessers war somit wirtschaftlich gerechtfertigt.

Drucklinendiagramm.

Wiewohl somit durch Veränderung des Rohrdurchmessers Erspar-
nisse erzielt werden können, welchen ein Mehrwert an zu gewinnender
Energie oder Arbeit bei unveränderlichem Rohrdurchmesser, der diesen
Ersparnissen entspräche oder sie überträfe, nicht gegenübersteht, so daß
die Reduktion des Rohrdurchmessers seine Wirtschaftlichkeit findet,
so wird man doch meist, insbesondere im ersten Projektentwurf, die
Rohrleitung mit gleichbleibendem Rohrdurchmesser durchrechnen.
Nachdem man gemäß den hydraulischen Grundlagen eine Entscheidung
über den inneren Rohrdurchmesser D_i getroffen hat, sind die Wandstärken s entsprechend dem veränderlichen Innendruck p_i zu bestimmen.
Zu diesem Zweck entwirft man vorteilhaft ein Diagramm der Veränderung des Innendrucks (Abb. 85), d. h. ein Drucklinendiagramm. Man
wählt dabei zweckmäßig Abszissen und Ordinaten entsprechend den
Horizontalentfernungen und den vertikalen Höhenunterschieden der
Rohrtrace und zeichnet letztere ein. Durch Eintragung einer horizontalen Geraden durch den ruhenden Oberwasserspiegel erhält man zunächst in den Höhendifferenzen zwischen dieser und der Rohrtrace
die statischen Druckhöhen bei ruhendem Wasser in m Wassersäule.
In letzterem Maße sind auch die weiteren Druckhöhen in das Diagramm
einzutragen. Durch Absetzen der Geschwindigkeitshöhen und der
Druckhöhenverluste von der horizontalen Geraden ergibt sich die Drucklinie, deren Vertikalabstände von der Rohrtrace die statischen Drücke
im Betriebszustand für die einzelnen Rohrpunkte ergeben. Addiert

man zu diesem noch die dynamischen Druckhöhen, d. h. die Drucksteigerungen infolge von Trägheitswirkung des Wassers bei Verminderung des
Ausflußquerschnitts, also bei Verminderung der Leitschaufelweite der

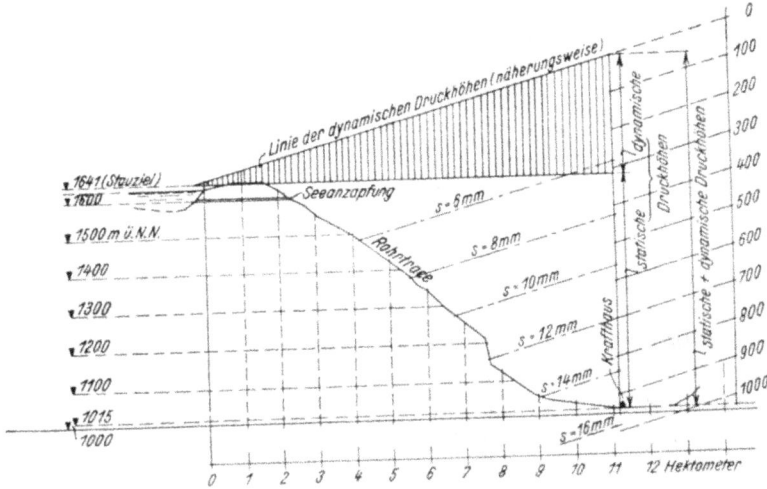

Abb. 85. Druckhöhenplan.

an die Rohrleitung angeschlossenen Turbine (Belastungsverminderung)
oder eines anderen Absperrorgans, so erhält man die Linie der statischen
plus dynamischen Druckhöhen, deren Ordinatendifferenzen gegenüber
den Ordinaten der Rohrtrace die
für die Bestimmung der Rohrwandstärke s maßgebenden Innen-
drucke p_i in m Wassersäule liefern. Dabei hat die dynamische
Drucksteigerung ihren Höchstwert unmittelbar an dem Absperrorgan und nimmt von diesem aus bis zum freien Wasserspiegel im Wasserschloß usw.
linear ab (s. u.). Um also die
dynamische Drucksteigerung richtig über die Rohrtrace zu verteilen, ist diese erst in ihrer wah-
ren Länge in die Horizontale zu
strecken, zu rektifizieren (abzu-
wickeln), und über dieser gerade

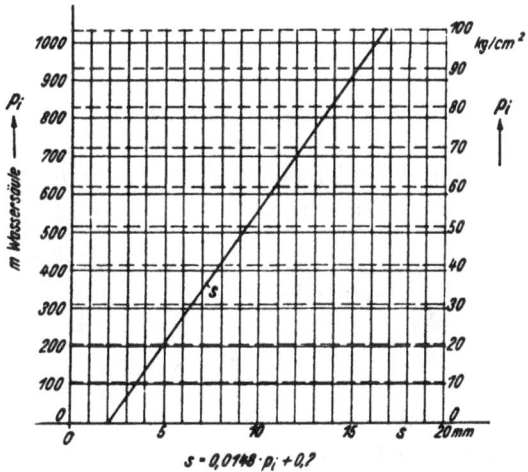

Abb. 86. Diagramm der Blechstärken.

gestreckten Rohrtrace ist nunmehr die Gerade der dynamischen Drucksteigerungen aufzutragen. Bei der Rückauftragung derselben in das
Diagramm der Rohrtrace verzerrt sich die Gerade der dynamischen

Drucksteigerungen zu einer dem Profil der Rohrtrace entsprechenden ungeraden — gebrochenen oder kontinuierlichen — Linie.

Nunmehr wird man in einem zweiten Diagramm (Abb. 86) die Blechstärke s in Funktion des Innendruckes p_i nach Gleichung (40) (der Fall eines Eisenblechrohres ist vorausgesetzt) auftragen (Gerade), wobei zweckmäßig für p_i außer der Teilung in kg/cm² eine solche in m Wassersäule vorgesehen wird. Aus diesem Diagramm entnimmt man diejenigen Drücke, in m Wassersäule, welche bestimmten glatten Massen von Blechstärken s entsprechen, die für den Bau der Rohrleitung in Betracht kommen können. Indem man mit diesen Drücken in das Diagramm der statischen und dynamischen Drücke einschneidet, findet man diejenigen Rohrstrecken, welche den den Einschneidedrücken zugehörigen Rohrwandstärken s entsprechen. Diese durch eine bestimmte Wandstärke s gekennzeichneten Rohrteilstrecken ΔL wird man noch gemäß äußeren Merkmalen der Rohrtrace (Fixpunkte, Knickpunkte usw.) ausgleichen.

Um die Vorteile veränderlicher Rohrweite sich zunutze zu machen, wird man meist eine allgemeine Wirtschaftlichkeitsrechnung aufstellen, wie dies für das Beispiel des Albulawerks angedeutet wurde. Da man meist mit einer oder zwei Abstufungen des Rohrdurchmessers auskommen wird, ist diese Rechnung ohne großen Aufwand durchführbar. Es werden jedoch auch allgemeine Beziehungen für die Abstufung der Rohrweite angegeben, von welchen hier nur diejenige von Ph. Forchheimer[1]) erwähnt sei; dieser empfiehlt, die Abmessungen so zu wählen, daß für den ganzen Rohrstrang

$$y \cdot D_i^7 = \text{konst.}, \tag{98}$$

worin y den senkrechten Abstand zwischen Rohr und Drucklinie der Leitung bedeutet.

Ein weiteres auf Anwendung der Differentialrechnung zur Minimumbestimmung der Kosten beruhendes Verfahren, das Forchheimer in seiner Hydraulik angibt, dürfte für den praktischen Gebrauch weniger zweckmäßig sein.

Rohrtrace.

Rohrstraße. Auf dieser erfolgt die Verlegung der Rohrleitung. Die Rohrstraße dient dem Verkehr beim Bau der Rohrleitung sowie bei Revisionen und Reparaturen der im Betrieb befindlichen Rohrleitung. Zu diesem Zweck Anordnung einer Drahtseilbahn (mit oder ohne Zahnradschiene) zwischen oder seitlich der Rohre, sowie einer sicher (Vereisungsgefahr) begehbaren Treppe und einer Entwässerungsanlage für Tropfwasser der Rohrleitung und atmosphärische Niederschläge. Ein Holz- oder Wellblechdach zweckmäßig als Schutz gegen atmosphärische Einflüsse und Sonnenbestrahlung, um Längenänderungen des Rohres

---

[1]) Z. V. d. I. 1906, S. 1954.

einzuschränken. In den Tropen zu diesem Zweck oft weißer Anstrich der Rohre. Beleuchtungsanlage und Telephon sind zweckmäßige Ausrüstungsergänzungen der Rohrstraße.

Über die Linienführung wurde bereits oben einiges bemerkt und die große Anpassungsfähigkeit der Druckleitungen an das Gelände hervorgehoben. Man darf darin aber auch nicht zu weit gehen und hat nicht nur zwecks möglichster Einhaltung der kürzesten Verbindungsstrecke zwischen Wasserschloß und Turbinenhaus die Druckrohrleitung in der Vertikalebene der Luftlinie zu verlegen, sondern auch in dieser schroffe Gefällewechsel zu vermeiden. Knickpunkte und Richtungswechsel haben stets besondere Beanspruchungen infolge der Ablenkung des Wassers sowie Druckverluste im Gefolge, auch wenn die Übergänge in sanfter Krümmung erfolgen, was stets anzustreben ist. An solchen Krümmern besteht dann auch stets mehr oder weniger die Gefahr des Auftretens von Kavitationserscheinungen mit ihren verderblichen Korrosionseinflüssen und deren Folgeerscheinungen. Dann auch vermag der Wasserzufluß in der Rohrleitung sich den Belastungsschwankungen der Turbinen am besten bei gestreckter Linienführung anzupassen, da bei Belastungserhöhungen in den Strecken verschiedener Rohrgefälle sich das Wasser verschieden rasch beschleunigen wird, wenn einerseits einer unteren steilen Rohrstrecke das Wasser durch sein Eigengewicht wegsackt, während andererseits in einer darüberliegenden flachliegenden Rohrstrecke nicht genügend Überdruck vorhanden ist, um das Wasser in dieser Rohrstrecke in gleichem Maße zu beschleunigen. In solchem Falle mag die Bildung eines Unterdruckes bei etwa abreißender Wassersäule in Erscheinung treten, wodurch das Rohr infolge des dann wirksam werdenden Überdruckes der äußeren Atmosphäre bei etwa ungenügender Wandstärke in Gefahr kommt, eingeknickt zu werden. Aus diesem Grund sind erstens flachliegende Rohrstrecken in der Nähe des oberen Rohrendes und beim Überschreiten von Höhenrücken durch die Rohrleitung, sofern noch kein auf alle Fälle ausreichender Druck zur Beschleunigung des Wassers vorhanden ist (Drucklinie), zweitens sehr steil, insbesondere an senkrechter Felswand verlaufende Rohrstrecken im Anschluß an darüberliegende mit schwach geneigtem Verlauf tunlichst zu vermeiden. Alles in allem ist der nach oben konkave Verlauf der Rohrlinienführung günstiger zu beurteilen als der nach oben konvexe (vgl. dynamische Drucksteigerungen, S. 180).

Die Gefahr der Einknickung infolge äußeren Überdruckes kann indes auch bei vollgefüllter Leitung an Punkten stärkeren Richtungswechsels eintreten, wenn an der Innenseite des Krümmers oder eigentlich unmittelbar unterhalb desselben infolge Kontraktion des fließenden Wassers dieses sich von der Wand ablöst und der in dem Hohlraum sich entwickelnde Gas- bzw. Wasserdampfdruck unter dem äußeren Atmosphärendruck bleibt. Diesen mehr örtlichen Ursachen kann kaum anders als durch passende Formgebung des Krümmers (s. u.) begegnet werden, welche das Auftreten von Hohlraumbildung überhaupt vermeidet.

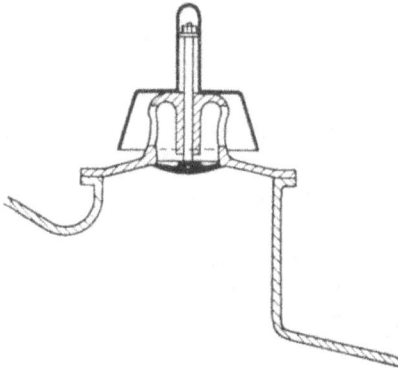

Abb. 87. Belüftungsventil.

Der sich auf größere Teile der Rohrleitung erstreckenden Erscheinung des Auftretens von Unterdruck infolge Leerlaufens der Rohrleitung kann wirksam entgegengetreten werden durch Einbau von Belüftungsventilen, die bei zunehmendem inneren Druck selbsttätig abschließen, dagegen bei Sinken des inneren Druckes unter Atmosphärendruck selbsttätig Luft von außen einströmen lassen. Damit sie wirksam sind, sollten ihre Dimensionen reichlich gewählt werden. Abb. 87 zeigt ein solches Belüftungsventil im Schnitt; es ist dort in ein an einem Knick sowieso benötigtes Formstück eingebaut. Ein am Walchenseewerk eingebautes Belüftungsventil zeigt Abb. 88.

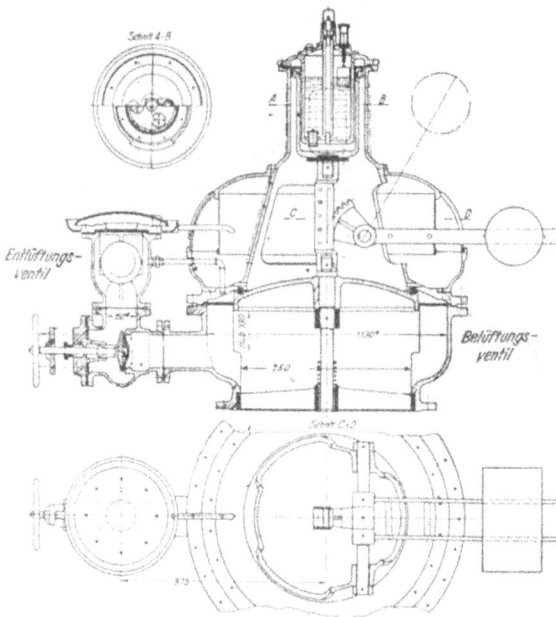

Abb. 88. Belüftungsventil.

Verlegung der Rohre. Sie erfolgt offen oder verdeckt. Letztere Art teuerer (Bodenaushub, insbesondere im Fels), doch bietet sie guten Schutz gegen Witterung (Regen, Schnee, Sonnenbestrahlung, Verminderung der Materialspannungen, so daß an Ausdehnungsstücken gespart werden kann) sowie gegen Steinschlag, unbefugten Zugriff Dritter (Lockerung von Flanschschrauben usw.). Auflagerung im Rohrgraben einfacher und billiger als bei offener Verlegung, doch sorgfältige Unterstopfung notwendig. Nachteile verdeckter Verlegung unbedeutend; am bedenklichsten ist Erschwerung der Kontrolle und der Ausbesserungen (Nietenbrüche, Nachziehen von Schrauben usw.;

doch sind geringe Mengen von Leckwasser unbedenklich). Erhöhte Wirkung chemischer und elektrischer Einflüsse.

Welch erhebliche Materialbeanspruchungen sich aus Temperaturschwankungen ergeben können, möge an folgendem Beispiel gezeigt werden. Ein spannungslos verlegter noch nicht gefüllter Rohrstrang habe bei freier Ausdehnungsfähigkeit und bei einer Temperatur t_1 eine Länge L_1; durch Erwärmung (Sonnenbestrahlung) nehme er die Temperatur t_2 und die Länge L_2 an. Die Längenänderung $\varDelta L$ ergibt sich dann bei einem Wärmeausdehnungsbeiwert β und einer Dehnung ε zu

$$\varepsilon \cdot L_1 = \varDelta L = L_2 - L_1 = L_1 \cdot \beta \cdot (t_2 - t_1). \qquad (99)$$

Wird diese Ausdehnung jedoch verhindert, etwa durch geradachsige Einspannung des Rohres auf die Länge L_1 in Fixpunkten, so wird das Rohr eine Druckspannung σ auszuhalten haben, die bei einem Dehnungskoeffizienten $\alpha = 1/E$ cm²/kg (E Elastizitätsmaß) sich aus der Beziehung

$$\varepsilon \cdot L_1 = \sigma \cdot \alpha \cdot L_1 = \varDelta L = L_1 \cdot \beta \cdot (t_2 - t_1) \qquad (100)$$

zu

$$\sigma = \frac{\beta}{\alpha} \cdot (t_2 - t_1) \qquad (101)$$

berechnet.

Hieraus ergibt sich für Eisenblechrohre mit einem Wärmeausdehnungsbeiwert $\beta = 0{,}000011$ und einem Elastizitätsmodul $E = 2150000$ kg/cm²

$$\sigma = 0{,}000011 \cdot 2150000 \cdot (t_2 - t_1) = 23{,}7 \cdot (t_2 - t_1),$$

oder rund

$$\sigma = 24 \cdot (t_2 - t_1) \text{ kg/cm}^2. \qquad (102)$$

Damit findet sich beispielsweise für eine Temperaturänderung von $t_2 = +30^0$ (Sommertemperatur im Schatten) auf $t_1 = -5^0$ (Wintertemperatur) eine Längsspannung

$$\sigma = 24 \cdot (30 + 5) = 840 \text{ kg/cm}^2.$$

Mag auch das verwendete Material einer solchen Beanspruchung wohl noch gewachsen sein, so ist doch zu bedenken, daß diese Spannung in der Regel nicht allein auftreten wird, da eine vollkommen spannungslose Verlegung des Rohres sich nicht ausführen läßt. Addieren sich nun zufällig Wärme- und Bauspannung, so ist wohl zu verstehen, daß unter Umständen eine erhebliche Überschreitung der zulässigen Beanspruchung herauskommen kann.

Für Betonrohre gestalten sich diese Verhältnisse noch ungünstiger; hier wird mit $\beta = 0{,}000014$ und $E = \dfrac{1}{\alpha} = $ rund 200000 kg/cm², für Druck

$$\sigma = 0{,}000014 \cdot 200000 \cdot (t_2 - t_1) = 2{,}8 \cdot (t_2 - t_1) \qquad (103)$$

und für dieselben Temperaturgrenzen wie oben

$$\sigma = 2,8 \cdot (30 + 5) = 98 \ \text{kg/cm}^2,$$

bzw. mit $E_{\text{Zug}} = \text{rd. } 0,8 \cdot E_{\text{Druck}} = \text{rd. } 0,8 \cdot 200000 = \text{rd. } 160000 \ \text{kg/cm}^2$ für Zug

$$\sigma = 0,000014 \cdot 160000 \cdot (t_2 - t_1) = 2,24 \cdot (t_2 - t_1), \tag{104}$$

somit für eine Temperaturdifferenz von 35°

$$\sigma = 2,24 \cdot 35 = 78,4 \ \text{kg/cm}^2$$

eine Beanspruchung, der nur besonders gute Betonmischungen gewachsen sein dürften. Deshalb ist der Wärmeschutz durch verdeckte Verlegung bei Betonrohren wichtiger als bei Eisen- und Holzrohren, bei Eisenbetonrohren immerhin nicht unwesentlich, wenngleich hier die Längsspannungen schon durch eine mäßige Bewehrung mit Längseisen aufgenommen werden können (s. unter Eisenbetonrohren), die allerdings die Bildung von Haarrissen nicht zu verhindern vermag.

Sollen andererseits diese Längsspannungen infolge Temperaturänderungen verhindert werden, so muß man dafür Sorge tragen, daß die Längenänderung der Rohrleitung vor sich gehen kann. Das Maß der Längenänderung rechnet sich dabei nach Gleichung (99). Es beträgt, um durch ein Beispiel die Größenordnung der Längenänderung einigermaßen zu veranschaulichen, für ein 100 m langes Eisenrohr bei einem Temperaturwechsel zwischen $t_1 = -5°$ und $t_2 = +30°$

$$\Delta L = L_2 - L_1 = 100 \cdot 0,000011 \cdot (30 + 5) = 0,044 \ \text{m}.$$

Für die offene Verlegung von Rohren ergibt sich hieraus die Zweckmäßigkeitsmaßnahme, die Verlegung bei einer Außentemperatur von etwa 10° bis 15° vorzunehmen. Die Längsspannungen bzw. Längsbewegungen verteilen sich dann etwa zur Hälfte auf Zug, zur Hälfte auf Druck. Ferner ergibt sich hieraus, die temperaturausgleichende Wirkung des — insbesondere fließenden — Wassers dazu zu benutzen, um die Längsspannungen durch Wärmedehnung nach Möglichkeit klein zu halten, und insbesondere die Rohrleitung bei Temperaturen unter Null Grad sowie bei Sonnenbestrahlung möglichst nicht leer stehen zu lassen.

Um die Längenänderung der Rohre zu ermöglichen, wie dies bei größerer Länge der Rohrleitung erforderlich ist, baut man in die Rohrleitungen Ausdehnungs- (Expansions-) Stücke ein. Sie bestehen im allgemeinen aus einem glatten zylindrischen Rohrende, das in einer Stopfbüchse gleiten kann. Da die Rohrleitung unmittelbar vor den Turbinen absolut unbeweglich sein muß, selbst wenn der Anschluß zu den Turbinen selbst noch durch nachgiebige Stücke erfolgt, so ergibt sich hieraus die Notwendigkeit, die Längenänderungen rohraufwärts erfolgen zu lassen; man wird also das Ausdehnungsstück an das obere Ende einer geraden Rohrstrecke setzen und kann, wenn die Rohrleitung

in gerader Linie — ohne Knickpunkte — vom Fixpunkt vor dem Turbinenhaus bis zum Wasserschloß verläuft, mit einem einzigen Ausdehnungsstück auskommen. Andernfalls muß, da jeder Rohrknickpunkt
— gleichgültig ob die Richtungsänderung in vertikaler oder horizontaler
Ebene erfolgt — durch einen Festpunkt fixiert, unbeweglich gemacht
werden muß, jeweils unterhalb eines solchen Fixpunktes ein Ausdehnungsstück eingeschaltet werden. Auch könnte die Rohrleitung in ihren
Festpunkten ohne diese Ausdehnungsstücke nicht mehr statisch bestimmt sein. Nur ganz ausnahmsweise kann man, bei vielfach gebroche-
ner Linienführung ohne Ausdehnungsstücke auskommen, wenn die
Richtungsänderungen des Rohres so gering sind, daß sich Festpunkte
erübrigen. Der Einbau der Expansionsstücke am oberen Rohrende hat
nebenbei den Vorteil, daß sie dort dem geringsten Wasserdruck ausgesetzt
und somit am besten dicht und instand zu halten sind.

Als Beispiel eines solchen Ausdehnungsstückes sei in Abb. 89 ein
bei der Fallrohrleitung des Albula-Werkes verwendetes dargestellt. Das
fixierte Rohrende sowie der Bindeflansch der Stopfbüchse sind dabei mit
je einem aus Segmenten bestehenden Bronzering ausgerüstet, der —
der Verrostung nicht unterworfen — das Gleiten des inneren, verschieb-
baren Rohres erleichtert und als Führung dient. Mittels des Binde-
flansches wird die in der Stopfbüchse liegende Packung aus Hanfzöpfen
mit Unschlit festgezogen. Die lichte Rohrweite beträgt im Ausdehnungsstück 1800 mm; im Stopfbüchsendurchmesser D_s ist die Stopfbüchse
durch Ausdrehen bearbeitet.

Bei dieser Konstruktion ist die Führung des gleitenden Rohres im
Verhältnis zum Durchmesser recht kurz und dürften deshalb gelegent-
liche Klemmungen durch Schiefstellung des
Gleitrohres nicht ganz ausgeschlossen sein.
Da bei Anordnung entsprechend längerer
Führungen aber das Ausdehnungsstück bei
großen Durchmessern schwer und teuer
ausfällt, begnügt man sich unter Umständen auch mit Ausdehnungsfalten nach
Art der in Abb. 90 dargestellten. Auch bei
kleineren Rohrdurchmessern (Wasserkraftanlage Hohemark a. Taunus mit ca. 400 mm
lichter Weite) wird sie gelegentlich angewendet, insbesondere, wenn die Gefälle-
und Druckschwankungen mäßig sind. Auch
hat man gelegentlich Ausgleicher aus Well-

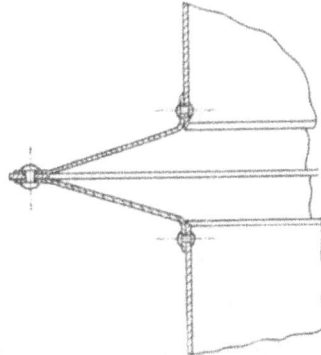

Abb. 90. Ausdehnungsfalte.

rohr mit steilen Wellen (Material Kupfer) mit innen gerade verlaufen-
der Blechauskleidung verwendet.

Ein insbesondere für nahtlose Rohre und mäßige Rohrweiten ge-
eignetes Ausdehnungsstück zeigt Abb. 91. Das aus Bronze bestehende

kurze Degenrohr dürfte allerdings etwas teuer ausfallen, so daß man wohl versuchen dürfte, es in anderem billigerem Material herzustellen. Das Stopfbüchsengehäuse ist je nach bestehenden Druckverhältnissen aus Gußeisen oder Stahlguß zu fertigen, während sich für den Stopfbüchsendrücker Gußeisen durchaus bewährt hat. Die Tiefe des Stopfbüchsenhalses ist bei vorhandenen Ausführungen so bemessen, daß gefettete Hanfpackung verwertet werden kann. Indes soll auch die in Abb. 92 dargestellte Lederstulpdichtung sich bestens bewährt haben. — Einen entlasteten Gleitrohrausgleicher zeigt Abb. 92a.

Die in der Stopfbüchse entstehende Reibungskraft muß von den beiden Festpunkten oberhalb und unterhalb der Ausgleichvorrichtung aufgenommen werden. Da sie unter Umständen nicht unerheblich ausfällt, empfiehlt sich deren rechnerische Nachprüfung auf Grund der Formel

$$R = R_0 + R_s,$$

$$R = \mu_1 \cdot b_1 \cdot \pi \cdot D_s \cdot G + \mu_2 \cdot b_2 \cdot \pi \cdot D_s \cdot p_i. \quad (105)$$

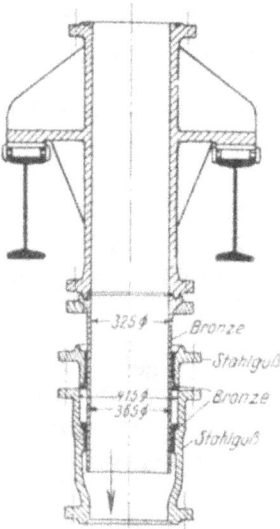

Abb. 91. Ausdehnungsstück für nahtlose Rohre.

Hierin bedeutet $R_0 = \mu_1 \cdot b_1 \cdot \pi \cdot D_s \cdot G$ die durch das Rohrgewicht G auf dem Bronzeführungsring entstehende Reibung (b_1 = Ringbreite, D_s = Führungs-(Stopfbüchsen-) Durchmesser, μ_1 = ca. 0,1 Beiwert der gleitenden Reibung von Eisen auf Bronze bei Wasserschmierung), $R_s = \mu_2 \cdot b_2 \cdot \pi \cdot D_s \cdot p_i$ die eigentliche

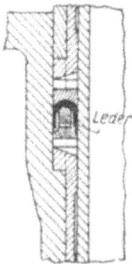

Abb. 92. Lederstulpdichtung.

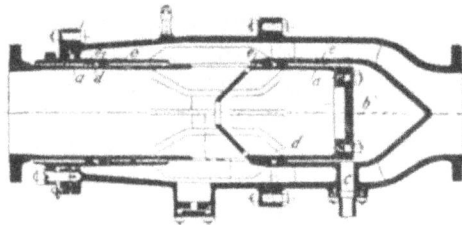

Abb. 92a. Entlasteter Gleitrohrausgleicher.

Stopfbüchsenreibung[1]) infolge des Druckes der Packung (b_2 = Höhe der Packung, μ_2 = ca. 0,25 Beiwert der gleitenden Reibung für Eisen auf getalgter oder gefetteter Hanfschnur). G ist hier anteilig zu schätzen; bei senkrechter Rohrlage kann R_0 annähernd gleich Null gesetzt werden;

---

[1]) Im „Bericht über die Erstellung des Albulawerkes" von H. Peter und H. Wagner ist nur mit $R_s = \mu_2 \cdot \pi \cdot D_s \cdot p_i$ gerechnet.

bei schräger Rohrlage ist mit der zur Reibungsfläche senkrechten Komponente von G zu rechnen.

Da die Bewegungen des Rohres in der Stopfbüchse nur verhältnismäßig selten vorkommen, die Geschwindigkeit der Verschiebung eine sehr mäßige ist und zur Überwindung der Stopfbüchsenreibung reichlich große Kräfte zur Verfügung stehen, kann man mit einer im Verhältnis zum Durchmesser recht mäßigen Packungshöhe b_2 auskommen; so beträgt b_2 in der in Abb. 89 dargestellten Ausführung nur etwa 100 bis 120 mm. Schwierig gestaltet sich dagegen bei so großen Durchmessern die gleichmäßige Verteilung des Packungsmaterials und das gleichmäßige Anziehen der vielen Stopfbüchsenschrauben, deren Anzahl und Stärke zweckmäßig gleich derjenigen der Schrauben an den Verbindungsflanschen zu wählen sind. Gegenmuttern sind hier entbehrlich, da die Lockerung der Muttern, die bei Dampfmaschinen usw. durch die zahlreichen kleinen Erschütterungen infolge der großen Geschwindigkeiten hervorgerufen wird, hier weniger zu befürchten ist. Es genügt, durch die Betriebskontrolle erforderlichenfalls für das Nachziehen der Schrauben zu sorgen.

Endlich ist auf die oben dargestellten Muffenverbindungen zu verweisen, welche den Rohren so viel Bewegungsfreiheit in axialer Richtung gestattet, daß sich die Anordnung besonderer Kompensationsstücke mit Stopfbüchse erübrigt. Bei der großen Zahl der Muffenverbindungen entfällt auf die einzelne Muffe nur ein sehr geringer Bruchteil der gesamten Längsbewegung des Rohres. Diese Verbindung bietet außerdem den Vorteil der Zeitersparnis beim Zusammenbau, sowie den, das Dichtungsmaterial von außen einzubringen, wenn die Rohre fertig verlegt sind. Auch Packungen lassen sich leicht erneuern, da Rohre nicht aus ihrer Lage gebracht werden müssen.

Der weniger häufige Fall, daß auch Betonrohre mit einer Ausgleichvorrichtung versehen werden müssen, weil sie in der Regel im temperaturausgleichenden Erdreich verlegt werden, führte zu einer Konstruktion, deren Hauptbestandteil, eine Kupferblechwelle, an den mit eisernen, in Beton verankerten Kappen versehenen Rohrenden durch Nieten oder Schrauben befestigt ist. Die bei der Simme-Überleitung (Schweiz) verwendete Gummizwischenlage zwischen Kupfer und Eisen mag gleichzeitig dazu dienen, die Thermoelementwirkung auf die kleine Berührungsfläche zwischen Kupferblech und eisernen Verbindungsschrauben zu beschränken. Die Entfernung von Dehnungsfuge zu Dehnungsfuge soll hierbei mit Rücksicht auf den Gleitwiderstand nicht größer als 10 bis etwa 15 m gewählt werden.

Stützvorrichtungen.

Die Rohrleitung ist durch eine Anzahl von Stützvorrichtungen, die auf die ganze Rohrlänge gleichmäßig verteilt sind, zu unterstützen. Gewöhnlich werden hierzu einfache Betonsattel mit kreisförmiger Auflagerfläche von etwa 30 bis 90° Zentriwinkel verwendet; sie sind so zu dimensionieren, daß die Bodenpressung mäßig bleibt (1 bis 2 kg/cm²), da sie doch auch durch die Längsbewegungen des Rohres beansprucht werden. Zuverlässiger und besser ist, um das Gleiten der Rohre bei Längenänderungen infolge von Temperatureinflüssen zu erleichtern, die Ausfütterung der Betonsockel mit Eisenblech, Dachpappe oder Bleiplatten, oder auch die Anordnung von schmiede- oder gußeisernen Sätteln auf den Auflagersockeln, die indes nach vollendeter Montage ebenfalls einbetoniert werden können. Leider leiden die mit Eisenteilen versehenen Gleitsättel immer unter Rostbildung und werden dadurch in ihrer Wirkung etwa herabgesetzt. Daß die Auflagerböcke entsprechend tief im Boden zu gründen sind, um nicht ins Rutschen kommen zu können, versteht sich von selbst. Unter Umständen empfiehlt sich die Anordnung beweglicher Rollenlager, wie dies z. B. beim Albulawerk zur Überführung der Rohrleitung über die Albula (unmittelbar vor dem Krafthaus) in 2 Auflagerpunkten geschehen. Diese Rollenauflager unterscheiden sich nicht wesentlich von den bei eisernen Brücken verwendeten beweglichen Walzenlagern mit einer oder mehreren Rollwalzen. Abb. 93 stellt ein solches Lager mit 4 Walzen dar. Die seitlichen Bunde an den Walzen dienen der Aufnahme von seitlichen Kräften (Winddruck usw.); statt letzteren kommen auch Rillen in den Walzen mit Vorsprüngen im Lagerkörper zur Anwendung. In jedem Falle muß für einige Millimeter seitlichen Spielraums gesorgt sein. Die Walzen laufen zwischen unterem und oberem Walzenkörper. Diese können aus gutem Gußeisen, Stahlguß, gefertigt sein, für den unteren Walzenkörper genügt unter Umständen eine einfache Platte aus Eisenblech, deren Lauffläche zwecks gleichmäßiger Druckverteilung bearbeitet ist.

Die Walzen werden aus Schmiedeeisen oder Stahl mit Durchmessern von etwa 8 cm und mehr gefertigt. Ihre Berechnung geschieht nach den Hertzschen Formeln für Druck auf Körper mit gewölbter Oberfläche. Es ergibt sich aus diesen mit $m = \dfrac{\varepsilon}{\varepsilon_q} = 3$ und $r_2 = \infty$ (r Walzenradius) sowie $E_1 = E_2 = E$ für eine Last P in t/cm die Spannung zu

$$\sigma = 0{,}423 \cdot \sqrt{\frac{P \cdot E}{r}}, \tag{106}$$

sowie der Walzendurchmesser d zu

$$d = 0{,}358 \cdot \frac{P \cdot E}{\sigma^2}, \tag{107}$$

d. h. mit $E = 2200$ t/cm² für Stahl

$$\sigma = 19{,}8 \cdot \sqrt{\frac{P}{r}} \tag{108}$$

Druckleitung Zone XI.
Expansion v. 1800 mm l. w.
bei Fixpunkt Nr. 3.

Maßstab 1 : 20

Abb. 88. Ausdehnungsstück des Ablaßwerks.

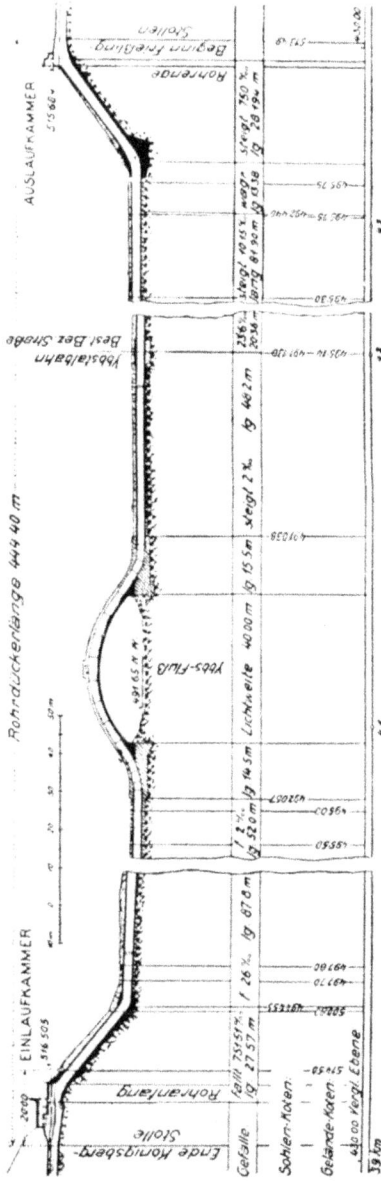

Abb. 99. Ybbs-Dücker. Gesamtschnitt.

EINLAUFKAMMER

AUSLAUFKAMMER

Rohrdückerlänge 444.40 m

Rohranfang

Rohrende

Ende Königsberg Stolle

Ybbs-Fluß

Ybbstalbahn Bezi Bez Straße

Ende Königsberg Stollen

Gefälle

Sohlen-Koten

Gelände-Koten

und

$$d = 787 \cdot \frac{P}{\sigma^2}. \tag{109}$$

Dabei wird für eine oder zwei Walzen $\sigma = 6{,}5$, für mehrere Walzen $\sigma = 6$ t/cm² als zulässig angesehen.

Die Walzen werden unter sich durch Flacheisen und durch Quertraversen, die mit Verzahnung in entsprechende Ausschnitte im oberen und unteren Walzenkörper eingreifen, käfigartig zwangsläufig miteinander verbunden. Die in Abb. 93 dargestellte Kippwalze im zweiteiligen oberen Lagerkörper kann unter Umständen weggelassen werden, wie z. B. beim Albulawerk geschehen, wo die Verbindung zwischen oberem und unterem Lagerkörper und Eisenblechrohr durch 3 Eisenblechsättel und Nietverbindung erfolgte. Damit setzt man sich allerdings der Gefahr ungleichmäßiger Belastung der Walzen infolge Durchbiegung des als Brückenträger wirkenden Eisenrohres aus.

Zur Überwindung flacher Senkungen unter Beibehaltung gestreckter Linienführung bedient man sich gerne sogenannter Pendelstützen, einer einfachen Eisenkonstruktion, die unten am Betonauflager sowie oben an der Rohrauflagerstelle gelenkig angeordnet sind, so daß sie den Bewegungen des Rohres durch entsprechenden Ausschlag (daher Pendelstütze) zu folgen vermögen.

Eine eigenartige Stützung des Rohres wurde bei Pergine in Tirol angewendet, wo

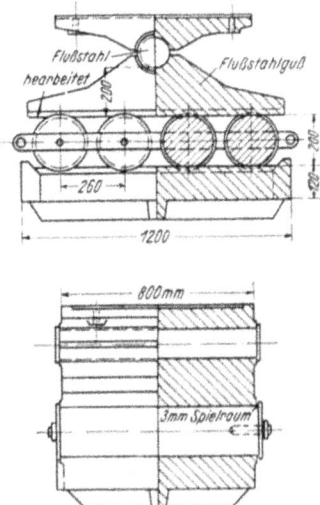

Abb. 93. Rollwalzenlager.

die Überwindung eines Geländeeinschnittes durch Aufhängung des Rohres von 350 mm lichter Weite im Hängewerk mit breiter Basis erfolgte.

Am senkrechten Hang (Felswand) lassen sich Eisen- und Holzrohre sehr einfach durch Unterstützung mit in die Felswand eingemauertem Profileisen und Umfassung derselben an der Außenseite durch ein Eisenband führen. Abb. 94 zeigt eine solche Unterstützung. Abb. 95 die Anwendung des Eisenbandes bei Stützung des Rohrs im Felsausschnitt.

Größere Taleinschnitte müssen, sofern nicht Drückerrohre auf dem gewachsenem Boden selbst gelegt werden können, also insbesondere bei Flußläufen, durch besondere Rohrbrücken aus Beton oder Mauerwerk oder Eisenkonstruktion überwunden werden, deren Konstruktion nichts besonderes bietet. Ihre Berechnung ist eine reine Aufgabe der Statik, so daß sie hier nicht behandelt werden soll.

Dasselbe gilt von der Benutzung der Rohrleitung selbst als Brückenträger, unter Weglassung einer die Rohrlast tragenden besonderen
Brücke. Das Rohr wird diesfalls in nach oben gewölbtem Bogen über den
Flußlauf geführt, um die Gewölbewirkung
auszunutzen. Diese weitgehendster Materialausnutzung gerecht werdende Konstruktion hat bei ausgeführten Anlagen
zu nicht unbeträchtlichen Ersparnissen

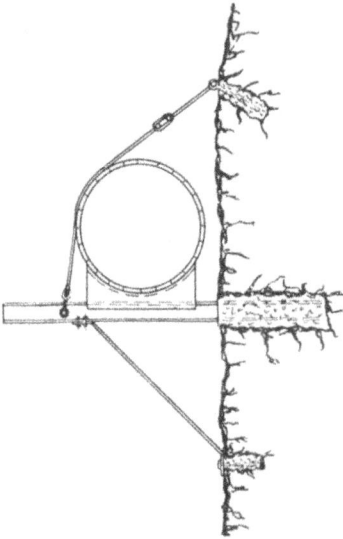

Abb. 94. Rohrstütze an Felswand.

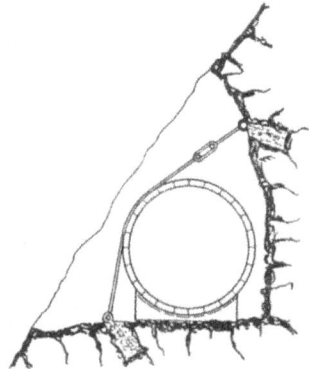

Abb. 95. Rohrstütze im Felsausschnitt.

geführt. Dazu kommt die elegante Bildwirkung des leicht gespannten,
nicht durch Gitterträgerkonstruktion verunzierten Rohrbogens, so daß
die Nachahmung dieser vorbildlichen Konstruktion nur empfohlen werden
kann. (Ausführungsbeispiele: Kubelwerk,
neuere Fallrohrleitung, hier mit Zug-
band in der Bogensehne und angehäng-
tem leichtem Bedienungssteg versehen;
Werk Argentière im Tal der Durance.)
Daß solche Rohrbogen auch in
Eisenbeton hergestellt werden können,
beweist die neuere Ausführung eines solchen Doppelrohrbogens in der spanischen
Provinz Cadiz über den Guadalete und
seinen Nebenfluß in der Nähe des Zu-
sammenflusses derselben. Die Rohrleitung, welche Bewässerungszwecken

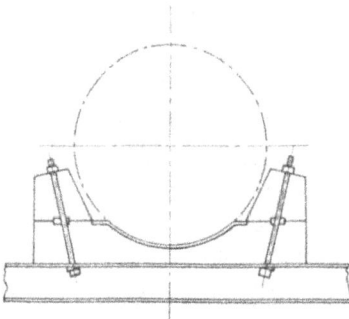

Abb. 96. Rohrlager auf Rohrbrücken.

dient, wäre unter dem Flußbett billiger zu verlegen gewesen, doch sprach
dagegen der wenig widerstandsfähige Grund sowie die bedeutende Stoß-
kraft etwaigen Hochwassers im doppelten Flußlauf, wie auch die Gefahr
von Verschiebungen und Auskolkungen im Flußbett. Die beiden Rohrbogen sind bei 40 m Spannweite und rd. 20 m Pfeilhöhe an den Ufern

gegen trapezförmige Betonfestpunkte abgestützt. Die Wandstärke des Eisenbetonrohres beträgt 200 mm bzw. 280 mm in der Bogenmitte. Die Armierung besteht aus T-Eisen in Abständen von 100 bis 125 mm. Auch hier ist als Schutz gegen Erwärmung durch Sonnenbestrahlung ein weißer Kalkanstrich verwendet worden. Treppenartige Zugänge zum Bogenscheitel machen den Rohrbogen gleichzeitig als Fußgängersteg benutzbar.

Da in den Scheitelpunkten dieser Gewölbebögen Gas und Luftansammlungen den Wasserquerschnitt vermindern würden, muß für

Abb. 97. Dückerleitung des Leitzachwerks.

Entlüftung an der höchsten Stelle gesorgt werden. Zu diesem Zweck werden diese mit selbsttätigen Schwimmerventilen ausgerüstet. Bei dem allerdings selteneren Fall mäßiger Druckhöhe leisten Standrohre die besten Dienste; sie haben den Vorzug größter Einfachheit und Betriebssicherheit sowie großer Querschnitte; andererseits dürften die Anlagekosten oft nicht geringer sein als für Entlüftungsventile (vgl. auch Entlüftungsventil Abb. 87).

Über Dückerleitungen ist kaum etwas Besonderes zu sagen; sie können nach Bedarf in einzelne Rohrleitungsabschnitte unterteilt werden, auf welche die vorher besprochenen Grundsätze anzuwenden sind. Zu beachten ist nur, daß der Dücker beim Wiederemporsteigen am jenseitigen Hang des Tales nicht so hoch hinaufgeführt wird, daß der Rohrscheitel die Drucklinie überschreitet, da sonst Heberwirkung eintreten muß.

Diese ist jedoch ohne besondere Absaugevorrichtungen, welche das er-forderliche Vakuum herstellen, nicht erreichbar; der Einbau solcher Absaugevorrichtungen dürfte sich jedoch nur in Ausnahmefällen empfehlen, so daß man auf Heberleitungen im allgemeinen lieber verzichtet, insbesondere wenn man bedenkt, daß sich der Betrieb solcher Heberleitungen bei bestehender Möglichkeit des Abreißens der Wassersäule recht schwierig gestalten kann. Eine beachtenswerte Dückerleitung ist die der Wasserzuführung des Leitzachwerks, Abb. 97. — Zu beachten ist, daß Heberleitungen für Peltonräder nicht anwendbar sind, da Heberwirkung nur eintreten kann, wenn das Rohr am unteren Ende in Wasser eintaucht. Bei freier Ausmündung in die Luft bleibt die Heberwirkung dagegen aus.

Die Entfernung der Auflagerpunkte untereinander richtet sich nach der Länge der einzelnen Rohre bzw. Rohrschüsse und wechselt daher etwa zwischen 4 bis 10 m. Die Anordnung erfolgt meist so, daß die Flansch- bzw. Muffenverbindung unmittelbar oberhalb der Auflagerböcke gelegt werden. Von Festpunkt zu Festpunkt bildet dann der Rohrstrang einen durchlaufenden Träger auf mehreren Stützen, und ist als solcher mit der Clapeyronschen Gleichung oder mit Hilfe des Nupubest-Geräts zu berechnen, wobei die Belastung als gleichmäßig, die Stützenentfernungen im allgemeinen auch als gleich groß angenommen werden können, Abb. 99 (s. Tafel S. 108/109). In

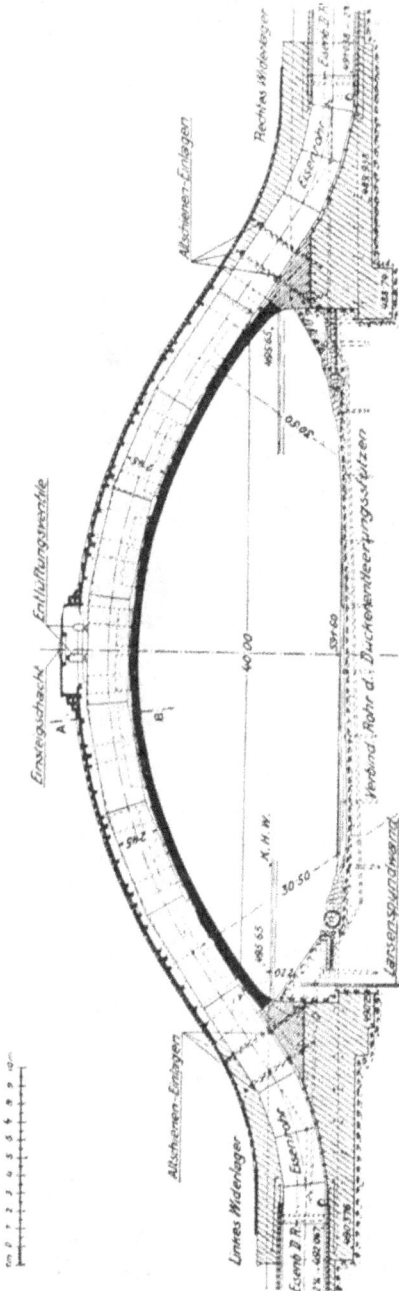

Abb. 98. Ybbs-Dücker. Schnitt durch den Brückenbogen.

diesem Falle liegt der gefährliche Querschnitt stets über einer Stütze. Die Stützpunkte sind, wenn möglich, auf gewachsenem Fels zu gründen, um außerordentlichen Beanspruchungen der Rohrleitung infolge Wanderns der Auflagerpunkte entgegenzutreten.

In noch viel höherem Maße gilt dies selbstverständlich von den Fest- oder Fixpunkten, die überall da anzuordnen sind, wo einigermaßen ausgesprochene Richtungsänderungen der Rohrleitungen, gleichgültig ob in vertikalem oder horizontalem Sinne, vorhanden sind. Ohne ihre zuverlässige Standsicherheit könnten die oben erwähnten Ausgleicher für Wärmedehnungen nicht wirksam werden, da die Gleitsättel hierfür keine

Abb. 100. Dückerversenkung.

hinreichende Abstützung bieten. Außerdem treten in gefüllten Rohrleitungen an Knickpunkten der Achse stets besondere Kräfte auf, erstens bei ruhendem Wasser als statischer Druck in Richtung der Rohrachse, zweitens bei fließendem Wasser als dynamischer Druck infolge der Ablenkung des Wassers aus seiner ursprünglichen Richtung, in seiner Größe beeinflußt durch den Ablenkungswinkel und senkrecht zur ursprünglichen Achsenrichtung wirkend. Die Größe der vorhandenen Kräfte erfordert eingehende statische Untersuchung der Festpunkte, die im allgemeinen graphisch durchzuführen sein wird.

Von besonderer Wichtigkeit ist der Festpunkt am unteren Ende der Rohrleitung unmittelbar vor dem Turbinenhaus. Er wird deshalb in der Regel besonders schwer ausgebildet, um durch seine Standfestigkeit absolute Gewähr dafür zu bieten, daß die Turbinenanlage von etwaigen Verschiebungen der Rohrleitung unabhängig ist. Die Fixpunkte werden wie die Auflagerpunkte in der Regel in Beton auszuführen sein; sie überdecken dabei die Rohrleitung vollständig, die zweckmäßigerweise an der Einbetonierungsstelle mit Winkeleisen armiert wird, um die Reibung zu erhöhen. Außerdem pflegt man durch eine Anzahl Flach- oder Rundeisen, deren Enden tief in den Betonklotz hinabreichen, das Rohr zu verankern.

Auch dem oberen Fixpunkt kommt insofern eine besondere Bedeutung zu, als er zugleich den Übergang von der Rohrleitung zu dem Wasserschloß bildet und dementsprechend unter Umständen auch Abschlußorgane für die Rohrleitung aufzunehmen hat. Häufig werden diese jedoch in einem besonderen Haus (Apparatehaus) untergebracht und dementsprechend der obere Verankerungsklotz unterhalb von diesem verlegt. Die Verbindung von Wasserschloß und Apparatehaus geschieht dann entweder durch eine Rohrleitung (Holz, Beton, Eisenbeton anwendbar) oder durch einen Stollen.

Montageeinzelheiten.

Für kleinere Richtungsänderungen, die sich nicht genau im voraus bestimmen lassen (die mit Sicherheit zu erwartenden Montagefehler u. a.), haben sich sogenannte Paßstücke bewährt, die zweckmäßig von vornherein vorgesehen werden, um ärgerliche nachträgliche Abänderungen an den nicht passenden Flanschen, Rohranschlüssen usw. zu vermeiden. Von verschiedenen Ausführungsformen ist das in Abb. 101 dargestellte keilförmige Paßstück eines der gebräuchlichsten. Es wird zweckmäßig aus nachgiebigem Metall, Kupfer hergestellt, weil sich dieses leicht mit dem Hammer in die richtige Form schlagen läßt. Die von der Fabrik aus fertig mitgelieferten Flanschringe und Bordflanschen werden dann erst am Verwendungsort — nach Aufpassen des Kupferringes — mit

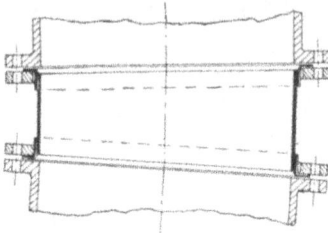

Abb. 101. Keilförmiges Paßstück.

diesen vereinigt. Der Zweckmäßigkeit in Anbetracht der Geschmeidigkeit des Kupfers steht allerdings die Gefahr elektrolytischer Zersetzung durch Bildung galvanischer Ketten entgegen.

Eine andere Konstruktion für kleine Verschiebungen beruht auf Verwendung eines selbstdichtenden keilförmigen elastischen Packungsringes in keilförmiger Nut, wobei die Flanschschrauben nur lose angezogen sind. Der Axialdruck im Durchflußquerschnitt muß dabei allerdings durch die Rohrauflage einerseits, durch das Eigengewicht der Turbine, zu deren Anschluß diese Verbindung eigentlich ausschließlich in Frage kommt, und deren Verankerung andererseits aufgenommen werden. Diese Konstruktion dürfte sich für besonders hohe Wasserdrücke allerdings wohl kaum eignen. Abb. 102.

Eine sehr geschickte Form eines Paßstückes stellt die Abb. 48 dar. Diese Keilringe ermöglichen durch einfaches Verdrehen derselben verhältnismäßig große Änderungen der Richtung der Rohrachse herbeizuführen. Wie leicht einzusehen, heben sich bei Phasenverschiebung der Stellungen der beiden Keile von 180° die durch sie herbeigeführten Richtungsänderungen auf; bei gleicher Phase summieren sich die beiden Keilwinkel und ergeben damit die maximale Richtungsänderung in beliebiger Ebene. In ein und derselben Ebene läßt sich die Richtungsänderung verdoppeln, indem die beiden Teile zusammen als ein Keil betrachtet werden; die über das erst erwähnte Maximum (gleich Summe der beiden Keilwinkel) hinausgehende Maß läßt sich

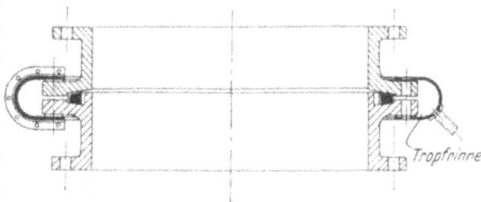

Abb. 102. Elastisches Ausgleichstück.

jedoch nur ausnutzen, wenn die zusammenstoßenden Rohre in der Längsrichtung etwas beweglich sind, d. h. die beiden Keilringe dienen dann nicht mehr als Paßstück, sondern nur noch als Richtungsänderungsstück. Statt der zwei Keilringe können auch zwei Ringe benutzt werden, die mit Kugelfläche aufeinander passen, wobei die Ringe außerdem Keilform haben können. Auch sogenannte Dichtungslinsen lassen gewisse Richtungswechsel der Rohrachse zu, wenn sie auch eine Längenänderung nicht herbeizuführen vermögen und ihre Anwendung auf kleinere Rohrdurchmesser beschränkt ist.

Besondere Möglichkeiten in der Passung der Rohrenden bietet die neuzeitliche autogene Schweißtechnik.

Verteilerleitung.

Auf der Rohrstraße sind, falls mehrere Rohre nebeneinander liegen, die Rohre in der Regel parallel nebeneinander zu verlegen. Diese Art bietet die beste Möglichkeit, jedes einzelne Rohr auf seinen ganzen Umfang zwecks Kontrolle besichtigen zu können und Ausbesserungsarbeiten vornehmen zu können. Dabei sind die Abstände der einzelnen Rohre so zu wählen, daß die verbleibenden Zwischenräume nach Schwierigkeit der Handhabung der zu verwendenden Werkzeuge (z. B. Schweißapparate) genügen oder den Ausbau einzelner Rohrschüsse ermöglichen.

Vor dem Turbinenhaus ist, sofern es sich um den Anschluß mehrerer Maschinenaggregate handelt, ein Verteiler anzuordnen. Dieser besteht in der Regel in einer einfachen Durchführung der Druckrohrleitung entlang dem Turbinenhaus unter Anschluß von Rohrabzweigungen zu den

einzelnen Maschinensätzen hin. Dabei ist es zweckmäßig, den Durchmesser des Verteilungsrohres nach jeder Druckrohrabzweigung nach
Maßgabe der verminderten Wassermenge zu verkleinern, um die
Wassergeschwindigkeit konstant zu halten oder wenigstens Verzögerungen zu vermeiden, die bekanntlich mit Verlusten verbunden
sind. Von der bei gleichbleibendem Durchmesser des Verteilungsrohres
zu erwartenden Beruhigung des Wassers und damit verbundener Aus-
scheidung von Sand, das den Turbinen gefährlich sein würde, ist deshalb
nicht viel zu halten, weil ein Reinigungseffekt (s. o.) erst bei Wassergeschwindigkeiten von 0,40 bis 0,25 m/sec und darunter eintritt. Die
in Druckrohrleitungen vorkommenden Wassergeschwindigkeiten liegen
aber in der Regel ganz erheblich höher, so daß die Sandausscheidung
auch nur ausnahmsweise eintreffen würde. Allein am Ende des Verteilungsrohres mag es seinen Zweck haben, diesem noch ein verlängertes Kopfende
mit unvermindertem Durchmesser anzufügen, das als Sandfang dienen
kann. Ein mit Schieber verschlossener Ablaßstutzen am Kopfende würde
die Möglichkeit bieten, die Verteilungsleitung von Zeit zu Zeit auszuspülen,
was auch ohne das Vorhandensein eines Sandfangs jedenfalls erwünscht
sein kann.

Die Abzweigung der Druckrohranschlüsse soll nicht rechtwinklig,
sondern möglichst unter sanfter Krümmung erfolgen, weil die schroffe
Ablenkung um 90° aus der axialen Fließrichtung im Rohr Arbeitsver-
luste mit sich bringt. Wenn Pfarr trotzdem bei hohen Gefällen der
Sicherheit wegen den Anschluß der Stutzen unter 90° für unerläßlich
hält, so mag dies vielleicht dadurch begründet sein, daß das für Stutzen,
Krümmer usw. zu verwendende Material — Gußstahl — wegen seiner
Sprödigkeit gegen Montagespannungen besonders empfindlich ist, solche
aber beim rechtwinkligen Anschluß sicherer vermieden werden können,
als beim Anschluß unter spitzem Winkel. Sicher ist, daß die überwiegende
Zahl der an Druckleitungen vorgekommenen Unfälle auf den Bruch von
Anschlußflanschen, Krümmern, Schiebergehäusen usw. zurückzuführen
ist und häufig außergewöhnliche Biegungsbeanspruchungen zur Ursache
hat. Man muß deshalb durch feste Einmauerung der Zweigleitungen dafür
Sorge tragen, daß solche Sonderbeanspruchungen infolge statischer oder
dynamischer Druckwirkungen des Wassers (auch bei Füllen und Entleeren der Leitung) sicher vermieden werden. Auch Wärmespannungen
müssen berücksichtigt werden und dürfen nicht an Stelle der durch die
Einmauerung vermiedenen Beanspruchung durch Wasserdruck einge-
tauscht werden; daher sind auch in dieser letzten Strecke der Rohrleitung unter Umständen noch Ausdehnungsstücke einzubauen. Eine
gewisse Beweglichkeit der Anschlußstutzen wird andererseits schon dadurch erreicht, daß man dieselben möglichst lang macht, wie auch —
bei nicht senkrechter Abzweigung vom Verteilungsstrang — durch
Krümmungen in der Achse des Anschlußstutzens. Andererseits ist na-

türlich durch Versteifungen an den Anschlußstellen dafür zu sorgen, daß
die etwa auftretenden, in ihrer genauen Größe schwer zu ermittelnden
besonderen Beanspruchung, die insbesondere dadurch entstehen, daß
der innere Wasserdruck das durch den Anschluß durchbrochene Rohr
gegen außen aufzubiegen sucht, ein ausreichendes Widerstandsmoment
findet. Besondere Vorsicht ist bei exzentrisch — neben der Rohrmitte —
sitzenden viereckigen Rohranschlüssen geboten, wie sie bei kleineren Gefällen hier und da gebraucht werden. Solche Versteifungen sind natürlich auch an den Mann- und Handlöchern, Einsteigschächten, Standrohren u. a. m. erforderlich.

Ein interessantes Beispiel eines Verteilstückes zeigt Abb. 103. Die
kugelförmigen Erweiterungen erleichtern den Anbau mehrerer Abzweigungen sowie den Abfluß, indem sie die
Reibung vermindern und Stauung vermeiden. (Die Ausführung findet in der
Ausbildung der Blutgefäße an ihren
Verzweigungsstellen eine beachtenswerte biotechnische Parallele.)

Das Krafthaus ist in der Regel so
zu legen, daß die Linie der einzelnen
Maschinensätze parallel zu der oder
den Falleitungen zu liegen kommen.
Doch kommen auch andere Anord-
nungen vor, wobei jedoch infolge Vermehrung der Zahl der Krümmer die
Krümmerverluste entsprechend größer
ausfallen. Eine weitere Möglichkeit
ist, das Krafthaus über der Fall-

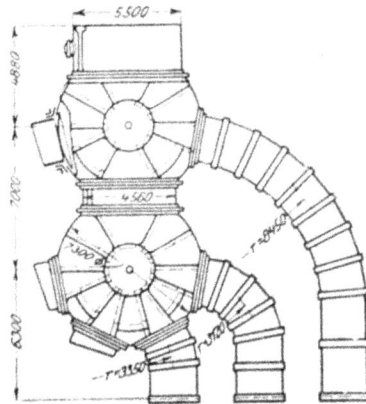

Abb. 103. Verteilerstück der Druckrohrleitung des Werks Big Creek, Nr. 3.

leitung anzuordnen, wobei diese in einen Stollen unter das Kraft-
haus gelegt werden und der Anschluß zu den Turbinen mit liegender
Welle einen einzigen Krümmer erfordert. Besonders vorteilhaft ge-
staltet sich der Anschluß bei stehender Anordnung der Turbinen, da
diesfalls der Anschlußstutzen, als Fortsetzung des Spiralgehäuses der
Turbine ausgebildet, die Beschränkung der Krümmerverluste auf ein
Minimum ermöglicht. Dies trifft sehr vorteilhaft zusammen mit anderen
Vorteilen der stehenden Anordnung der Turbinen[1]).

Bei mehreren Falleitungen wird man zweckmäßigerweise je zwei oder
auch mehrere Rohrstränge untereinander verbinden, wozu der Verteiler
vor dem Krafthaus zu benutzen ist. Man schafft dadurch die Möglichkeit, die Turbinen aus verschiedenen Rohrleitungen speisen zu können,
wozu bei erforderlichen Reparaturen an einzelnen Rohren (z. B. Einsetzen
neuer Dichtungsringe an den Flanschen der Rohrschüsse u. a. m.) jeder-

---

[1]) Z. V. d. I 1921, S. 679, in D. Thoma, „Die neuere Entwicklung der Wasserturbine".

zeit Bedarf vorliegen kann. Natürlich wird man stets eine möglichst
große Zahl von Rohrsträngen zum Betrieb der Turbinen heranziehen,
um die Wassergeschwindigkeit und damit die Druckschwankungen bei
Belastungsänderungen sowie Druckhöhenverluste gering zu halten,
sowie auch, um aus den oben angegebenen Gründen (Rostgefahr) das
Leerstehen von Druckrohrleitungen möglichst zu vermeiden. Durch
Krümmerverbindungen zweier Verteilungsleitungen an ihren Enden
lassen sich diese unter Umständen zu Ringleitungen ausbilden, wobei in
dieser das Wasser seine Fließrichtung ändert, wenn die Speiseleitung
gewechselt wird. Bei gleichzeitiger Benutzung beider Speiseleitungen
strömt das Wasser in der Ringleitung von beiden Seiten zu; es lassen
sich deshalb hier nur senkrecht abzweigende Anschlußstutzen verwenden, die für beide Flußrichtungen des Wassers passen; auch ist bei
Ausbildung der in die Ringleitung eingebauten Absperrschieber auf den
Wechsel der Fließrichtung Rücksicht zu nehmen.

Hydraulischer Teil.

Der Abschnitt hätte mit einer Darstellung der Eigenschaften des Wassers zu beginnen, um dann zu den Folgerungen hieraus überzugehen. Der Umfang dieser Schrift gestattet nicht, dies in ausführlicher Weise zu tun; insbesondere bezüglich des in den bekannten Handbüchern wie „Hütte" usw. aufgenommenen Stoffes schien deshalb äußerste Beschränkung angezeigt, und es sind deshalb rein des Zusammenhanges wegen die für Rohre wichtigsten Formeln in aller Kürze zusammengestellt und nur ausnahmsweise kurze Bemerkungen hinzugefügt. Nur solche Gebiete, die nicht so allgemein bekannt oder besonders wichtig sein dürften, wurden ausführlicher dargestellt.

Kritische Geschwindigkeit.

Als dimensionslose Zahl zu Vergleichszwecken von großer Bedeutung.

„Obere kritische Geschwindigkeit", bei der bei Geschwindigkeitszunahme die Fähigkeit der Flüssigkeit zum „Gleiten" aufhört; daher auch „obere Gleitgrenzgeschwindigkeit" genannt. Sie ist für Wasser nach Versuchen von Reynolds

$$\bar{c}_g = \frac{1}{43{,}79 \cdot (1 + 0{,}0336 \cdot t + 0{,}000\,221 \cdot t^2) \cdot D_i}. \tag{110}$$

„Untere kritische Geschwindigkeit", bei der bei abnehmender Geschwindigkeit die Fähigkeit der Flüssigkeit zum „Gleiten" wieder beginnt und die Turbulenz aufhört; daher auch „untere Turbulenz- oder Strömungsgeschwindigkeit" genannt. Für Wasser ist sie

$$\bar{c}_{st} = \frac{1}{278 \cdot (1 + 0{,}0336 \cdot t + 0{,}000\,221 \cdot t^2) \cdot D_i}, \tag{111}$$

also etwa $1/_6$ bis $1/_7$ von $\bar{c}_g \cdot D_i$ ist in m einzusetzen. Allgemein fand Reynolds die kritische Geschwindigkeit proportional der absoluten — sogenannten „kritischen Reynoldsschen" Zahl $\Re$, der Zähigkeitszahl η und umgekehrt proportional der Dichte $\varrho = \dfrac{\gamma}{g}$ (γ spezifisches Gewicht der Flüssigkeit, g Beschleunigung der Erdschwere, also für Wasser $\varrho = \dfrac{\gamma}{g}$ $= \dfrac{1000}{9{,}81} = 102 \ \mathrm{kg \cdot sec^2/m^4}$) und dem Rohrdurchmesser D_i zu

$$\bar{c}_k = \frac{\Re \cdot \eta}{\varrho \cdot D_i}. \tag{112}$$

mit

$$\eta = \frac{0,0001832}{(1 + 0,0336 \cdot t + 0,000221\, t^2)} \quad \text{in kg·sec/m}^2 \qquad (113)$$

kommt durch Gleichsetzen von Gleichung (110) und Gleichung (111) $\Re = \text{rd. } 2000$, während Reynolds an der unteren Grenze fand $\Re = 1000$ bis 1200.

Die Reynoldssche Zahl $\Re$ entspricht den Beziehungen:

$$\Re = \bar{c} \cdot \frac{D_i \cdot \varrho}{\eta} = \bar{c} \cdot \frac{D_i \cdot \gamma}{\eta \cdot g} = \bar{c} \cdot \frac{D_i}{\nu}, \qquad (114)$$

worin $\nu = \dfrac{\eta}{\varrho}$ die kinematische Zähigkeit in m²/sec, $\varrho = \dfrac{\gamma}{g}$ die Dichte in kg·sec²/m⁴, D_i in m und c in m/sec, η in kg·sec/m², γ in kg/m³, g in m/sec² einzusetzen ist. Bei 10° C ist für Wasser $\eta = 0,000133$ kg·sec/m², $\nu = 1,307 \cdot 10^{-6}$ m²/sec.

Einen noch etwas anderen Einblick in das Wesen der kritischen Geschwindigkeit gibt die Betrachtung unter dem Gesichtspunkt der endlichen Störungen, die eines der Verfahren bei theoretischen Untersuchungen über das Turbulenzproblem bilden. Danach ergibt sich, daß bei unendlich kleinen Störungen die Laminarströmung immer stabil ist. Erst größere Rauhigkeit der Wände oder der Hauptströmung in ungeeigneter Weise überlagerte Störungsströmungen (Ansätze, Abzweigungen) vermögen größere Störungen und damit größere Wirbel hervorzubringen, durch welche die Laminarströmung gestört und damit labil wird. Die Stabilität ist um so kleiner, je größer die Reynoldssche Zahl $\Re$ ist; „also gibt es — sagt Max Jakob[1]) — keine bestimmte kritische Zahl, sondern sie hängt von der Größe der Störung ab". Dem widerspricht L. Schiller[2]), indem er als kritische Zahl diejenige bezeichnet, bei welcher auch beliebig große Störungen unter Voraussetzung einer genügend großen Anlaufstrecke von $\sim 130 \cdot D_i$ keine Turbulenz mehr hervorrufen. Diese Zahl ist nach L. Schiller für Wasser $\Re_k = 1160$. Zu jeder Reynoldsschen Zahl oberhalb 1160 gehört ein ganz bestimmter Störungsbetrag, der erforderlich ist; um die Turbulenz hervorzurufen. Je höher die Reynoldssche Zahl ist, eine um so geringere Störung reicht hierzu aus. Gegen kleinere Störungen ist jeweils Stabilität der Laminarströmung vorhanden. Unterhalb der kritischen Zahl $\Re_k = 1160$ ist die Laminarströmung gegen noch so große Störungen stabil. Dort ist keine „turbulente" Strömung möglich; etwa vorhandene Wirbel werden bei genügender Beruhigungsstrecke stets verschwinden. (Größtes $\Re_k = 25500$ erreichte Eckmann [Schiller, l. c.]).

---

[1]) Max Jacob, „Das Turbulenzproblem", Z. V. d. I. 1921, S. 876.
[2]) L. Schiller, „Experimentelle Untersuchungen zum Turbulenzproblem", Z. f. angew. Mathematik und Mechanik, 1921, S. 436.

Abb. 104 gibt in einem λ, $\Re$-Diagramm (s. u.) charakteristische Übergänge von laminarer zu turbulenter Strömung für verschiedene Reynoldssche Zahlen nach L. Schiller (die Versuchsmeßpunkte sind hier nicht eingetragen). Die Abweichungen von der laminaren Geraden führt Schiller auf noch vom Einlauf her stammende, noch nicht völlig abgedämpfte Störungen zurück.

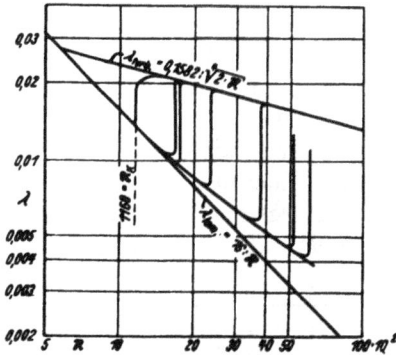

Abb. 104. Logarithmisches λ, $\Re$-Diagramm für laminar-turbulenten Übergang.

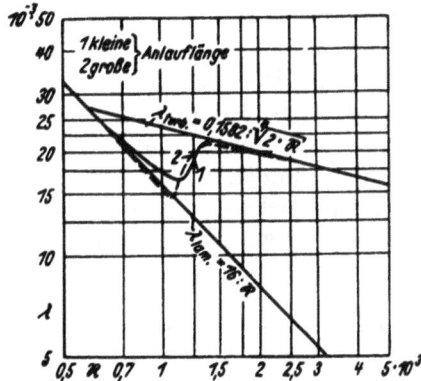

Abb. 105. Logarithmisches λ, $\Re$-Diagramm für laminar-turbulenten Übergang bei sehr starker Störung.

Demgegenüber ist Abb. 105 von Interesse, welche den laminar-turbulenten Übergang für eine sehr starke Störung am Einlauf kennzeichnet. Die Übergangskurve liegt in diesem Falle schräg. Die Kurve für die näher am Einlauf befindliche Meßstrecke läßt schon von kleinen $\Re$-Werten ab die charakteristische Abweichung von der laminaren Geraden bei ungenügender Anlauflänge erkennen.

Geschwindigkeitsverteilung bei turbulenter Strömung. Energieinhalt des Wassers.

Bernoullisches Theorem: Beziehung zwischen Ortshöhe $\mathfrak{H}$ (geodätisch zu bestimmen), örtlicher Druckhöhe h (Bestimmung durch Piezometerrohre), Geschwindigkeit c und Druckhöhenverlust h_w vom Rohranfang bis zu irgendeinem Punkt der Rohrleitung. Für zwei beliebige Punkte (Index 1 und 2) der Rohrleitung ist:

$$\mathfrak{H}_1 + h_1 + \frac{c_1^2}{2 \cdot g} + h_{w1} = \mathfrak{H}_2 + h_2 + \frac{c_2^2}{2 \cdot g} + h_{w2}$$

$$= \mathfrak{H} + h + \frac{c^2}{2 \cdot g} + h_w = \text{constans}. \qquad (115)$$

Statische Niveaulinie bezeichnet den Spiegel des ruhenden Wassers. Energielinie ist die um die Geschwindigkeitshöhe, bzw. bei wechselnder Geschwindigkeit um die Geschwindigkeitshöhendifferenzen erniedrigte

statische Niveaulinie. Die Drucklinie erhält man durch Absetzen der
jeweiligen Druckhöhenverluste von der Energielinie; sie ist die Verbin-
dungslinie der Wasserspiegel beliebig vieler an der Rohrleitung angeschlos-
sener Piezometerrohre (Abb. 106).

Der Begriff der Energielinie kommt technisch nur für den Gesamt-
querschnitt in Betracht. Dagegen lehrt die Tatsache, daß die Geschwindigkeit des Wassers in jedem einzelnen Querschnittspunkt eine andere
sein kann, daß auch der Energieinhalt der verschiedenen Wasserfäden
oder Stromlinien ein verschiedener sein muß. Der Energieinhalt des
Wassers über den ganzen Rohrquerschnitt ergibt sich als das Flächen-
integral des Energieinhalts der einzelnen Stromlinien über den ganzen
Rohrquerschnitt. Dieses Energieintegral, dessen Mittelwert wir mit
$\overline{c^2} : 2 \cdot g$ bezeichnen wollen im Gegensatz zu der Energie $\bar{c}^2 : 2 \cdot g$ der mittleren Wassergeschwindigkeit, ist nun mit letzterer nicht identisch, son-
dern ihr Betrag weicht von dieser etwas ab, so daß wir tatsächlich mit

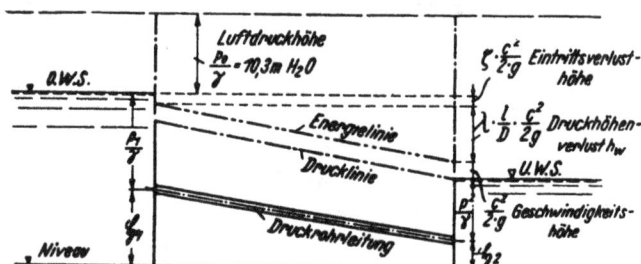

Abb. 106. Energie- und Drucklinie bei Gegendruck.

einem gewissen Fehler rechnen, wenn wir die Energielinie aus dem Quadrat der mittleren Geschwindigkeit statt aus dem mittleren Geschwindigkeitsquadrat berechnen. Bei nicht gleichmäßiger Geschwindigkeitsverteilung im Wasserquerschnitt ist die aus dem Quadrat der mittleren
Geschwindigkeit gerechnete Geschwindigkeitshöhe $\bar{c}^2 : 2 \cdot g$ stets kleiner
als die aus dem mittleren Geschwindigkeitsquadrat gerechnete $\overline{c^2} : 2 \cdot g$.
Die hieraus sich ergebenden Energieunterschiede können recht erheblich
sein, wenn die Geschwindigkeitsverteilung starke Unterschiede aufweist,
so z. B. bei laminarer Strömung mit Geschwindigkeitsverteilung nach
dem gemeinen Rotationsparaboloid bei kreisrundem Rohrquerschnitt
(Poiseuilsches Gesetz). Inwieweit diese Energiedifferenz prozentual an
dem Gesamtbetrag der Energie ins Gewicht fällt, hängt wesentlich von
dem Gesamtgefälle sowie von der Wassergeschwindigkeit, also dem in
Geschwindigkeit umgesetzten Gefälleteil ab. Demgemäß wird sich dieser
Einfluß in der Mündung einer Peltondüse, in der das gesamte Druckgefälle in kinetische Energie umgesetzt ist, in voller Größe auswirken,
während der prozentuale Anteil dieser Energiedifferenz an dem Gesamt-

gefälle innerhalb der Rohrzuleitung zu dieser Düse nur gering ist wegen der dort noch geringen Wassergeschwindigkeit und dem dort noch überwiegenden Anteil der potentiellen Energie. — Bei größeren, turbulenter Strömung entsprechenden Rohrdurchmessern und Wassergeschwindigkeiten ist der Unterschied der nach den besagten zwei verschiedenen Methoden berechneten Energiebeträge nicht so sehr erheblich, doch sei im folgenden der Einfluß der verschiedenartigen Berechnung rechnerisch festgestellt.

Wir schreiben zu diesem Zweck die tatsächliche Bewegungsenergie E_b mit einem Faktor χ des Quadrates der mittleren Geschwindigkeit. der stets größer als 1 ist, zu

$$E_b = \overline{c^2} : 2 \cdot g = \chi \cdot \bar{c}^2 : 2 \cdot g , \qquad (116)$$

so daß die Beziehung (115) nunmehr lautet:

$$\mathfrak{H}_1 + h_1 + \chi \cdot \frac{\bar{c}_1^2}{2 \cdot g} + h_{w1} = \mathfrak{H}_2 + h_2 + \chi \cdot \frac{\bar{c}_2^2}{2 \cdot g} + h_{w2}$$

$$= \mathfrak{H} + h + \chi \cdot \frac{\bar{c}^2}{2 \cdot g} + h_w = \text{constans.} \qquad (117)$$

Die rechnerische Bestimmung von χ geschieht nach folgender Überlegung[1]):

In einem Flächenelement df (Abb. 107) mit Geschwindigkeit c fließt eine Wassermenge $dQ = c \cdot df$ mit der Bewegungsenergie

$$\frac{dQ \cdot \gamma}{g} \frac{c^2}{2} = \frac{df \cdot \gamma}{2 \cdot g} \cdot c^3 . \qquad (118)$$

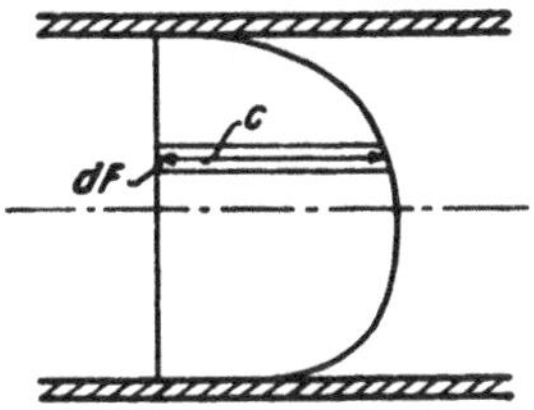

Somit ist die Energie der Bewegung

$$E_b = \frac{\gamma}{2 \cdot g} \cdot c^3 \cdot df . \qquad (119)$$

Abb. 107. Berechnung von χ.

Aus der mittleren Geschwindigkeit $\frac{\int c \cdot df}{f}$ folgt die zu kleine Energie

$$E_{b'} = \frac{Q \cdot \gamma}{2 \cdot g} \cdot \left(\frac{\int c \cdot df}{f} \right)^2 = \frac{\int c \cdot df}{2 \cdot g} \cdot \left(\frac{c \cdot df}{f} \right)^2 ,$$

somit ist

$$\chi = \frac{E_b}{E_{b'}} = \frac{\int c^3 \cdot df}{\int c \cdot df \cdot \left(\frac{\int c \cdot df}{f} \right)^2} = \frac{f^2 \cdot \int c^3 \cdot df}{(\int c \cdot df)^3} . \qquad (120)$$

Zur Ausführung der Integration ist notwendig, daß die Geschwindigkeitsverteilung über den Querschnitt bekannt ist. Sie müßte im einzelnen Fall durch unmittelbare Messung mittels dynamischer Druck-

---

[1]) Nach R. Cammerer, „Vorlesungen über Wasserturbinen".

röhren (Pitot-Röhren) bestimmt werden. Da aber viele Querschnitte sich hierin ähnlich verhalten, wird man der Wirklichkeit schon näher kommen, wenn χ auch nur für ein typisches Beispiel festgestellt wurde.

Häufig kann die betreffende Abhängigkeit durch ein Parabel oder durch ein Paraboloid zweiter oder höherer Ordnung ersetzt werden, wobei (s. Abb. 108)

$$c = b - \frac{x^m}{p^{m-1}}. \tag{121}$$

In dem einfachsten Fall, in dem die Geschwindigkeitsverteilung in einem Rohr dem gemeinen Paraboloid ($m = 2$) entspricht (laminare Strömung), erhalten wir mit

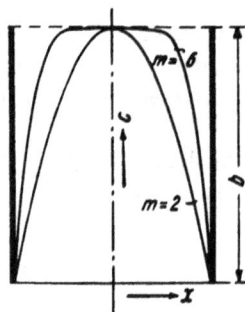

Abb. 108. χ für die Parabel mit $m = 2$.

$$c_{max} = b$$

$$\frac{D_i}{2} = a = \sqrt{p}$$

$$c = b - \frac{b \cdot r^2}{a^2} \quad \text{und} \quad df = 2 r \cdot \pi \cdot dr,$$

$$\chi = \frac{f^2 \cdot \int\limits_0^a 2 \cdot r \cdot \pi \cdot dr \cdot \left(b^3 - 3 \cdot b^3 \cdot \frac{r^2}{a^2} + b^3 \cdot \frac{r^4}{a^4} - b^3 \cdot \frac{r^6}{a^6}\right)}{\left(\int\limits_0^a 2 \cdot r \cdot \pi \cdot dr \cdot \left(b - b \cdot \frac{r^2}{a^2}\right)\right)^3}$$

$$= \frac{f^2 \cdot 2 \cdot \pi \cdot \left(\frac{1}{2} \cdot a^2 - \frac{3}{4} \cdot a^2 + \frac{3}{6} \cdot a^2 - \frac{1}{8} \cdot a^2\right)}{8 \cdot \pi^3 \cdot \left(\frac{1}{2} \cdot a^2 - \frac{1}{4} \cdot a^2\right)^3} = 2, \tag{122}$$

d. h. die mittlere Energie ist in diesem Falle doppelt so groß als die Energie der mittleren Geschwindigkeit.

Eine solche Geschwindigkeitsverteilung findet man allerdings nur unterhalb der kritischen Geschwindigkeit (vgl. oben), was in der Technik nur selten vorkommt.

Bei den in der Technik im allgemeinen vorhandenen turbulenten Strömung weicht die Geschwindigkeitsverteilung von der quadratischen Parabel meist wesentlich ab, die Geschwindigkeitsverteilungslinie verläuft wesentlich flacher (vgl. Abb. 107). R. Cammerer ermittelte aus der Gleichung

$$\chi = \frac{f^2 \cdot \sum c^3 \cdot \varDelta f}{(\sum c \cdot \varDelta f)^3} \tag{123}$$

durch punktweise Berechnung der χ für ein 48''-Gußrohr in drei Fällen die Werte $\chi = 1{,}046$, $1{,}047$ und $1{,}14$; und schlägt demgemäß vor, bis auf weiteres die mittlere kinetische Energie in einer Rohrleitung um 5% höher zu veranschlagen ($\chi = 1{,}05$) als sie sich aus der Energie der mittleren Geschwindigkeit berechnet[1]).

Neuere Untersuchungen über die Geschwindigkeitsverteilung führen tiefer in das vorliegende Problem. Leider verbietet der beschränkte Umfang dieser Schrift, hierauf näher einzugehen; wir müssen uns vielmehr darauf beschränken, auf die grundlegenden klassischen Arbeiten von Professor Prandtl-Göttingen über die Randschichten (Grenzschichten) strömender Flüssigkeiten und die von ihm gegebene Grenzschichttheorie hinzuweisen. Von dieser wird angenommen, daß bei turbulenter Strömung durch das Festhalten der an der Rohrwand anhaftenden Schicht schon in geringem Abstand von der Wand die Schubfestigkeit τ des Wassers überschritten wird, so daß dort ein Abreißen der inneren Kernschichten von den äußeren Randschichten eintritt. (Überschreiten der „Fließgrenze" nach der Terminologie der Festigkeitslehre.) In den inneren Kernschichten stellt sich demnach eine von der Rohrachse nach den Rohrwänden zu abnehmende Geschwindigkeitsverteilung ein. Für die Randschichten dagegen ergeben sich infolge der Ablenkungen der Wasserteilchen an den Wandrauhigkeiten spiralförmige, in den verschiedensten Richtungen durcheinanderlaufende Stromfäden („Flechtströmung"). Nach Biel[2]) bildet sich bei entsprechend großer Rauhigkeit an der Wand eine dünne Schicht von Totwasser. Der Grad der absoluten und der relativen (im Verhältnis zum Rohrdurchmesser) Wandrauhigkeit beeinflußt also die Turbulenz, bei abnehmender Rauhigkeit wird dieser Einfluß verschwindend klein, so daß Rohre, bei welchen die Erhebungen in der Rohrwand $\geqq 30 \cdot D_i \cdot \Re^{-\frac{3}{4}}$ sind, als hydraulisch glatt bezeichnet werden können.

Die Prandtlsche Grenzschichttheorie hat zu dem wichtigen Prandtl-v. Kármánschen „Siebtel"-Gesetz[3]) geführt. Danach kann, wenn a eine Konstante, y den Abstand von der Wand bedeutet, die Geschwindigkeit in einem beliebigen Punkt des Rohrquerschnitts gesetzt werden

$$c = a \cdot y^{\frac{1}{7}}. \tag{124}$$

Demzufolge gibt Betz-Göttingen[4]) die symmetrisch zur Rohrachse ver-

---

[1]) Th. Rehbock („Betrachtungen über Abfluß, Stau- und Walzenbildung bei fließenden Gewässern usw.", 1917, S. 6) findet für mittlere natürliche Wasserläufe im Mittel etwa $\chi = 1{,}09$. Ausführliches Zahlenmaterial für die richtige Einschätzung von χ bei verschiedenen Geschwindigkeitsverteilungen liegt heute noch nicht vor.

[2]) R. Biel, „Strömungswiderstand in Rohrleitungen", in Techn. Mechanik, Sonderheft der Z. V. d. I. 1925.

[3]) S. v. Kármán, „Über laminare und turbulente Reibung", Z. angewandte Mathematik und Mechanik, Bd. I, 1921, S. 233.

[4]) Hütte, 25. Aufl., Bd. I, S. 350.

laufende Geschwindigkeitsverteilung in Rohren (Beharrungszustand in einer längeren geraden Rohrstrecke) nach Th. v. Kármán für glatte und mäßig rauhe Rohre zu.

$$c = 1{,}19 \cdot \overline{c} \cdot \left[1 - \left(\frac{r}{r_i} \right) 1{,}25 \right]^{\frac{1}{i}} \tag{125}$$

an, die im allgemeinen Aufbau mit der allgemeineren von Prášil-Zürich[1])

$$c = c_0 \cdot \left[1 - \left(\frac{r}{r_i} \right)^2 \right]^{\frac{1}{n}} \tag{126}$$

übereinstimmt. Darin bedeutet c_0 die größte, in der Rohrachse liegende Wassergeschwindigkeit $r_i = \frac{1}{2} D_i$ den Radius des Rohres, r den Abstand der veränderlichen Wassergeschwindigkeit c von der Rohrachse und n einen Exponenten. Dabei gibt Prášil den Wert von n zu 4 an, während andere Autoren demselben die Größe 6, 7, 8 und 12 beilegen. Daß $n = 4$ einen unteren Grenzwert bedeute, der in praktischen Fällen bereits kaum mehr vorkommt, solchen vielmehr jeder beliebige Wert von n zwischen 5 und 12 entsprechen könne, nimmt Ott-Kempten auf Grund von Vergleichen mit Messungsergebnissen der Praxis an. Er äußert sich sogar dahin, daß die Geschwindigkeitskurven in der Nähe der Wand oft den Werten $n = 5$ bis 10, in der Mitte des Rohres Werten $= 10$ bis 20 entspreche, bemerkt jedoch, daß solche Verschiedenheiten des Wertes n bei ein und derselben Geschwindigkeitsverteilung wohl dadurch zu erklären sei, daß der Meßquerschnitt nicht genügend weit vom Rohreinlauf entfernt und daß eine endgültige Geschwindigkeitsverteilung noch nicht erreicht sei.

Mittels der Beziehung (126) läßt sich nun der Wert χ analog zu Gleichung (123) in allgemeiner Form darstellen durch

$$\chi = \frac{\int c^2 \cdot dq}{\overline{c}^2 \cdot \int dq} = \frac{\int 2 \cdot r \cdot \pi \cdot c^3 \cdot dr}{\overline{c}^2 \cdot \int 2 \cdot r \cdot \pi \cdot c \cdot dr} = \frac{n}{n+3} \cdot \left(\frac{n+1}{n} \right)^3 \tag{127}$$

und Ott findet[2]) durch Auswertung dieser Gleichung die in untenstehen-

---

[1]) Gleichung (126) ist ein Sonderfall der allgemeinen Beziehung (s. v. Kármán a. a. O., S. 240³1)

$$c = c_0 \cdot \left(1 - \left(\frac{r}{r_i} \right)^n \right)^{\frac{1}{7}}, \tag{128}$$

wobei die Veränderlichkeit des Exponenten n zwischen $n = 1$ und $n = 2$ fast das ganze Gebiet der durch Messungen ermittelten Geschwindigkeitsverteilung deckt. Aus dem Umstand, daß dem Exponenten $n = 1$ ein Verhältnis $\overline{c} : c_0 = 0{,}816$, $n = 1{,}25$ dagegen $\overline{c} : c_0 = 0{,}838$ und $n = 2$ der Wert $\overline{c} : c_0 = 0{,}875$ entspricht, daß ferner die zuverlässigsten Messungen (insbesondere von F. E. Stanton (Proceedings of the Royal Society of London, Bd. 85, 1911, S. 369) $\overline{c} : c_0 = 0{,}84$ liefern, schließt v. Kármán, daß $n = 1{,}25$ bis 2 die Verhältnisse ziemlich genau wiedergibt.

[2]) Wasserkraftjahrbuch 1924, S. 267.

der Zahlentafel angegebenen Werte, also im Mittel etwa 1,045, ein Wert, der von dem von Camerer für den Gebrauch in der Ingenieurpraxis vorgeschlagenen nicht sehr abweicht.

Die Ottschen Untersuchungen geben im ganzen einen guten Einblick in die Geschwindigkeitsverteilung in Rohren und lassen einige wichtige Folgerungen hieraus zu. Es verdient zunächst hervorgehoben zu werden, daß die axiale Geschwindigkeit c_0 relativ um so größer ist, je kleiner der Exponent der Gleichung (126). Es kommt z. B. für $n = 1$

$$c = c_0 \cdot \left(1 - \left(\frac{r}{r_i}\right)^2\right), \qquad (129)$$

d. h. eine rein parabolische Beziehung zwischen c und r, so wie sie vom Poiseuilschen Gesetz her bekannt ist. In Abb. 109 sind Geschwindigkeits- und Wassermengenkurven für verschiedene n-Werte nach Gleichung (126) berechnet bei gleicher mittlerer Wassergeschwindigkeit $\bar{c} = 1$ eingetragen. Die Abb. 109 enthält ferner die beiden kritischen Parabeln ($n = 1$) für die „obere Gleitgrenzgeschwindigkeit" $\bar{c}_g$ und für die „untere Strömungsgeschwindigkeit $\bar{c}_{St}$ als mittleren Geschwindigkeiten. Diese beiden Grenzparabeln fallen natürlich nicht unter die für die übrigen dort dargestellten Geschwindigkeitskurven gültigen Bedingungen gleicher mittlerer Wassergeschwindigkeit, sie sind aber unter sich maßstabgerecht, so daß der zwischen den mittleren Geschwindigkeiten der beiden Grenzparabeln liegende Geschwindigkeitsbereich als labil angesehen werden, in demselben die Strö-

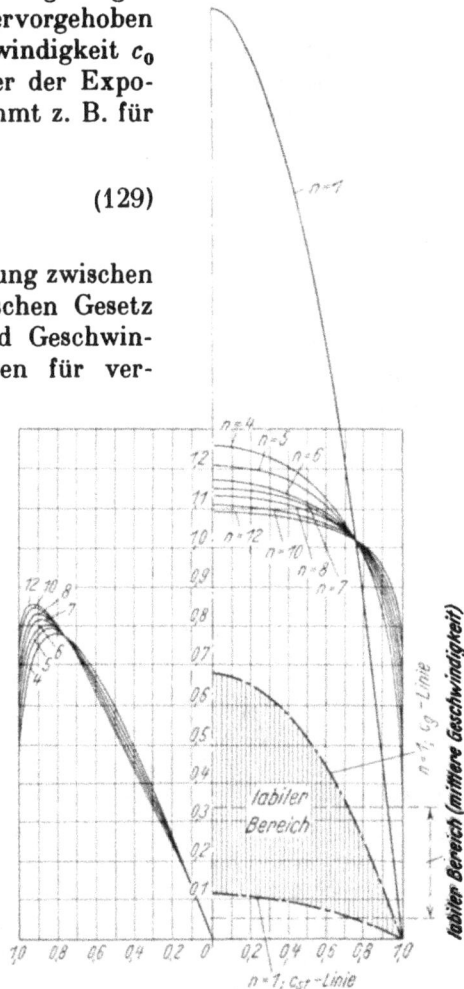

Abb. 109. Ottsche Geschwindigkeitslinien mit konstantem c = 1.

mung also laminar oder turbulent erfolgen kann, je nachdem die betreffende mittlere Geschwindigkeit durch Änderung von der kleineren oder größeren Geschwindigkeit aus erreicht wird. In diesem Sinne kann auch der in der Abb. 109 schraffierte Geschwindigkeitsbereich als labil angesehen werden. Innerhalb dieses labilen Bereichs können also statt der laminaren Geschwindigkeitsparabeln mit $n = 1$ auch turbulente Geschwindigkeitsverteilungen mit $n > 1$ auftreten. Wenn nun Ott angibt, daß $n = 4$ wahrscheinlich einen idealen Grenzfall bedeute, der für die in der Praxis vorkommenden Geschwindigkeitsverteilungen nicht mehr in Betracht komme, so dürfte anzunehmen sein, daß der Übergang von der laminaren zur turbulenten Strömung entsprechend dem labilen Bereich nicht stetig, sondern unstetig, sprungweise erfolgt, indem der Exponent sich sprungweise von $n = 1$ auf $n = > 4$ ändert.

In Abb. 109 ist ferner die zu der Kurvenschar, welche gleiche mittlere Geschwindigkeit aufweist, gehörige Parabel mit $n = 1$ eingetragen, bei welcher c_0 weit größer ist als bei den Geschwindigkeitskurven mit $n = > 4$. Sie kann gegebenenfalls die kritische Parabel für die obere Gleitgrenzgeschwindigkeit, nicht aber diejenige für die untere Strömungsgrenzgeschwindigkeit darstellen.

Ein weiteres wichtiges Ergebnis ist die Tatsache, daß die Geschwindigkeit in einem Abstand von der Rohrwand gleich einem Viertel des Radius nahezu unabhängig von dem im besonderen Falle gültigen Gesetz der Geschwindigkeitsverteilung, also von dem Exponenten n ist. Analytisch ausgedrückt besagt dies:

$$\bar{c} = c_{0,76} \cdot \frac{n}{n+1} \cdot \sqrt[n]{2{,}36} = \text{constans}. \tag{130}$$

Das Verhältnis $\bar{c} : c_{0,76}$ ändert sich in den Grenzen von $n = 5$ und $n = 12$ nur von 0,990 bis auf 0,992, d. h. um 0,2% ($c_{0,76}$ gleich Geschwindigkeit im Radius $r_{0,76} = 0,76 \cdot r_i$). Daher schneiden sich die verschiedenen n-Werten entsprechenden Geschwindigkeitskurven auf der Ordinate $r = 0,76 \cdot r_i$ nahezu in einem Punkt.

Auch das Verhältnis $\bar{r} : r_i$ hält sich annähernd konstant auf dem Betrag 0,78, es schwankt nur zwischen 0,773 bei $n = 5$ und 0,786 bei $n = 12$, d. h. um 0,013 = 1,7%. Der Radius $\bar{r}$ bedeutet dabei diejenige Entfernung von der Rohrachse, in welcher die mittlere Geschwindigkeit $\bar{c}$ tatsächlich gemessen wird.

Von Interesse sind noch die Verhältniszahlen $c : c_0$ und $c : c_s$ für $r : r_i = 0,9900$ bzw. $r : r_i = 0,9990$, da sie ein genaues Auftragen der Geschwindigkeitskurve auch in der Nähe der Wand möglich machen. c_s bedeutet dabei die Geschwindigkeit im Radius r_s, bei welchem das Produkt $r \cdot c$ ein Maximum wird, die Wassermengenkurve $Q = \int_0^{r_i} 2 \cdot r \cdot \pi \cdot c \, dr$ somit eine horizontale Tangente hat. Die Werte sind, zusammen mit noch einigen anderen, in der folgenden Zahlentafel wiedergegeben.

Nr.	Allgemeine Formel	$n=1$	$n=5$	$n=6$	$n=7$	$n=8$	$n=9$	$n=10$	$n=12$
1	$\dfrac{\bar{c}}{c_0} = \dfrac{n}{n+1}$	0,500	0,833	0,857	0,857	0,889	0,900	0,909	0,923
2	$\dfrac{\bar{c}}{c_{0,76}} = \dfrac{n}{n+1} \cdot \sqrt[n]{2,36}$	1,18	0,990	0,991	0,990	0,990	0,991	0,991	0,992
3	$\dfrac{\bar{c}}{c_s} = \dfrac{n}{n+1} \sqrt[n]{\dfrac{n+2}{2}}$	0,75	1,071	1,079	1,084	1,088	1,088	1,087	1,086
4	$\dfrac{\bar{r}}{r_i} = \sqrt{1-\left(\dfrac{n}{n+1}\right)^n}$	0,706	0,773	0,777	0,779	0,781	0,783	0,784	0,786
5	$\dfrac{r_s}{r_i} = \dfrac{n}{n+2}$	0,577	0,845	0,866	0,882	0,894	0,904	0,913	0,926
6	$\dfrac{c}{c_0}$ für $\dfrac{r}{r_i} = 0,9900$	0,02	0,457	0,521	0,571	0,613	0,647	0,676	0,722
7	$\dfrac{c}{c_0}$ für $\dfrac{r}{r_i} = 0,9990$	0,002	0,288	0,355	0,411	0,461	0,501	0,537	0,596
8	$\dfrac{c}{c_s}$ für $\dfrac{r}{r_i} = 0,9900$	0,03	0,587	0,658	0,708	0,750	0,784	0,809	0,848
9	$\dfrac{c}{c_s}$ für $\dfrac{r}{r_i} = 0,9990$	0,003	0,371	0,449	0,510	0,563	0,607	0,642	0,701
10	$\chi = \dfrac{n}{n+3}\left(\dfrac{n+1}{n}\right)^3$	2,000	1,080	1,059	1,045	1,036	1,029	1,024	1,017

Exponenten $n = 20$ bis 100 und darüber entsprechen etwa der Geschwindigkeitsverteilung in Düsen und bei Ausfluß. Der Beiwert χ wird dann für

$$n = 20 \quad \chi = 1,0066 \quad (\text{rd.} = 1,007),$$
$$n = 50 \quad \chi = 1,0016 \quad (\text{rd.} = 1,002),$$
$$n = 100 \quad \chi = 1,00028 \quad (\text{rd.} = 1,0003).$$

Die Werte dieser Tabelle können wie folgt benutzt werden, um zu einer aufgezeichneten — etwa durch Wassermessung gefundenen — Geschwindigkeitskurve den Exponenten n zu ermitteln:

Sofern $\bar{c}$ bereits ausgewertet ist, folgt n aus Zeile 1 der Tafel zu:

$$n = \frac{\bar{c} : c_0}{1 - \bar{c} : c_0}, \tag{131}$$

sofern man aber $\bar{c}$ noch nicht kennt, wie dies unmittelbar nach dem Auftragen der Geschwindigkeitskurve stets der Fall ist, folgt aus Zeile 5 der Tabelle:

$$n = 2 \cdot \frac{(r_s : r_i)^2}{1 - (r_s : r_i)^2}. \tag{132}$$

Die Berechnung von n dient dann insbesondere dazu, auch bei durch Wassermessung festgestellten Geschwindigkeitskurven die Geschwindigkeitskurve in der Nähe der Rohrwand genau aufzeichnen zu können, da dieser Teil der Geschwindigkeitskurve mit den für praktische Zwecke benutzten Meßverfahren im allgemeinen nicht ausgemessen werden kann, jedoch wegen der anteilig großen Wasserführung der äußeren Schichten (s. Wassermengenkurven der Abbildung 109) für die Ermittlung der Wassermenge von großer Wichtigkeit sind. Zur rechnerischen Bestimmung dienen nun die Zeilen 6 bis 9 der Tabelle, da diese für Entfernungen von $^1/_{100}$ bzw. $^1/_{1000}$ von r_i von der Rohrwand das Verhältnis der Wassergeschwindigkeit zu der bereits bekannten c_s bzw. c_0 angeben.

Es sei noch auf den Unterschied der von Camerer benutzten Gleichung (121) (Geschwindigkeitsverteilung nach Paraboloiden zweiter oder höherer Ordnung) und der Prášilschen Gleichung (126) hingewiesen, welch letztere mit $n = 1$ mit der von Camerer benutzten Gleichung für $m = 2$ identisch wird.

Einen neuen Weg beschreitet H. Lorenz-Danzig in der theoretischen Behandlung der Turbulenzkurve[1]), indem er annimmt, daß die Fläche der Geschwindigkeitsverteilung im Rohr nahezu trapezförmige Gestalt habe, wobei nur die unparallelen Trapezseiten durch Parabeln ersetzt sind, wie wir sie von der Geschwindigkeitsverteilung der laminaren Strömung her kennen. Dabei erfüllt die konstante Geschwindigkeit (entsprechend den parallelen Trapezseiten) den ganzen Kern der Strömung, während die quadratisch-parabolische Geschwindigkeitsverteilung nur für die Randschichten gilt. Lorenz beschreibt also die turbulente Strömung als eine Überlagerung einer fortschreitenden Haupt- und Kernströmung und einer wirbelnden Bewegung der Randschichten. Daß Lorenz mit dieser Annahme den tatsächlichen Verhältnissen sehr nahe kommt, geht daraus hervor, daß Lorenz zu sehr guter Übereinstimmung der theoretisch ermittelten Turbulenzkurve (Zusammenhang der λ und $\Re$, in der Regel $\lambda \cdot \Re$ in Funktion von $\Re$) mit zahlreichen Versuchswerten kommt.

In der Tat haben praktische Geschwindigkeitsmessungen in Rohren bisher stets zu einer Geschwindigkeitslinie geführt, die im Kern einer mehr oder weniger abgeflachten Parabel (Parabel höherer Ordnung) entspricht, während sie am Rand steil auf den Wert Null abfällt. Dabei mag zutreffen, daß die Rohrwand nicht Tangente an die Geschwindigkeitskurve ist, sondern daß die Geschwindigkeitskurve auch bei $c = 0$ mit einem gewissen Winkel gegen die Rohrwand trifft, welcher dem Winkel der Tangente der Randparabel mit der Rohrwand entspricht, wie dies auch R. Biel[2]) annimmt.

Wie sehr es nun gelingen mag, rein mathematische Beziehungen für die Geschwindigkeitsverteilung in Rohren mit den tatsächlichen Ver-

---

[1]) H. Lorenz, „Parallelströmung und Turbulenz im Kreisrohr", in Technische Mechanik, Sonderheft der Zeitschrift des V. d. I., 1925.
[2]) R. Biel, „Strömungswiderstand in Rohrleitungen", in Technische Mechanik, Sonderheft der Zeitschrift des V. d. I., 1925.

hältnissen in Einklang zu bringen, so werden sich bei praktischen Messungen doch stets kleine Abweichungen hierin ergeben, die in gewissen stets möglichen Zufälligkeiten und Unregelmäßigkeiten in Form und Rauhigkeit des Rohres begründet sind. Insbesondere wird völlige Symmetrie der Geschwindigkeitsverteilung zur Rohrachse kaum jemals vorhanden sein. Diese Erscheinungen der Asymmetrie in der Geschwindigkeitsverteilung in Rohren sind jedoch zu unterscheiden von denjenigen, die sich aus kleinen Änderungen der Wassermenge während der Geschwindigkeitsmessung an den einzelnen Punkten des Rohrquerschnitts ergeben und die vorübergehender Natur sind, während erstere dauernde Erscheinung und in ihrer Art, wenn auch nicht in ihrer Größe, unabhängig sind von etwaigen zeitweiligen Änderungen der durch das Rohr fließenden Wassermenge. Durch diese zeitlichen Unregelmäßigkeiten erklärt sich insbesondere die häufig beobachtete Tatsache, daß bei einer punktweise über einem Durchmesser durchgeführten Geschwindigkeitsmessung in einer Rohrleitung die beiden Hälften der Geschwindigkeitslinie rechts und links der Rohrachse nicht auf der Rohrachse zusammentreffen, wodurch sich eine Differenz der Geschwindigkeit in der Rohrachse zum Zeitpunkt der Messung auf der einen Hälfte und zu demjenigen auf der anderen Hälfte des Durchmessers kennzeichnet.

Druckhöhenverlust.

Der Energiefaktor χ findet in der Ingenieurpraxis im allgemeinen keine Berücksichtigung; es wird einfach mit der mittleren Geschwindigkeit $\bar{c}$ gerechnet, die Energie des strömenden Wassers also zu $\dfrac{\bar{c}^2}{2 \cdot g}$ angenommen. Im folgenden ist daher nur in einigen wenigen Fällen auf den etwaigen Einfluß von χ hingewiesen. Da dann auch die Unterscheidung verschiedener Wassergeschwindigkeiten im Rohrquerschnitt nicht mehr von Interesse ist, wird im folgenden die Bezeichnung $\bar{c}$ für die mittlere Geschwindigkeit durch die einfachere c ersetzt. Auch wird für den Rohrdurchmesser D statt D_i benutzt.

Druckhöhenverlust bei laminarer, schlichter Strömung.

$$P_1 - P_2 = [h_w] = 32 \cdot \eta \cdot c \cdot \frac{l}{D^2} = 32 \cdot \varrho \cdot \nu \cdot c \cdot \frac{l}{D^2}$$

$$= 32 \cdot \frac{\gamma}{g} \cdot \nu \cdot c \cdot \frac{l}{D^2} = 8 \cdot \eta \cdot c \cdot \frac{l}{r^2} \qquad (133)$$

in kg/m²; dazu η in kg·sec/m², c in m/sec, l und D in m, $\varrho = \dfrac{\gamma}{g}$ in kg·sec²/m⁴.

Mit $h_w = [h_w] : \gamma$ kommt in m Wassersäule:

$$h_w = 32 \cdot \frac{\eta}{\gamma} \cdot c \cdot \frac{l}{D^2} = 32 \cdot \frac{\nu}{g} \cdot c \cdot \frac{l}{D^2} . \qquad (134)$$

Der Widerstand des Rohres gegen die Fortbewegung des Wassers in demselben mit der mittleren Geschwindigkeit c, dem die Kraft zum Durchdrücken des Wassers durch das Rohr mit der mittleren Geschwindigkeit c gleichkommen muß, ist für die Rohrquerschnittsfläche $F = \pi \cdot \frac{D^2}{4}$ (in m²).

$$W = F \cdot [h_w] = F \cdot h_w \cdot \gamma = 8 \cdot \pi \cdot \eta \cdot c \cdot l \text{ in kg.} \qquad (135)$$

Widerstandsziffer λ einer Rohrleitung der Widerstandskennwert, welcher durch den Druckabfall $[h_w]$ auf der Rohrstrecke l charakterisiert ist.

$$\lambda = \frac{[h_w] \cdot 2 \cdot g}{c^2 \cdot \gamma} \cdot \frac{D}{l} . \qquad (136)$$

Für laminare Strömung ist somit gemäß Gleichung (133)

$$\lambda = \frac{64 \cdot \eta \cdot g}{c \cdot \gamma \cdot D} = \frac{64}{\Re} \qquad (137)$$

und der Druckhöhenverlust

$$[h_w] = \lambda \cdot \gamma \cdot \frac{l \cdot c^2}{D \cdot 2 \cdot g} = \frac{64}{\Re} \cdot \gamma \cdot \frac{l}{D} \cdot \frac{c^2}{2 \cdot g} \text{ in kg/m}^2, \qquad (138)$$

bzw. in m Wassersäule

$$h_w = [h_w] : \gamma = \lambda \cdot \frac{l}{D} \cdot \frac{c^2}{2 \cdot g} = \frac{64}{\Re} \cdot \frac{l}{D} \cdot \frac{c^2}{2 \cdot g} , \qquad (139)$$

ϱ, ν und η für Wasser können folgender Zahlentafel entnommen werden:

Temperatur	0	10	20	40° C
γ (kg/m³)	1000	1000	998	992
ϱ (kg·sec²/m⁴)	101,9	101,9	101,7	101,1
$10^6 \cdot \eta$ (kg . sec/m²) . .	181	133	102	66,7
$10^6 \cdot \nu$ (m²/sec) bzw. $10^2 \cdot \nu$ (cm²/sec.)	1,78	1,30	1,00	0,659

Druckhöhenverlust bei turbulenter Strömung.[1]

Erste Gruppe von Formeln, welche rein für eine Reibungszahl λ Beziehungen aufstellen, wonach der Druckhöhenverlust in der Form

$$h_w = \lambda \cdot \frac{l}{D} \cdot \frac{c^2}{2 \cdot g} \qquad (140)$$

dargestellt wird.

---

[1] Literatur:

a) M. Jacob und S. Erk, „Der Druckabfall in glatten Röhren und die Durchflußziffer von Normaldüsen" (Mitteilungen aus der physikalisch-technischen Reichs-

Zweite Gruppe von Formeln, die Geschwindigkeitsformeln, vom allgemeinen Aufbau

$$c = a \cdot R^\alpha \cdot J^\beta, \qquad (141)$$

wonach der Druckhöhenverlust selbst

$$h_w = J \cdot l \qquad (142)$$

und das relative hydraulische Gefälle

$$J = h_w : l \qquad (143)$$

ist. l die zu h_w koordinierte Rohrlänge. In diesen Formeln ist der Druckhöhenverlust also implizit enthalten.

Druckhöhenverlust im geraden Rohrstrang von gleichbleibendem Querschnitt.

Die Widerstandszahl ζ gibt den in einem betrachteten Rohrteil entstehenden Druckhöhenverlust als Teil der Geschwindigkeitshöhe an:

$$h_w = \zeta \cdot \frac{c^2}{2 \cdot g}. \qquad (144)$$

Mit Querschnitt F, benetztem Umfang U und hydraulischem Profilradius $R = F : U$ ist der Widerstand W in kg auf der Strecke l

$$W = F \cdot (P_1 - P_2) = F \cdot \gamma \cdot h_w = U \cdot l \cdot \gamma \cdot \frac{c^2}{2 \cdot g}, \qquad (145)$$

somit:

$$h_w = \varrho \cdot l \cdot \frac{U}{F} \cdot \frac{c^2}{2 \cdot g} = \varrho \cdot \frac{l}{R} \cdot \frac{c^2}{2 \cdot g}. \qquad (146)$$

Für die Reibungszahl λ' gilt für beliebigen Querschnitt

$$\zeta = \lambda' \cdot l \cdot \frac{U}{F} = \lambda' \cdot \frac{l}{R}, \qquad (147)$$

somit für Kreisquerschnitt mit $R = F : U = D/4$

$$h_w = 4 \cdot \lambda' \cdot \frac{l}{D} \cdot \frac{c^2}{2 \cdot g} = \lambda \cdot \frac{l}{D} \cdot \frac{c^2}{2 \cdot g} \qquad (148)$$

---

anstalt), Forschungsarbeiten auf dem Gebiet des Ingenieurwesens, Heft 267; auch Z. V. d. I. 1924, S. 581.

b) R. Biel, „Strömungswiderstand in Rohrleitungen", in Technische Mechanik, Sonderheft der Z. V. d. I. 1925.

c) L. Hopf, „Die Messung der hydraulischen Rauhigkeit", Z. f. angewandte Mathematik und Mechanik, 1923, S. 329ff. und K. Fromm, „Strömungswiderstand in rauhen Rohren", ebda. 1923, S. 339ff., bzw. beide Abhandlungen zusammen als 3. Lieferung der Abhandlungen aus dem aerodynamischen Institut der Technischen Hochschule Aachen.

d) Ph. Forchheimer, „Durchfluß des Wassers durch Röhren und Gräben, insbesondere durch Werkgräben großer Abmessungen", Berlin 1920.

und

$$\zeta = \lambda \cdot \frac{l}{D} = 4 \cdot \lambda' \cdot \frac{l}{D}, \qquad (149)$$

somit die Reibungszahl λ des Kreisquerschnitts

$$\lambda = 4 \cdot \lambda', \qquad (150)$$

d. h. gleich dem 4fachen der Reibungszahl λ' für beliebigen Querschnitt.

Neue Jacob-Ercksche Formel für glatte Rohre, für Wassergeschwindigkeiten von $1^1/_4$ bis $5^1/_4$ m/sec und bei Rohrweiten von $D = 99{,}85$ bzw. $D = 70{,}15$ mm bestimmt.

$$\lambda = 0{,}00714 + 0{,}6104 \cdot \left(\frac{c \cdot D}{\nu}\right)^{-0,35}, \qquad (151)$$

$$\lambda = 0{,}00714 + 0{,}6104 \cdot \Re^{-0,35}, \qquad (152)$$

gültig auch für $\Re > 100000$, d. h. für größere mittlere Geschwindigkeiten. Als gute Annäherung hierzu nach Biel:

$$\lambda = 0{,}0103 + \frac{2{,}3}{\sqrt{\Re}}. \qquad (153)$$

Formeln für rauhe Rohre. 1. Langsche Formel. Wichtig für Erstberechnungen in ihren bequemen Näherungsformen. Nach *Lang* ist

$$\lambda = \alpha + \sqrt{\frac{\pi \cdot \nu}{D \cdot c}},$$

für Mittelwerte $\alpha = 0{,}02$ und $\sqrt{\pi \cdot \nu} = 0{,}002$ kommt die bequeme Form

$$\lambda = 0{,}02 + \frac{0{,}002}{\sqrt{c \cdot D}} \qquad (154)$$

und

$$h_w = \left(0{,}1 + \frac{0{,}1}{\sqrt{c \cdot D}}\right) \cdot \frac{l}{D} c^2, \qquad 55)$$

wobei hier — ausnahmsweise — D in cm, dagegen wie sonst l in m und c in m/sec einzusetzen ist. (Damit erreicht man bei beiden Gliedern der Klammer den für das Gedächtnis bequemen Wert 0,1).

2. Formel von Biel[1]). Nach Biel schreiben wir den Druckhöhenverlust an mit

$$h_w = l \cdot c^2 \cdot \frac{U}{F} \cdot \psi' = l \cdot c^2 \cdot \frac{U}{F} \cdot \frac{\psi}{1000}, \qquad (156)$$

bzw. nach Einsetzen des von Biel ermittelten Reibungswertes ψ

---

[1]) R. Biel, „Druckhöhenverlust bei Fortleitung tropfbarer und gasförmiger Flüssigkeiten", Forschungsarbeiten, Heft 44, Berlin 1907 (Auszug Z. V. d. I. 1908, S. 1035) und R. Biel, „Strömungswiderstand in Rohrleitungen", in Technische Mechanik, Sonderheft der Z. V. d. I. 1925, S. 39.

a) für beliebigen Querschnitt:

$$h_w = \frac{1 \cdot c^2}{1000 \cdot R} \cdot \left(0,12 + \frac{f}{\sqrt{R}} + \frac{b \cdot v}{c \cdot \sqrt{R}}\right), \qquad (157)$$

b) für Kreisquerschnitt, für welchen der hydraulische Profilradius

$R = F : U = \pi \cdot D^2 : 4 \cdot \pi \cdot D = \dfrac{D}{4}$ ist,

$$h_w = \frac{l \cdot c^2}{250 \cdot D} \cdot \left(0,12 + \frac{2 \cdot f}{\sqrt{D}} + \frac{2 \cdot b \cdot v}{c \cdot \sqrt{D}}\right) = \psi \cdot \frac{l}{D} \cdot \frac{c^2}{250} = \lambda \cdot \frac{l}{D} \cdot \frac{c^2}{2g}. \qquad (158)$$

wobei die Reibungszahl

$$\lambda = \psi \cdot \frac{2 \cdot g}{250} = 0,0786 \cdot \psi. \qquad (159)$$

In dem Beiwert ψ [Klammerausdruck der Gleichungen (157) und (158)] ist einzusetzen D in m, c in m/sec, v in cm²/sec (v in m²/sec s. Tabelle unter Druckhöhenverlust bei laminarer Strömung); ferner in Gleichung (157) und (158) l und R in m, c in m/sec, um h_w in m Wassersäule zu erhalten.

Von den drei Gliedern von ψ berücksichtigen die Konstante und das zweite Glied den durch die Trägheitskräfte erzeugten Widerstand. Man bezeichnet demgemäß das zweite Glied als Rauhigkeitsglied, während das dritte Glied als Zähigkeitsglied die Zähigkeit der Flüssigkeit berücksichtigt.

Tabelle der Beiwerte f und b:	f	b
I. Glatte Rohre, z. B. gezogene Messingrohre (nicht verdrücktes Bleirohr)	0,0064	0,95
II. Schmiedeeiserne Rohre und Bleche (Walzeisen, verzinktes, glattes oder gestrichenes Eisen und sorgfältig ausgeführtes Gußeisen, gehobeltes oder im Betrieb schleimig gewordenes, sorgfältig gefügtes Holz)	0,018	0,71
III. Gußeisen (neue gewöhnliche Gußrohre, gestampfter Beton und Zementrohr mit Glattstrich, Holzdaubenrohre)	0,036	0,46
IV. Rauhe Bretter (zusammengenagelte, gewöhnlicher Beton, sorgfältig ausgefugte glatte Backsteine)	0,054	0,27
Backsteine (gewöhnliches Ziegelmauerwerk, gehauene Quader, gut gefugte Backsteine, Zementputz)	0,072	0,27
Bruchsteine	0,18	—
Rohe Bruchsteine	0,29	—
Flüsse	0,5	—
,, mit Geröll	0,75	—
,, ,, ,, in starkem Maße	0,9	—
,, ,, grobem Geschiebe	1,06	—

Die Beiwerte f und b des Ausdruckes ψ sind von Biel empirisch ermittelt. Sie finden sich in vorstehender Tabelle[1]) (unter Ergänzung der

---

[1]) R. Biel, „Strömungswiderstand in Rohrleitungen" a. a. O. Die Werte stimmen mit früheren Angaben überein.

Materialbezeichnung nach Camerer eingeklammert) zusammengestellt, wobei der Vollständigkeit halber auch die für Rohre nicht mehr bedeutsamen Werte der höheren Rauhigkeitsgrade (über IV) angegeben sind. Dies ermöglicht einen gewissen Überblick über den Gesamtbereich der Rauhigkeit und des Beiwerts ψ und damit über die Einreihung der Rohre in diesen Gesamtbereich. Weyrauch[1]) ergänzt die Angaben über den Rauhigkeitsbeiwert f für sehr rauhe Wandungen mit bis zu 1,16.

Mit Gleichung (159) erhält man somit nach Biel als Widerstandsziffer λ aus Gleichung (140) und (158) mit den dort gültigen Massen

$$\lambda = 0{,}00942 + \frac{0{,}157 \cdot f}{\sqrt{D}} + \frac{0{.}157 \cdot b \cdot \nu}{c \cdot \sqrt{D}} \tag{160}$$

oder mit D in cm und c in m/sec

$$\lambda = 0{,}00942 + \frac{1{,}57 \cdot f}{\sqrt{D}} + \frac{157 \cdot b \cdot \nu}{c \cdot \sqrt{D}}\,, \tag{161}$$

womit der Druckhöhenverlust in üblicher Weise nach Gleichung (140) zu berechnen ist.

Hier soll noch der besonderen Form Erwähnung getan werden, in welcher Biegeleisen und Bukowski die Bielsche Formel wiedergeben, in welcher sich die Formel insbesondere zur Bestimmung des relativen Rohrgefälles J eignet:

$$J = \frac{h_w}{l} = k_1 \cdot \frac{c^2}{D} + k_2 \cdot \frac{c^2}{D^{1{,}5}} + k_3 \cdot \frac{c}{D^{1{,}5}}\,. \tag{162}$$

Hierin ist zu setzen:

	k_1	k_2	k_3
für schmiedeeiserne Rohre (Rauhigkeit II) .	0,00048	0,000144	0,0000704
für neue gußeiserne Rohre (Rauhigkeit III) .	0,00048	0,000288	0,0000456
für gebrauchte gußeiserne Rohre (Rauhigkeit V).	0,00048	0,000576	0,0000256

3. Formel von Hopf und Fromm[2]). Auf diese soll hier nur aufmerksam gemacht werden, weil dieselbe von neuen Anschauungen über die Grundlagen der Rauhigkeit von Rohren ausgeht, über die — nach Angabe der genannten Autoren — die Akten noch lange nicht geschlossen zu sein scheinen. Abb. 110 enthält eine grundsätzlich vollständige Darstellung der Reibungszahlen λ in Funktion der Reynoldsschen Zahl $\Re$. Dabei gilt die linke λ- und die untere $\Re$-Teilung für kreisrunde Rohre; die rechte λ'- und die obere $\Re'$-Teilung für beliebige Querschnittsform. Die Koordinatenachsen sind logarithmisch geteilt. Darin

---

[1]) W. Weyrauch, „Hydraulisches Rechnen", 4. u. 5. Aufl., 1921, S. 114.
[2]) s. Fußn. [1]) c) S. 137.

findet sich die für laminare Strömung gültige Linie

$$\lambda_{\text{lam.}} = 64 : \Re$$

und der schon von Blasius her bekannte Wert für glatte Rohre bei turbulenter Strömung (mit λ_0 an Stelle von λ)

$$\lambda_0 = \lambda_{\text{turb.}} = 0{,}3164 \cdot \Re^{-0{,}25}, \qquad (168)$$

ein Wert, dessen Richtigkeit heute bestritten wird[1]) und der heute besser durch die Jacob-Ercksche Formel für glatte Rohre ersetzt wird. Oberhalb der λ_0-Linie finden sich in dem bis heute ohne bstimmte Grenze nach oben und rechts sich erstreckenden Diagrammraum weitere Werte von λ für turbulente Strömung, wobei Rohren bestimmter Rauhigkeit bestimmte Kurvenzüge entsprechen, die teils geradlinig, teils gekrümmt, teils gekrümmt (bei kleinen $\Re$-Werten) mit anschließendem horizontalem

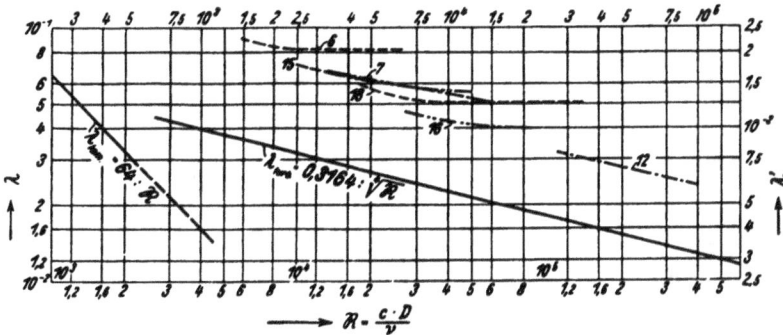

Abb. 110. λ, R-Diagramm nach Fromm.

Ast verlaufen. Die Kurven für rauhe Rohre sind meist Gerade oder leicht gekrümmte Linien in horizontaler oder der λ_0-Geraden für glatte Rohre annähernd parallelen Lage. Hopf und Fromm geben für die λ-Kurven, bei welchen sich λ mit abnehmendem $\Re$ der Widerstandsziffer λ_0 bei glattem Rohr nähert, die Bezeichnung Rauhigkeit erster Art, dagegen für die anderen λ'-Kurven, welche der λ_0-Linie parallel laufen, die Bezeichnung Rauhigkeit zweiter Art. Die Zusammenfassung der Versuchsergebnisse unter einen gemeinsamen analytischen Ausdruck ist für jede der beiden Arten möglich[2]). Im ganzen ist aber wichtig, daraus zu erkennen, daß es offenbar zwei Arten von turbulenter Strömung bei rauher Wand gibt, deren Gesetzmäßigkeit indes bis heute nicht erkannt werden konnte. Ihre Zusammenfassung etwa als Kurvenschar mit veränderlichem Parameter erweist sich daher bis heute als unmöglich.

---

[1]) Lorenz, Rezension der 25. Aufl. des I. Bandes der „Hütte" in Z. V. d. I. 1926, S. 482.

[2]) Taschenbuch der „Hütte".

4. **Formel von v. Mises.** Von weiteren Formeln für rauhe Rohre sei nur noch diejenige von v. Mises[1]) genannt, die besonders wertvoll ist, weil sie durch Einführung der relativen Rauhigkeit ϱ sich auf Wandungen von verschiedener Rauhigkeit anwenden läßt. Sie lautet allgemein:

$$\lambda = 0,0096 + 4 \cdot \sqrt{\varrho} + 1,7 \cdot \sqrt{\frac{\nu}{c \cdot D}} \qquad (164)$$

und speziell für Wasser von 20° C mit $\nu = a \cdot 10^{-6}$ m²/sec (s. Tabelle S. 136)

$$\lambda = 0,0096 + 4 \cdot \sqrt{\varrho} + \frac{0,0017}{\sqrt{c \cdot D}} . \qquad (165)$$

Es bedeutet hierin ϱ die relative Rauhigkeit, ausgedrückt durch das Verhältnis der absoluten Rauhigkeit K (einer dem Mittel aus den Unebenheiten der Wand verhältnisgleichen Länge) zum Rohrdurchmesser D, also

$$\varrho = K : D , \qquad (166)$$

wo K der folgenden von v. Mises aufgestellten Zahlentafel zu entnehmen ist:

Material	$10^8 \cdot K$ in m		
Glas	0,4	bis	1,6
Gezogenes Messing, Blei, Kupfer . .	0,4	,,	2,0
Zement, geschliffen	15	,,	30
Zement, roh.	40	,,	80
Gasrohr.	40	,,	100
Asphaltiertes Blech- oder Gußrohr .	60	,,	120
Gußrohr, neu	200	,,	400
Gußrohr, gebraucht	500	,,	1000
Blechrohr, genietet.	400	,,	1000

5. **Potenz- und Geschwindigkeitsformeln.** Allgemeine Form

$$c = a \cdot R^\alpha \cdot J^\beta . \qquad (167)$$

Wert der Exponenten α und β zwischen 0,4 und 0,7 verschieden angegeben. Bekannteste Form die von de Chézy

$$c = a \cdot R^{0,5} \cdot J^{0,5} . \qquad (167a)$$

Besonders wichtig ist heute die sowohl wissenschaftlicher Genauigkeit wie den Bedürfnissen der Praxis (Wahl einstelliger Exponenten) entsprechende Formel von Ph. Forchheimer[2])

$$c = a \cdot R^{0,7} \cdot J^{0,5} . \qquad (168)$$

---

[1]) R. v. Mises, „Elemente der Technischen Hydromechanik", Leipzig und Berlin, 1914.

[2]) Ph. Forchheimer, „Durchfluß des Wassers durch Röhren und Gräben, insbesondere durch Werkgräben großer Abmessungen", Berlin 1923. Die Formel ist hier etwas ausführlicher behandelt, da sie in Handbüchern bislang nur eine knappe Darstellung erfahren hat.

Ein Grafikon auf Doppellogarithmenpapier Nr. 365 $\frac{1}{2}$ von Schleicher und Schüll in Düren gibt E. Kreitmeyer[1]) an, welches den Gebrauch der Forchheimer-Formel wesentlich erleichtert und sehr bequem macht[2]). Es ist in Abb. 111 wiedergegeben.

Das Diagramm beruht auf der sukzessiven logarithmischen Aus-wertung der Gleichung

$$c = a \cdot A = a \cdot R^{0,7} \cdot J^{0,5},$$

wobei die Skala für das Zwischenprodukt A, das nicht interessiert über-flüssig ist (es könnte an der linken Randordinate angeschrieben werden). Statt dessen sind an den A-Punkten, welche bei Herstellung des Dia-gramms zuerst ermittelt sind, die veränderlichen Faktoren J angeschrie-ben. Man findet also zu-nächst das Zwischenpro-dukt A bzw. den ent-sprechenden Diagramm-punkt. Auf einer Hori-zontalen addiert man zu den im Diagramm darge-stellten lg A den lg a, was zum Produkt $a \cdot A = C$ führt (obere Skala). Auch für dieses zweite Pro-dukt sind die entspre-chenden a-Werte auf den Schräglinien angeschrie-

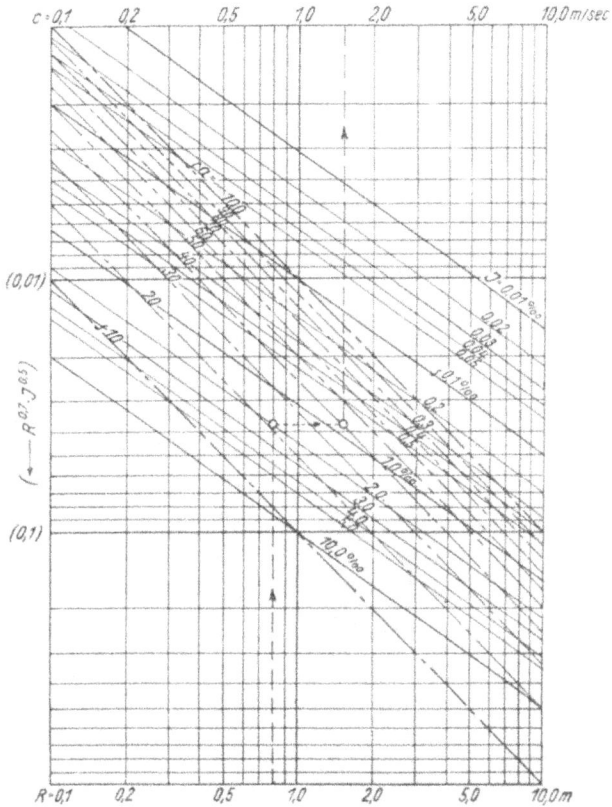

Abb. 111. Grafikon für die Potenzformel von Forchheimer.

ben. Ein in das Diagramm mit gestrichelten Linien eingetragenes Bei spiel macht den Gebrauch des Diagramms verständlich ($R = 0,8$ m $J = 0,002$, $a = 40$ ergibt $c = 1,53$ m/sec).

In dem hier dargestellten Diagramm mußte auf Wiedergabe sämt licher Unterteilungslinien der Koordinatenteilung im Interesse eine klaren Bildes verzichtet werden. Für den praktischen Gebrauch empfiehl es sich, das Diagramm auf Doppellogarithmenpapier zu übertragen, wo mit eine hohe Ablesegenauigkeit erreicht wird.

---

[1]) „Die Wasserkraft", 1924, S. 349/50.
[2]) Ein ähnliches Grafikon kann selbstverständlich für jede andere Poten formel ebenfalls erstellt werden.

Ebenso erleichtert das Nomogramm, Abb. 112, den Gebrauch der Forchheimerschen Formel.

Für die zwangsweise festgehaltenen — gleichgültig ob gefundenen oder vorausgesetzten — Exponentialwerte $\alpha = 0,7$ und $\beta = 0,5$, somit für Gleichung (168), bestimmte Forchheimer den Beiwert a für

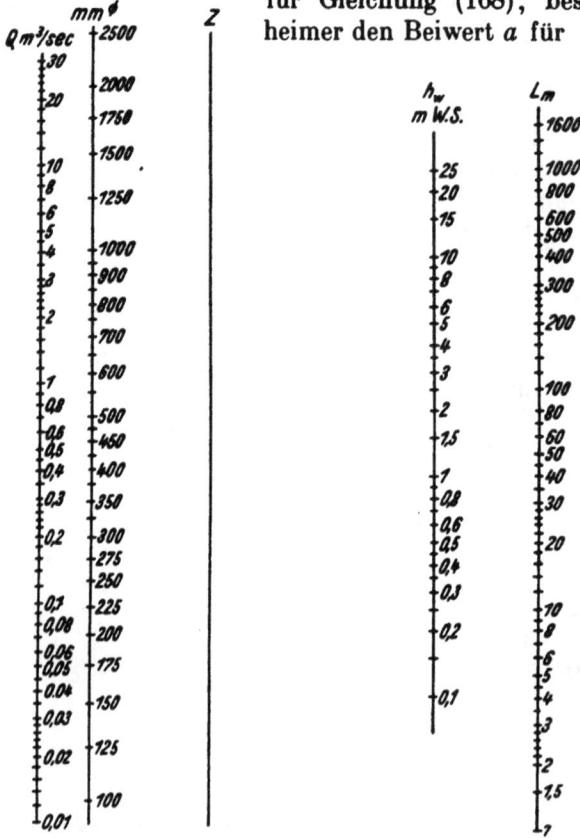

Abb. 112. Nomogramm für den Druckhöhenverlust.

a

1. ganz glattes Rohr für $J = 0,0001$ zu 104,4
2. glattes Holzgerinne für $J = 0,005$ 90,5
3. Sudbury-Aquädukt in Klinker 87,8
4. derselbe in Zementputz 93,3
5. Croton-Aquädukt in Klinker 75,4
6. Sitter-Tunnel in Beton 91,8
7. Wien-Bett in Beton 80,1
8. Werkgraben Garsching-Neukirchen, 1 bis 2 Jahre alter Beton 59,0
9. derselbe ³/₄ Jahre später 57,9
10. Werkgraben Trostberg-Tacherting, neuer Schalenbeton 60,3
11. derselbe nach 10 Betriebsjahren 48,6
12. Werkgraben Peggau zu 0,78 Beton, zu 0,22 Schlamm und Kies . . . 60,2
13. derselbe   „ 0,5   „   „ 0,5   „   „ „   . . . 55,8
14. derselbe   „ 0,48   „   „ 0,52   „   „ „   . . . 50,0
15. Werkgraben Aarau „ 0,26   „   „ 0,74   „   „ Feinkies . . 56,6

Ferner gibt Forchheimer an:

a

16. Für ablagerungsfreien Beton 59
17. für alten angegriffenen Beton 50
18. für Betonrohre:
    a) für alte, mit wenig Sorgfalt aus Einzelrohren zusammengesetzte Stränge 76
    b) für einige Jahre im Betrieb stehende, aus Einzelröhren zusammen-
       gesetzte Stränge 85
    c) für monolithische, über geölte Eisenformen gestampfte Stränge . . 88
    d) für monolithische geschliffene Stränge größter Glätte 100

Die Werte unter 18. bedingen in der praktischen Anwendung einen Sicherheitszuschlag, da es sich bei den angegebenen Werten um Mittelwerte handelt.

Für Eternitrohre ist eine Geschwindigkeitsformel von Professor Scimemi an der Königl. Ingenieurakademie in Padua[1]) aufgestellt worden. Verglichen mit den Formeln von Darcy und Flammant fand Scimemi für Eternitrohre gegenüber Gußeisenrohren eine um 10 bis 20% größere mittlere Wassergeschwindigkeit und Wasserlieferung bei gleichem Druckhöhenverlust, bzw. gegenüber neuen asphaltierten gußeisernen Rohren eine hydraulische Mehrleistung von 8%, wobei zu beachten ist, daß Eternitrohre nahezu ablagerungsfrei bleiben, ihre hydraulische Leistung also kaum ändern. Die Exponenten von R und J fand Scimemi zu $\alpha = 0,68$ und $\beta = 0,56$, während der Beiwert a sich zu 143 bis 153, im Durchschnitt zu 148, bei neuen Eternitrohren zu 165 ergab. Es gilt somit für neue Eternitrohre:

$$c = 165 \cdot R^{0,68} \cdot J^{0,56} = 64,28 \cdot D^{0,68} \cdot J^{0,56} \qquad (169)$$

und für gebrauchte Eternitrohre

$$c = \text{ca. } 148 \cdot R^{0,68} \cdot J^{0,56} = \text{ca. } 57,66 \cdot D^{0,68} \cdot J^{0,56}. \qquad (170)$$

Für Holzrohre hat Scobey aus 258 Versuchen verschiedener Versuchsanordner, deren Versuche überwiegend neueren Datums (1909 bis 1915) sind, die folgende Exponentialformel für kreisrunde Rohre aufgestellt:

$$c = 49,7 \cdot J^{0,556} \cdot D^{0,65}, \qquad (171)$$

woraus

$$J = 0,000\,885 \cdot D^{-1,17} \cdot c^{1,8}. \qquad (172)$$

Die Versuche umfassen den Bereich $D = 32$ mm bis $D = 4115$ mm. — Da infolge verschiedener Rohrbeschaffenheit die Streuung der Versuchspunkte z. T. nicht unerheblich ist, obgleich der mittlere Fehler aus der Versuchsreihe nach der von Rabowsky[2]) angegebenen Tabelle nur — 0,33% beträgt, so schlägt Scobey vor, bei Anwendung seiner Formel die Wassermenge größer zu wählen, als sie gefordert ist, und zwar um

---

[1]) „Annali della R. Senola Ingegneria di Padova", Jahrg. 1 (1925), Heft 1; ferner „Die Wasserkraft", 1925, S. 308 und Z. V. d. J., 1926, S. 752.
[2]) Herbert Rabowsky, „Holzdaubenrohre", Berlin 1925.

5 bzw. 10 bzw. 15%, je nachdem Ablagerungen voraussichtlich nicht eintreten, oder bei sinkstoffhaltigen Wässern Verschlammung oder Verwachsung zu befürchten ist, oder bei stark sinkstoffhaltigen Wässern, namentlich bei Grus- und Sandführung. Damit ergeben sich dann entsprechend größere Rohrdurchmesser als Sicherheitsfaktor für ausreichende hydraulische Leistung.

6. **Einheitsdruckhöhenverlust.** Für überschlägige Rechnungen und Rechnung in erster Annäherung ist nach dem Vorschlag von A. Pfarr zweckmäßig der „Einheitsverlust" $h_{w\,l}$ einzuführen. Man gelangt dazu auf folgende Weise:

Für Kreisquerschnitt gilt

$$Q = F \cdot c = \frac{\pi \cdot D^2}{4} \cdot c$$

und somit

$$D = \frac{2}{\sqrt{\pi}} \cdot \sqrt{\frac{Q}{c}},$$

womit für Kreisrohre

$$h_w = \lambda \cdot \frac{l}{D} \cdot \frac{c^2}{2 \cdot g} = \frac{\sqrt{\pi}}{4 \cdot g} \cdot \lambda \cdot \frac{l}{\sqrt{Q}} \cdot c^{2.5},$$

$$h_w = 0{,}0452 \cdot \lambda \cdot \frac{l}{\sqrt{Q}} \cdot c^{2.5}. \tag{174}$$

Für $l = 1$ m, $Q = 1$ m³/sec und $c = 1$ m/sec erhält man als Einheitsverlust

$$h_{w\,l} = 0{,}0452 \cdot \lambda. \tag{175}$$

Er bedeutet also denjenigen Druckhöhenverlust, der entsteht, wenn ein Rohr von 1 m Länge mit 1 m/sec Wassergeschwindigkeit bei einer Wasserlieferung von 1 m³/sec (entsprechend $D = 1{,}14$ m) durchflossen wird.

Für eiserne Rohrleitungen mag für Durchmesser zwischen 0,5 und 5 m sowie für Wassergeschwindigkeiten von $c = 1$ bis 3 m/sec im Mittel $\lambda = 0{,}021$ richtig sein. Damit erhält man als Einheitsdruckhöhenverlust von eisernen Rohrleitungen in 1. Annäherung gemäß Gleichung (175)

$$h_{w\,l\,e} = 0{,}0452 \cdot 0{,}021 = 0{,}00095 \text{ m}$$

oder rund

$$h_{w\,l\,e} = 1 \text{ mm} \tag{176}$$

und er besagt, daß eine eiserne Rohrleitung von 1 m² Querschnitt ($D = 1{,}14$ m), die vom Wasser mit $c = 1$ m/sec Geschwindigkeit durchflossen wird, pro m Länge eine Druckhöhe von rd. 1 mm Wassersäule verbraucht.

Für andere als Einheitsverhältnisse ist der Druckhöhenverlust für Eisenrohre in 1. Annäherung gemäß Gleichung (175) und (176)

$$h_w = h_{w\,1} \cdot \frac{l}{Q^{0.5}} \cdot c^{2.5} . \qquad (177)$$

Praktische Gesichtspunkte für die Wahl des Widerstandsbeiwerts[1]). Vergleich der Beiwerte. Wenn in den vorhergehenden Abschnitten von den Bemühungen die Rede gewesen ist, richtige Werte für die Widerstandszahl λ (bzw. sinngemäß für den Widerstands- oder Rauhigkeitsbeiwert a der Potenzformeln) durch Versuch und theoretische Erwägungen zu ermitteln, so steht dem die Schwierigkeit der Wahl von λ im praktischen umgekehrten Fall gegenüber, daß der Druckhöhenverlust nicht gemessen, sondern im voraus berechnet werden soll. Die Unterscheidungsmerkmale, nach welchen die Auswahl von λ bzw. der Beiwerte zur Berechnung der Widerstandszahl λ zu erfolgen hat, sind nicht hinreichend exakt definiert, so daß es innerhalb gewisser Grenzen der begrifflichen Auffassung des einzelnen überlassen ist, welche Rauhigkeitsbezeichnung er mit seinem Fall für identisch erklären will. Hierin liegt also ein gewisser nach dem heutigen Stande der Definierungstechnik unvermeidlicher Spielraum und damit auch eine Fehlerquelle bezüglich der Wahl der Widerstandsziffer λ. Diese Fehlerquelle kann groß genug sein, um Abweichungen, welche aus noch nicht genügend genauer Bestimmung der Widerstandszahlen aus Versuchsreihen, d. h. also aus der Ungenauigkeit der bekannten λ-Formeln, entstehen, zu überwiegen. Es ist daher z. B. bei Festlegung von Garantieverträgen von Interesse, zwecks Schaffung klarer Verhältnisse sich über die zur Bestimmung des Druckhöhenverlustes, also des Rohrleitungswirkungsgrades, zu benutzenden Formeln, Meßmethoden usw. zu einigen, um im voraus Meinungsverschiedenheiten, die hieraus entstehen könnten, die Spitze abzubrechen.

Um sich vor Enttäuschungen wegen zu geringer Leistung der Rohrleitungen zu schützen, tut man jedenfalls gut, der Berechnung die während der ganzen Benutzungsdauer zu erwartenden ungünstigsten Verhältnisse zugrunde zu legen, somit insbesondere zu erwartenden Rauhigkeits- und Querschnittsveränderungen durch Ablagerungen an den Wandungen (Sinterung, Knollenbildung durch Anrosten, Muschelansatz, Anlagerung von Algen und Wasserpilzen (spaerotilus natans, leptonicus lacteus, selenosporium aquaeductuum u. a., die im Gegensatz zu Algen zu ihrer Entwicklung des Tageslichts nicht bedürfen), schließlich durch Eisbildung im voraus Rechnung zu tragen, unter evtl. Berücksichtigung der Änderung von λ gemäß

$$\lambda' = \left(\frac{D}{D'}\right)^5 \cdot \lambda . \qquad (178)$$

---

[1]) Näheres s. „Hütte", 25. Aufl. Bd. I, S. 050 ff.

Der Gefahr der Vereisung zeigen sich Holzrohre wesentlich weniger ausgesetzt als Eisenrohre. Dies ist wohl auf die geringere Wärmeleitfähigkeit des Holzes zurückzuführen. Überhaupt zeigen Holzrohre für alle Arten von Ablagerungen, ausgenommen die erwähnten Wasserpilze, viel geringere Neigung als insbesondere Eisenrohre. Dagegen bildet die feine Schleimschicht, welche sich im Innern von Holzrohren ansetzt, ohne deren Querschnitt wesentlich zu verringern, eine geradezu ideale Schmierschicht für das durchfließende Wasser, so daß dadurch der Durchflußwiderstand wesentlich verringert, die hydraulische Leistung beträchtlich erhöht, wie dies in den entsprechenden λ- bzw. a-Werten für Holzrohre zum Ausdruck kommt. Auch Betonrohre zeigen sich bezüglich geringerer Neigung zu Ablagerungen den Eisenrohren überlegen. Unter letzteren sind es, wie bereits erwähnt, insbesondere die Gußeisenrohre, welche stark zu Ansatzbildungen aller Art neigen, während Rohre aus Flußeisenblech zwar sich gegen Rostbildung etwas weniger widerstandsfähig zeigen als Gußeisenrohre, doch anderweitigen Ablagerungen nicht in so starkem Maße ausgesetzt sind wie letztere.

Bezüglich der Gußeisenrohre ist schließlich zu bemerken, daß wegen der kleinen Baulängen die große Zahl der Verbindungsstellen den Widerstand erhöht, so daß λ entsprechend größer zu wählen ist.

Auch bei Eisenblechrohren kommen ähnliche widerstandserhöhende Umstände in Betracht; sie zeigen z. B. oft nach innen aufgedrückte Schweißnähte. Auch verzinkte Rohre sind im Innern häufig besonders rauh.

Für Vergleichsrechnungen ist es wünschenswert, den Zusammenhang der verschiedenen Formeln für den Druckhöhenverlust des turbulenten Strömens zu kennen. Häufig ist in diesen Formeln die kinetische Energie und damit der Druckhöhenverlust in der Form $\dfrac{c^2}{2 \cdot g}$ eingesetzt, und die Gefäßdimensionen sind durch den hydraulischen Profilradius gekennzeichnet; bei Röhrenform des Fortleitungsgefäßes führt man den Rohrdurchmesser ein, in anderen Fällen, insbesondere bei Einzelhindernissen läßt man die Gefäßdimensionen ganz weg. Für den ersteren Fall benutzt man den Beiwert λ', im zweiten Fall ist λ, im letzten ζ üblich. Durch Gleichsetzen der verschiedenen Formeln für den Druckhöhenverlust h_w ergibt sich die gegenseitige Beziehung der Beiwerte:

$$h_w = \lambda' \cdot \frac{l}{R} \cdot \frac{c^2}{2 \cdot g} = \lambda' \cdot \frac{4 \cdot l}{D} \cdot \frac{c^2}{2g} = \lambda \cdot \frac{l}{D} \cdot \frac{c^2}{2 \cdot g} = \frac{2 \cdot g}{250} \cdot \psi \cdot \frac{l}{D} \cdot \frac{c^2}{2 \cdot g}$$

$$= 0,0786 \cdot \psi \cdot \frac{l}{D} \cdot \frac{c^2}{2 \cdot g} = \zeta \cdot \frac{c^2}{2 \cdot g}, \tag{183}$$

woraus folgt:

$$\lambda = 4 \cdot \lambda' = \frac{2 \cdot g}{250} \cdot \psi = 0,0786 \cdot \psi = \zeta \cdot \frac{D}{l} = \zeta \cdot \frac{4 \cdot R}{l} \tag{184}$$

und

$$\lambda' = \frac{1}{4} \cdot \lambda = \frac{2 \cdot g}{1000} \cdot \psi = 0,0195 \cdot \psi = \zeta \cdot \frac{D}{4 \cdot l} = \zeta \cdot \frac{R}{l}, \qquad (185)$$

sowie

$$\psi = 50,968 \cdot \lambda' = 12,742 \cdot \lambda = 12,742 \cdot \zeta \cdot \frac{D}{l} = 50,968 \cdot \zeta \cdot \frac{R}{l}. \qquad (186)$$

Schließlich ergibt die Geschwindigkeitsformel von de Chézy

$$c = a' \cdot \sqrt{R \cdot J} = a' \cdot \sqrt{\frac{h_w}{l} \cdot R} = \sqrt{\frac{8 \cdot g}{\lambda}} \cdot \sqrt{\frac{h_w}{l}} \cdot R = a \cdot R^{\alpha} \cdot J^{\beta}, \qquad (187)$$

somit speziell für die Form von de Chézy

$$a' = \sqrt{\frac{8 \cdot g}{\lambda}} \quad \text{und} \quad \lambda = \frac{8 \cdot g}{a'^2}, \qquad (187a)$$

Führen wir das unten (s. Ähnlichkeitsgesetz) genannte Gesetz $\lambda = \lambda_0 \cdot (\varepsilon : D)^{\frac{2}{7}}$ in Gleichung (183) ein, so haben wir mit $\lambda_0 \cdot \varepsilon^{\frac{2}{7}} = \zeta'$

$$h_w = \zeta' \cdot \frac{l}{D^{\frac{9}{7}}} \cdot \frac{c^2}{2 \cdot g} .$$

oder

$$c \sim \sqrt{\frac{h_w}{l} \cdot D^{\frac{9}{7}}} \sim (h_w : l)^{0,5} \cdot D^{0,64} \qquad (188)$$

oder unter Einführung des hydraulischen Profilradius R und des hydraulischen Druckgefälles $J = h_w : l$

$$c = \text{const.} \cdot J^{0,5} \cdot R^{0,64} \qquad (189)$$

Transportgefälle, Rohrgefälle. Das Freispiegelrohr. Größter Energiefluß in Rohrleitungen.

Der nach dem vorhergehenden Abschnitt zu bestimmende Druckhöhenverlust h_w bedeutet dasselbe wie das zum Durchdrücken des Wassers durch die Rohrleitung erforderliche Transportgefälle. Eine Rohrleitung, deren Scheitellinie am Rohreinlauf in derselben Höhe wie der ruhende Wasserspiegel liegt, muß also, um eine bestimmte Wassermenge transportieren zu können, ein Rohrgefälle aufweisen, welches dem Transportgefälle $J = h_w : l$ gleichkommt. Dahinzu muß, da außerdem die Beschleunigung des Wassers vom Wert $c = 0$ auf die mittlere Wassergeschwindigkeit c eines bestimmten Betriebszustandes durch eine Druck-(Geschwindigkeits-)höhe $c^2 : 2 \cdot g$ hervorgebracht werden muß, die Scheitellinie des Rohres um eben diesen Betrag, die Rohrachse somit um $\dfrac{c^2}{2 \cdot g} + \dfrac{D}{2}$ tiefer gelegt werden als die durch das Transportgefälle gekennzeichnete hydraulische Energielinie. Der Rohrscheitel darf also die hydraulische Drucklinie nicht überschreiten, wenn das Rohr gefüllt bleiben soll. Liegt der Rohrscheitel höher, so läuft die Rohrleitung nur teilweise gefüllt, man hat eine Freispiegelleitung. Liegt der Rohreinlauf in einer gewissen Tiefe unter dem freien Wasserspiegel, so hat man eine Druckleitung.

Für Freispiegelrohre nahm man bisher auf Grund mathematischer Entwicklung aus den bekannten Formeln für das Relativgefälle und den Druckhöhenverlust an, daß der geringste Durchflußwiderstand und der geringste Druckhöhenverlust, somit auch die maximale Wasserführung bei einer Füllhöhe $h = 0{,}949 \cdot D$ eintreten. Die diesbezüglichen rein theoretischen Entwicklungen finden sich noch in vielen Lehrbüchern der Hydraulik. Sowohl die Formel von de Chézy wie die Forchheimersche Potenzformel und ähnliche führen zu diesem eigentümlichen Ergebnis, daß für Kreisquerschnitt bei nahezu voller Füllung mehr Wasser zum Abfluß kommt als bei voller Füllung.

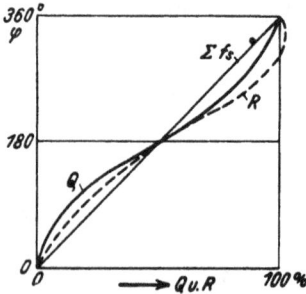

Abb. 113. Theoretische Füllkurve im Freispiegelrohr.

Tatsächlich ist aber kaum einzusehen, weshalb ein solches Maximum erwartet werden soll. Denkt man sich den Rohrquerschnitt in eine Anzahl gleich großer Sektoren zerlegt, so kann man bei voller Füllung hydraulische Gleichwertigkeit der einzelnen Sektoren annehmen. Könnte man die einzelnen Sektoren mit Wasser füllen, so müßte die Füllkurve in einem Q, φ-Diagramm eine Gerade sein. Tatsächlich werden bei der Füllung des Querschnitts bis zu $\varphi = 180^{0}$ die Sektorquerschnitte nicht ganz ausgenutzt. Für $\varphi > 180^{0}$ gilt das Umgekehrte. Die Wegfall- bzw. Zusatzflächen bedingen eine zum linearen Summengesetz der Sektoren symmetrisch verlaufende S-förmige Füllkurve mit Wendepunkt bei $\varphi = 180^{0}$. Der Größtwert von Q sollte demnach bei $\varphi = 360^{0}$ eintreten.

Da gleichzeitig der benetzte Umfang über den ganzen Bereich von φ linear anwächst, so folgt, daß auch der Profilradius R im R, φ-Diagramm eine ähnliche S-förmige Gestalt haben muß wie die Q-Linie, die jedoch im Gegensatz zu letzterer unsymmetrisch ist und ein relatives Maximum bzw. Minimum — bezogen auf die Sektorensummenlinie — aufweist an den Stellen (Abszissenpunkten), in welchen die Tangente an die Q-Linie (und auch an die R-Kurve) parallel zur Sektorensummenlinie ist (Abb. 113).

Daß das theoretisch zu erwartende Maximum der Füllkurve tatsächlich nicht eintritt, ist durch eine kurze Versuchsreihe von Fr. von Bülow[1]) erwiesen. Weitere bestätigende empirische Unterlagen fehlen

---

[1]) „Die Leistungsfähigkeit von Fluß-, Bach-, Werkkanal- und Rohrquerschnitten unter besonderer Berücksichtigung der von der Emscher-Genossenschaft in Essen

allerdings heute noch. Die von von Bülow gefundene Füllkurve ist in
Abb. 114 wiedergegeben. Es folgt daraus, daß eine gleich einfache Beziehung zwischen Wassermenge und benetztem Umfang, wie sie für
Dreiecks- und Trapezquerschnitt gilt, beim Kreisquerschnitt nicht besteht. Offenbar sind solche einfache Beziehungen nur bei geradlinig
begrenzten Querschnitten zu erwarten.

　　Das Streben, die Baustoffe möglichst gut auszunutzen, führt zu
möglichst hohen spezifischen Belastungen (pro Längen-, Querschnitts-
Einheit usw). Die durch die Druckrohrleitung einer Wasserkraftanlage
fließende Wassermenge repräsentiert zusammen mit dem zu Gebote
stehenden Gesamtgefälle eine gewisse
Energie. Die Ausnutzung des Rohr-
baustoffs ist dann eine bestmögliche,
wenn die spezifische Energiebelastung
des Rohrquerschnitts eine möglichst
hohe ist. Es fragt sich, welche Wassermenge bei gegebenem Gesamtgefälle
durch die Rohrleitung geschickt werden muß, damit die an ihrem Ende
zur Verfügung stehende Energie ein
Maximum wird. Für ein Gefälle H,
eine Wassermenge Q und einen
Druckhöhenverlust h_w ist die letztere

$$L = Q \cdot (H - h_w) \cdot \gamma. \qquad (178)$$

Abb. 114. Tatsächliche Füllkurve nach
Versuchen von v. Bülow.

Setzen wir den Druckhöhenverlust h_w
proportional einer Konstanten C sowie dem Quadrat der Geschwindigkeit c, also für ein und dasselbe Rohr dem Quadrat der durchfließenden
Wassermenge Q, so folgt

$$L = Q \cdot (H - C \cdot Q^2) \cdot \gamma, \qquad (179)$$

woraus zur Maximumsbestimmung

$$\frac{\partial L}{\partial Q} = (H - 3 \cdot C \cdot Q^2) \cdot \gamma = 0, \qquad (180)$$

$$\frac{\partial^2 L}{\partial Q^2} = -6 \cdot C \cdot Q \cdot \gamma, \qquad (181)$$

also negativ, so daß der aus Gleichung (180) folgende Wert

$$\frac{1}{3} \cdot H = C \cdot Q^2 = h_w \qquad (182)$$

einem Maximum entspricht.

---

zu künstlichen Wasserläufen ausgebauten Emscher und ihrer Nebenbäche" von
Dr.-Ing. Friedrich von Bülow. „Gesundheitsingenieur" 1927, H. 14, S. 241 (insbesondere S. 262/4).

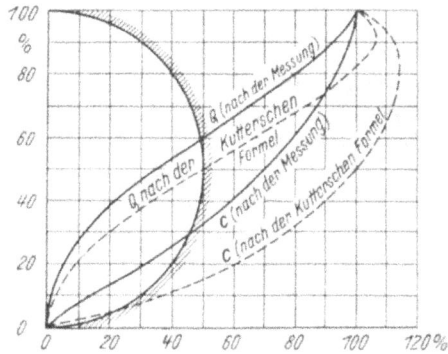

Die größte Leistung und damit die günstigste Rohrausnutzung tritt somit ein, wenn ein Drittel des Gefälles dem Druckhöhenverlust geopfert wird, was meist sehr beträchtlicher Geschwindigkeit c entsprechen würde.

Zu diesem Ergebnis ist zu bemerken, daß es nur die günstigste energetische Ausnutzung des Rohres betrifft, daß aber ein allzu hohes Opfer an Gefälle mit einer zweckmäßigen Ausnutzung der verfügbaren Energie durchaus im Widerspruch steht. Letztere muß vielmehr an Hand der oben erwähnten Wirtschaftlichkeitsuntersuchungen erfolgen. Es ist dies ein gutes Beispiel dafür, daß technisch vollkommene Anordnung in einem Einzelelement keineswegs immer gleichbedeutend ist mit Vollkommenheit der Gesamtanlage, sowohl in technischer wie in wirtschaftlicher Hinsicht. Im vorliegenden Falle ist die Unstimmigkeit in der Bestausnutzung des Rohres und einer zweckmäßigen Ausnutzung der verfügbaren Energie dadurch gekennzeichnet, daß die Bedingungen für die erstere außerhalb des Rahmens der letzteren liegen.

Besondere Widerstände.

Neben dem im geraden Rohrstrang mit gleichbleibendem Querschnitt auftretenden Durchflußwiderstand und dem damit verbundenen Druckhöhenverlust ergeben sich in Rohrleitungen eine Reihe weiterer besonderer Widerstände, deren Ursache in Richtungs- und Querschnitts- bzw. Geschwindigkeitsänderungen zu suchen sind. Hierzu gehören also alle Widerstände die sich an Knickpunkten der Rohrtrace, in den sogenannten Krümmern, in Knierohren, Abzweigungen, ferner in Absperrorganen, Schiebern, Verengungen, Erweiterungen usw. ergeben. Sie werden als besondere Widerstände bezeichnet, weil die sie veranlassenden Strömungshindernisse neben dem durch benetzte Oberfläche und Hindernislänge hervorgerufenen Reibungswiderstand noch besondere Widerstände infolge von Kontraktion, Sekundärströmungen und Wirbelbildug, wie sie von diesen Hindernissen teils mehr, teils weniger eingeleitet werden, hervorrufen. Die Trennung der Reibungswiderstände von den genannten besonderen Widerständen ist indes im allgemeinen recht schwierig, so daß in einschlägigen Formeln meist beide zugleich inbegriffen sind; eine Ausnahme hiervon macht z. B. die Formel für den Krümmerverlust, die nur den besonderen Krümmerwiderstand betrifft. Andererseits kann der von Düsen verursachte Durchflußwiderstand als besonderer bezeichnet werden, weil er — entsprechend der erwähnten besonderen nahezu rechteckigen Geschwindigkeitsverteilung in Düsen — von demjenigen in geradem Rohrstrang von unveränderlichem Querschnitt abweicht.

Eine Behandlung der einzelnen besonderen Widerstände durchzuführen ist hier nicht der Ort. Für technische Zwecke sind auch meist die hierüber in Handbüchern, auf die hier verwiesen werden soll[1]), gemachten Angaben ausreichend. Ihre Bedeutung tritt auch gegenüber derjenigen des Druckhöhenverlustes im geraden Rohrstrang zurück; trotzdem können sie durch Summierung eine maßgebliche Größe erreichen. Allgemein pflegen wir die besonderen Widerstände als Produkt einer dimensionslosen Widerstandszahl ζ und der am Ort des besonderen Widerstandes maßgeblichen Geschwindigkeitshöhe $\dfrac{c^2}{2 \cdot g}$ anzugeben. Die Widerstandszahl ζ ist dabei entweder statistischen Angaben oder einer besonderen Formel zu entnehmen, wie letzteres in einzelnen Fällen, z. B. für den Krümmer, möglich ist.

Nicht unerwähnt soll bleiben, daß die infolge von Kontraktion entstehende Kavitation auch an den zur Ausrüstung einer Rohrleitung gehörigen Apparaten erheblichen Schaden anzurichten vermag und daß solche deshalb nach Möglichkeit zu vermeiden ist. So erzeugt das teilweise Öffnen von Absperrorganen in der Regel Kavitation, weshalb von einem längeren Offenstehenlassen solcher Organe im halbgeöffneten Zustand abzuraten ist.

Um die Verluste durch besondere Widerstände zu verringern, ist nicht nur tunlichst ihre Zahl zu beschränken, sondern es hat auch ihre konstruktive Durchbildung in geeigneter Weise zu erfolgen. In diesem Zusammenhang sei auf einige neuere Ausführungen wie den E. W. C.-Kugelschieber der A. G. der Maschinenfabriken Escher Wyss u. Cie. in Zürich-Ravensburg, auf die Glockenschieber der Firma Picard, Pictet u. Cie. in Genf sowie auf die in den letzten Jahren in Amerika beliebt gewordenen auf ähnlichen Konstruktionsgrundsätzen wie die Glockenschieber beruhenden, Larner-Johnson-Ventile sowie die Ringschieber der Gebr. Reuling, G. m. b. H. in Mannheim, aufmerksam gemacht, die sich sämtlich durch geringen Durchflußwiderstand auszeichnen.

Zusammenfassung der Leitungswiderstände und Druckhöhenverluste.

Die Druckhöhenverluste einer Rohrleitung setzen sich aus folgenden 4 Bestandteilen zusammen:

1. der normale Leitungswiderstand, die Reibungsdruckhöhe, entsprechend einer Widerstandszahl $\zeta = \lambda \cdot l : D$, als Hauptwiderstand,

2. der Druckhöhenverlust bei Eintritt des Wassers in die Leitung entsprechend einem Widerstandsbeiwert ζ_1,

---

[1]) Z. B. „Hütte“; wertvolle Angaben bringen ferner die verschiedenen Lehrbücher der Hydraulik, sowie Th. Rümelin, „Wasserkraftanlagen“, Sammlung Göschen 1919, Bd. II, und P. Holl-Treiber, „Die Wasserturbinen“, Sammlung Göschen 1926.

3. der Druckhöhenverlust in Krümmern, entsprechende Widerstandszahl ζ_2 (für deren Summe),

4. der Druckhöhenverlust bei Querschnitts- und Geschwindigkeitsänderungen, insbesondere in Armaturen, entsprechende Widerstandszahl ζ_3 (für deren Summe), so daß sich als gesamter Druckhöhenverlust ergibt

$$h_w = J \cdot L = (\zeta + \zeta_1 + \zeta_2 + \zeta_3) \cdot \frac{c^2}{2 \cdot g} = C \cdot c^2 . \qquad (190)$$

Das Ähnlichkeitsgesetz bei Rohren.

Das Ähnlichkeitsgesetz bei Rohren läßt sich bei Rohren nach Reynolds dahin definieren, daß die Widerstandszahl λ der Gleichung (140)
nur von dem Ausdruck $\dfrac{c \cdot D}{v}$ also der Reynoldsschen Zahl (der „redu-
zierten Geschwindigkeit") abhängig ist. Dabei ist die Art der Flüssigkeit
bedeutungslos, d. h. das Ähnlichkeitsgesetz gilt sowohl für tropfbare als
auch für gasförmige Flüssigkeiten und die für beide einzeln gültigen Wider-
standswerte λ können auf Grund der Reynoldsschen Zahl $\Re$ miteinander
verglichen werden. Darin liegt eine außerordentlich wertvolle Erfahrung,
insofern Versuchsergebnisse, die z. B. mit Luft ermittelt wurden, ohne
weiteres auf Wasser übertragen werden können. Zu beachten ist nur,
daß bei den zu vergleichenden Fließvorgängen nicht die Schwerkraft eine
wesentliche Rolle spielt, wie z. B. bei Oberflächenwellen; es müssen also
auch die Bewegungsvorgänge infolge Kraftwirkung sich ähnlich abspielen, weshalb Modellrohre zweckmäßig in horizontaler, nicht in vertikaler Lage anzuordnen sind. Neben der geometrischen Ähnlichkeit muß
also tunlichst auch mechanische Ähnlichkeit vorhanden sein. Letzteres
trifft beim Modell bezüglich der Erdbeschleunigung nie zu, da deren
Größe sich nicht nach dem Ähnlichkeitsmaßstab des Modells („Modell-
regel") verändern läßt.

Für genau geometrisch ähnliche Rohre und für gleiche Reynoldssche
Zahl $\Re$ erhält man also auch die gleiche Widerstandszahl ζ, falls der
Widerstand durch die Beziehung

$$h_w = \zeta \cdot \frac{c^2}{2 \cdot g} \qquad (191)$$

ausgedrückt ist. Als Vergleichslänge wird bei Rohren der lichte Rohrdurchmesser D_i zu nehmen sein. In diesem Fall ist auch das Strömungs-
bild in allen Teilen ähnlich. Das Ähnlichkeitsgesetz besagt also, daß die
Größe ζ der Gleichung (191) nur eine Funktion der Reynoldsschen Zahl ist.

Bezüglich der geometrischen Ähnlichkeit bereitet die Wandrauhigkeit einige Schwierigkeiten. Man benutzt dafür, um ein Maß für dieselbe
zu haben, den Begriff der relativen Rauhigkeit[1]), d. h. das Verhältnis der

---

[1]) R. v. Mises, „Elemente der technischen Hydrodynamik", Leipzig 1914.

radialen Längenausdehnung ε zu dem Rohrdurchmesser D. Zweifellos hat man mit Hopf und Fromm anzunehmen, daß auch die „Welligkeit", d. h. die Verteilung der einzelnen Rauhigkeitserhebungen in axialer (der Strömungs-)Richtung eine Rolle spielt. Die Einführung der relativen Rauhigkeit in die Formeln für den Druckhöhenverlust bereitet indes größere Schwierigkeiten, als man bei einem so einfach erscheinenden Gegenstand annehmen möchte. Dies beweisen die diesbezüglichen Untersuchungen R. Biels (a. a. O.). Auch die Angaben zu den Hopf-Frommschen Formeln lassen erkennen, daß hierin abschließende Ergebnisse noch nicht erreicht sind. Immerhin kann nach v. Kármán[1]) unter Voraussetzung der Gültigkeit des Blasiusschen Gesetzes für glatte Rohre

$$\lambda_0 = 0{,}3164 \cdot \sqrt[4]{\frac{1}{\mathfrak{R}}} \tag{192}$$

gezeigt werden, daß wenigstens für kleine Werte von $\varepsilon : D$ der Reibungswert λ als Funktion der relativen Rauhigkeit die Formel $\lambda_0 \cdot (\varepsilon : D)^{\frac{2}{7}}$ haben muß, wobei λ_0 eine Konstante. Damit wäre zu setzen.

$$h_w = \lambda \cdot \frac{l}{D} \cdot \frac{c^2}{2 \cdot g} = f(\varepsilon : D) \cdot \frac{l}{D} \cdot \frac{c^2}{2 \cdot g} = \lambda_0 \cdot (\varepsilon : D)^{2{,}7} \cdot \frac{l}{D} \cdot \frac{c^2}{2 \cdot g}. \tag{193}$$

Kraftwirkungen des Wassers in Rohren.

Man hat zu unterscheiden zwischen statischen und dynamischen Kraftwirkungen. Die statischen Wirkungen bei ruhendem Wasser entsprechen den allgemeinen Gesetzen der Hydrostatik. Die dynamischen Wirkungen des strömenden Wassers äußern sich in Kraftwirkungen infolge der Trägheitswirkungen der bewegten Wassermassen, und können somit, da die lebendige Kraft der strömenden Wassermassen, welche die Trägheitskräfte bedingen, der Masse sowie dem Quadrat der Geschwindigkeit proportional sind, sowohl durch Änderung der Masse, wie der Geschwindigkeit oder durch beide hervorgerufen werden.

Geschwindigkeitsänderung kann aber durch Beschleunigung und durch Verzögerung wie auch durch zusätzliche Geschwindigkeiten, Ablenkung des Wassers aus seiner bisherigen Strömungsrichtung erfolgen.

Die dynamischen Wirkungen sind nicht minder als die statischen Wirkungen, Grundlagen der Festigkeitsberechnung der Rohre. Darüber hinaus spielen die dynamischen Wirkungen eine bedeutende Rolle für die Regulierung der Wasserturbinen, und zwar ist hierfür der ganze zeitliche Verlauf der Kraft- bzw. Druckänderung maßgebend, während für die Festigkeitsberechnung nur die hierbei auftretenden Höchstwerte der maximalen Drucksteigerungen wichtig sind.

---

[1]) v. Kármán, „Über laminare und turbulente Reibung", Zeitschrift für angewandte Mathematik und Mechanik, Bd. I, 1921, S. 250.

Entsprechend dem Aggregatzustand des Wassers handelt es sich bei den hydrostatischen Kraftwirkungen um skalare, d. h. von der Richtung unabhängige Größen. Der hydrostatische Druck pflanzt sich nach allen Richtungen hin gleichmäßig fort.

Im Gegensatz hierzu sind hydrodynamische Kräfte als Massenkräfte vektoriell oder gerichtet entsprechend der Bewegungsrichtung der bewegten Massen.

Statische Wirkungen.

Kräfte werden im technischen Maßsystem durch das Gewicht G in kg gemessen. Das Einheitsmaß des hydrostatischen Druckes ist die Drucklast von 1 m³ Wassers auf 1 m², somit 1000 kg/m².

In der Hydraulik bedient man sich mit Vorliebe der Atmosphäre oder eines Druckes von 10000 kg/m², die 735,51 mm Quecksilbersäule bei 0° C und einem mittlerem Barometerstand in etwa 300 m über N. N. entspricht. Dies ist die technische oder metrische, neue Atmosphäre, von welcher die alte Atmosphäre zu unterscheiden ist, welche einem Druck von 760 mm Quecksilbersäule (Hg) von 4° C oder 10333 kg/m² gleichkommt.

Ebenso wie in Atmosphären oder mm Hg-Säule drückt man die hydrostatischen Kräfte oder Drücke gerne in m Wassersäule (H_2O) aus, welches Maß für Wasserkraftanlagen das gebräuchlichste ist.

Der auf eine ebene Fläche ausgeübte hydrostatische Druck ist in kg

$$G = F \cdot H \cdot \gamma, \qquad (192)$$

wenn F die Größe der gedrückten Fläche in m², H die Höhe des über der Fläche F liegenden Wasserprismas in m und γ das spezifische Gewicht des Wassers in kg/m³ ist. Damit erhält man als Druck pro Flächeneinheit

$$p = G : F = H \cdot \gamma, \qquad (193)$$

somit entspricht 1 m Wassersäule einem Druck von 1000 kg/m² oder $^1/_{10}$ Neuatmosphäre.

Damit erhält man folgende Beziehungen:

1 technische, metrische oder Neuatmosphäre
  = 10000 kg/m² = 10 m H_2O-Säule von 4° C,
  = 0,968 alte Atm. = 735 mm Hg-Säule von 0° C;
1 alte Atmosphäre = 10333 kg/m² = 10,333 m H_2O-Säule von 4° C
  = 1,0333 Neuatmosphären,
  = 760 mm Hg-Säule von 0° C;
1 m H_2O-Säule von 4° C = 0,1 technische Atmosphäre
  = 0,0968 alte Atmosphären = 1000 kg/m²,
  = 73,55 mm Hg-Säule von 0° C.

Damit ist der statische Druck p_{at} der Atmosphäre als solcher ebenfalls bestimmt, so daß seine Hinzurechnung zum Wasserdruck nach der Beziehung für den Gesamtdruck

$$p_g = p + p_{at},\tag{194}$$

wo erforderlich, und dies ist bei Wasserkraftanlagen häufig der Fall, in gleichem Maße möglich ist.

Ohne ihre Ableitung anzugeben, seien folgende wichtige für das hier behandelte Gebiet in Betracht kommenden Sätze der Hydrostatik angeführt:

1. Der auf irgendeine Stelle einer Gefäßwand für die Flächeneinheit ausgeübte Wasserdruck ist gleich dem Gewicht eines Wasserprismas, welches die gedrückte Flächeneinheit zur Basis und die Tiefe der Stelle unter dem Wasserspiegel zur Höhe hat.

2. Bei ebenen Flächen ist der Wasserdruck gleich dem Produkt aus der absoluten Größe der Fläche und der Tiefe ihres Schwerpunkts unter dem Wasserspiegel, multipliziert mit dem spezifischen Gewicht γ der Flüssigkeit (Gleichung 192).

3. Für unter hydrostatischem Druck liegende gekrümmte Flächen gilt:
Die auf eine beliebige Koordinatenachse bezogene Komponente des Wasserdrucks auf eine Fläche ist gleich dem Wasserdruck, den die auf eine zu dieser Koordinatenachse senkrechte Ebene gebildete Projektion der Fläche erleiden würde (Reduktion auf Satz 2).

4. Druckmittelpunkt: Der senkrechte Abstand [e] des Angriffspunktes des auf eine geschlossene ebene Figur ausgeübten (einseitigen) Wasserdrucks in dieser Figur von der Spurlinie y, welche ihre Ebene mit dem Wasserspiegel bildet, ist gleich dem Quotienten aus Trägheitsmoment J_y und Flächenmoment M_y der Figur in Beziehung auf diese Spurlinie y.

Ist ferner e_0 der senkrechte Abstand des Schwerpunkts der gedrückten Fläche von der Größe F von der genannten Spurlinie, J_s das Trägheitsmoment der Fläche F bezogen auf die zur Spurlinie parallele Schwerpunktsachse, so ist

$$[e] = \frac{J_y}{M_y} = \frac{J_s + F \cdot e_0^2}{F \cdot e_0} = \frac{J_s}{F \cdot e_0} + e_0,\tag{195}$$

d. h. der Druckmittelpunkt liegt stets tiefer als der Schwerpunkt der gedrückten Fläche.

Für $e_0 = \infty$, also bei unendlich großer Tiefe von F, fallen beide Punkte zusammen. Dasselbe gilt für gedrückte Flächen F, welche parallel zum Wasserspiegel (horizontal) liegen ($e_0 = \infty$).

Für gekrümmte Flächen gilt, daß die Komponenten des Wasserdruckes durch den Druckmittelpunkt der Projektion der Fläche auf eine zur bezogenen Koordinatenachse senkrecht stehende Ebene gehen (vgl. 3.). Daher geht die Vertikalkomponente (senkrecht zum Wasserspiegel) durch den Schwerpunkt der Projektion der gedrückten Fläche auf den horizontalen Wasserspiegel.

5. Der statische Wasserdruck steht an jeder Stelle senkrecht zu dem gedrückten Flächenelement.

6. Auftrieb: Jeder in eine Flüssigkeit eintauchende Körper erfährt durch diese einen Auftrieb

$$A = V \cdot \gamma, \qquad (196)$$

der dem Gewicht der durch den Körper verdrängten Wassermasse vom Volumen V gleich ist und deren Richtung senkrecht zum ruhenden Wasserspiegel und durch den Schwerpunkt der verdrängten Flüssigkeitsmasse gerichtet ist.

Dynamische Wirkungen.

Das bewegte Wasser übt auf das Gefäß zwei verschiedene Kraftwirkungen aus, erstens durch die auf den Wandungen normalen Druckkräfte, die dem Wasserdruck in den den Wänden benachbarten Schichten entsprechen, zweitens durch den Reibungswiderstand, der tangentiale Kraftwirkungen auf das Gefäß erzeugt. Letztere Kräfte haben wir bereits kennen gelernt: sie entsprechen dem Druckhöhenverlust h_w bzw. dem Durchflußwiderstand W, und ihre Größe entspricht dem Produkt aus Querschnitt und Druckabfall in kg. Würde man also eine Rohrstrecke frei machen, d. h. frei beweglich aufhängen können, so würde eine dem Durchflußwiderstand W entgegengesetzt gerichtete tangentiale, in Richtung der Rohrachse wirkende Kraft W auf sie einwirken, die man als Schleppkraft bezeichnet. Pro Einheit der Rohrlänge gemessen ist diese Schleppkraft gering, sie kann deshalb für die Festigkeitsberechnungen von Rohr und Rohrstraße in der Regel vernachlässigt werden.

Die Behandlung der normal zu den Gefäßwänden gerichteten Drucke erfolgt grundsätzlich nach dem Bernouillischen Theorem, indem — so gut dies auf Grund des Kontinuitätsgesetzes, der Unterteilung der Strömung in einzelne Stromschichten, der bekannten Erscheinungen der Kontraktion, Krümmerwirkung u. a., möglich erscheint — die Zustandsgleichung nach Bernouilli für einzelne Flächenelemente der Gefäßwand ermittelt und durch geometrische Summierung der Drucke auf die einzelnen Flächenelemente (Kräfteparallelogramm, Seilpolygon) die Druckresultierende nach Größe und Richtung festgestellt wird. Hierbei handelt es sich also eigentlich um statische Wirkungen bewegten Wassers.

Ebensolche erfährt das Gefäß durch die Schwerkraft des im Gefäß eingeschlossenen Wassers.

Ausgesprochen dynamischer Art sind dagegen die reinen Trägheitswirkungen des Wassers. Sind beide Arten von Kraftwirkungen einzeln ermittelt, so lassen sie sich ebenfalls nach bekannten Grundsätzen der Mechanik zusammensetzen.

Auch bezüglich der dynamischen Kraftwirkungen sollen nur die beiden für den Rohrkonstrukteur wichtigsten hydrodynamischen Gesetze genannt werden. Das eine ist das Gesetz der Reaktion beim Ausfluß aus Gefäßen und besagt, daß die Reaktionskraft in einem Ausflußquerschnitt, d. h. die auf diesen entgegengesetzt der Ausflußrichtung wirkende Trägheitskraft des Wassers, gleich dem doppelten statischen Druck auf den verschlossen gedachten Ausflußquerschnitt ist, oder in Zeichen:

$$P = -2 \cdot F \cdot \gamma \cdot H = 2 \cdot P_1. \tag{197}$$

Das zweite wichtige Gesetz ist dasjenige des Ablenkungsdruckes einer aus ihrer ursprünglichen Richtung abgelenkten Wassermasse, und besagt: Die Kraftwirkung bewegten Wassers ist gleich dem Produkt aus der sekundlichen Wassermasse und der Geschwindigkeitsänderung in Richtung der Kraft, oder in Zeichen:

$$P = \frac{Q \cdot \gamma}{g} \cdot c = F \cdot \frac{\gamma}{g} \cdot c^2. \tag{198}$$

Die beiden Gesetze sind von besonderer Wichtigkeit für die Berechnung von Festpunkten der Rohrleitung. Die zahlreichen in einer Rohrleitung auftretenden Kräfte können hier allerdings nicht erschöpfend behandelt werden.

Camerer[1]) macht darauf aufmerksam, daß diese Ableitung den tatsächlichen Verhältnissen nicht ganz entspreche, insofern sie voraussetzt, daß die Geschwindigkeit c in Gleichung (198) über den ganzen Ausflußquerschnitt konstant sei, was tatsächlich nicht der Fall ist. Demgemäß schreibt man wirklichen Verhältnissen entsprechend genauer

$$P = \frac{\gamma}{g} \cdot \int c \cdot dQ = \frac{\gamma}{g} \cdot \int c^2 \cdot dF = \frac{\gamma}{g} \cdot F \cdot \bar{c}^2, \tag{199}$$

d. h. P ist verhältnisgleich dem mittleren Quadrat der Geschwindigkeit c, das nach Gleichung (116) stets größer ist als das Quadrat der mittleren Geschwindigkeit $\bar{c}$. Man schreibt daher die Gleichung (198) genauer mit

$$P = \chi \cdot \frac{\gamma}{g} \cdot F \cdot \bar{c}^2 = \chi \cdot \frac{Q \cdot \gamma}{g} \cdot \bar{c}. \tag{200}$$

Während oben χ für Kreisrohre zu im Mittel 1,05 gefunden wurde, ist χ bei Ausfluß häufig wesentlich kleiner (bei besonders gut geformten glatten Düsen $\leq 1{,}002$, s. Tabelle S. 133), also etwa 1,002 bis 1,01. Bei dem Genauigkeitsgrad, der für diesbezügliche praktische Rechnungen in Betracht kommt, wird es daher oft erlaubt sein, $\chi = 1$ anzunehmen.

Dynamische Druckänderungen in der Druckrohrleitung.

Dynamische Druckänderungen treten in Rohrleitungen auf, wenn der Durchfluß durch dieselbe geändert, der Beharrungszustand somit gestört wird. Als äußere Ursache solcher Störung tritt im allgemeinen das

---

[1]) R. Camerer, „Vorlesungen über Wasserkraftmaschinen". 1. Aufl., S. 138.

Öffnen und Schließen von Absperrorganen einschließlich der Regulier-
organe der Turbinen in Erscheinung. Innere Ursache der Druckänderungen ist die Tätigkeit der in Bewegung befindlichen Wassermassen und
die hieraus resultierenden Trägheitskräfte. Sie beruhen ferner sekundär
auf der Elastizität des Wassers und der Rohrleitung. Ohne diese würde
die Änderung des Beharrungszustandes eine Verzögerung oder Beschleunigung der Wassermasse bedeuten, die derjenigen eines harten, festen
Körpers gleichzuachten wäre, wenn dieselbe ebenfalls durch einen harten
festen Körper veranlaßt würde. Die Eigenschaft der Wasserteilchen,
nach jeder beliebigen Richtung ohne großen Widerstand ausweichen zu
können, hat zur Folge, daß die Massenwirkungen sich den Rohrwandungen mitteilen; für den Fall, daß sowohl das Wasser wie die Rohrwand als unelastisch anzusehen sind, kommt es daher zu äußerst hartem,
schlagartigem Aufeinanderprallen beider Massen. Man hat daher der
Erscheinung der dynamischen Druckänderungen auch die Bezeichnung
Wasserschlag beigelegt, eine Bezeichnung, die selbst bei Annahme und
Berücksichtigung der Elastizität von Wasser und Rohrmaterial ihre Berechtigung erhält, da die letzteren dank ihrer geringen Größe die schlag-
artige Wirkung nur in geringem Maße zu dämpfen vermögen.

Daß besagte Erscheinungen nicht nur für die Festigkeitsberechnung
der Rohre von ausschlaggebender Wichtigkeit sind, sondern auch die
Regulierung der Wasserturbinen erheblich beeinflussen, wurde bereits
im mechanischen Teil dieser Schrift zur Sprache gebracht. Zu dieser
Erwähnung soll hier insofern eine Ergänzung gegeben werden, als dieser
Abschnitt zu der oben gegebenen qualitativen Behandlung des Stoffes
die quantitative hinzufügt. In Anbetracht des großen Umfangs des Stoffes wie auch des beschränkten Umfangs dieser Schrift ist es jedoch nicht
möglich, die rechnerische Behandlung in erschöpfender Weise wieder-
zugeben; wir beschränken uns vielmehr auf die Aufzählung der wichtigsten Ergebnisse der Forschung auf diesem Gebiet. Dadurch wird
einerseits dem praktischen Bedürfnis des Rohrkonstrukteurs und Fach-
manns für Wasserkraftanlagen Genüge geleistet, andererseits die Über-
sicht über den umfangreichen Komplex mathematischer Beziehungen
erleichtert.

Die Aufgabe, die dynamischen Druckänderungen in Rohrleitungen
mathematisch zu behandeln, ist von mehreren Forschern gelöst worden.
Genannt seien vor allem Pfarr, Budau, Magg, Utard, Rateau, Alliévi.
Ihre Ansätze weichen z. T. in den Voraussetzungen voneinander ab,
insofern teils die Elastizität des Wassers, teils diejenige des Rohrmaterials, teils beide vernachlässigt wurden. Hieraus ergeben sich natürlich auch gewisse Unterschiede in den Resultaten, doch sind dieselben
nicht von einer solchen Größenordnung, daß sie nicht in den sowieso
vorhandenen Spielraum, der durch die zulässigen Materialbeanspruchungen und die Sicherheitsgrade in der Festigkeitsberechnung geboten ist,

untergebracht würden. Es mögen daher, je nachdem der Rechnungsgang des einen oder des anderen Forschers zugrunde gelegt wird, die
Überbeanspruchungen des Materials infolge dynamischer Druckänderungen im einen oder anderen Falle mehr oder weniger groß ausfallen.
Die Bruchgrenze dürfte jedoch allein wegen dieser Unterschiede der
Ergebnisse der verschiedenen Berechnungsmethoden nicht zu erwarten
sein. Daß Überbeanspruchungen hierbei überhaupt zugelassen werden,
ist durch die Wirtschaftlichkeit geboten, da andernfalls Druckrohrleitungen unnötig verteuert werden, was in Anbetracht des Umstandes,
daß die Druckrohrleitung oft einen erheblichen Anteil der Anlagekosten
einer Wasserkraftanlage (häufig 10 bis 15%) in Anspruch nimmt, ein
wohl zu beachtender Umstand ist. Da andererseits extreme Drucksteigerungen, wofür die Bedingungen in dem ungünstigsten Fall
der Schwingungsresonanz erfüllt sind, nur selten vorkommen, so würde
eine Festigkeitsdimensionierung auch für diesen Fall unter Einhaltung der zulässigen Beanspruchungen eine — wegen der geringen
zeitlichen Ausnutzung — ungerechtfertigte Verteuerung der Anlage bedeuten.

Von den Mitteln, um die dynamischen Druckänderungen unschädlich zu machen, war ebenfalls schon kurz die Rede. Noch unerwähnt
sind Standrohr und Wasserschloß (mit oder ohne Überfall), Vorrats-
wasserkammern (Stollen), Wasserschlösser mit Drosselung bei der
Abzweigung des Schachts vom Stollen und die in neuester Zeit angewandten Differentialwasserschlösser mit innerem Steigschacht in der
oberen Wasserkammer zwecks Erzielung eines raschen Druckanstiegs
und schnellerer Abbremsung der Stollenwassermenge und Rückgewinnung
der übergefallenen Wassermenge aus der oberen Wasserkammer durch
kleine Bodenöffnungen in der Wand des Steigschachts.

In der analytischen Darstellung der beim Wasserschlag in Rohren
eintretenden Verhältnisse wollen wir der Darstellung Alliévis[1]) folgen,
welche den tatsächlichen Verhältnissen in ihren Voraussetzungen am
nächsten kommt. Dazuhin erfahren sie durch die Bemerkungen E.
Brauns[2]) in einigen Punkten wertvolle Ergänzungen. Der etwas um-
ständliche und z. T. auch an die mathematischen Kenntnisse des Lesers
hohe Anforderungen stellende Rechnungsgang Alliévis und Brauns
mag nicht ganz geeignet erscheinen, dem Ingenieur, der sich rasch in die
einschlägigen Fragen einarbeiten und einen Überblick über die Vorgänge
im ganzen verschaffen will, seine Aufgabe zu erleichtern. Indes ermöglicht die Zusammenstellung der wichtigsten Ergebnisse, auf verhält-

---

[1]) „Allgemeine Theorie über die veränderliche Bewegung des Wassers in Leitungen. I. Teil: Rohrleitungen" von Lorenzo Alliévi. Deutsche erläuterte Ausgabe, bearbeitet von Robert Dubs und V. Batalliard. Berlin 1909.

[2]) „Druckschwankungen in Rohrleitungen mit Berücksichtigung der Elastizität der Flüssigkeit und des Rohrmaterials" von Dr.-Ing. Ernst Braun, Stuttgart 1909.

nismäßig einfache Weise und mittels wenig komplizierter Formeln ein
Verständnis für die Vorgänge zu gewinnen[1]).

Es sind vorwiegend zwei Fälle zu unterscheiden: Derjenige der Verzögerung der Wassermassen infolge Abschließens eines Absperrorgans,
den wir gemäß den Parallelvorgängen an der Wasserturbine als Entlastung bezeichnen wollen, zweitens derjenige der Wasserbeschleunigung,
hervorgerufen durch Öffnen eines Absperrorgans, wofür wir gemäß dem
Parallelvorgang an der Wasserturbine die Bezeichnung Belastung ge-
brauchen wollen. Bei beiden Fällen sind die Erscheinungen ähnlich,
wenn auch nicht ganz übereinstimmend.

I. Plötzliche vollständige Entlastung.

Die Fortpflanzung der Drucksteigerung erfolgt vom Verschluß-
organ aus nach rückwärts. In dem Augenblick, in welchem diese Druckwelle im Behälter, an dem die Rohrleitung angeschlossen ist (Wasserschloß, Einlauf am Wehr usw.) anlangt, befindet sich der ganze Inhalt
der Rohrleitung in Ruhe[2]); da er aber nunmehr unter einem normalen
Druck steht, der höher ist als derjenige des dem Verschluß des Absperrorgans vorhergehenden Beharrungszustand wie auch höher als derjenige
des nachfolgenden Beharrungszustandes, so kann dieser Zustand nicht
stabil sein. Die beim Absperren der Rohrleitung durch die Trägheit der
Wassermassen erfolgte Kompression derselben hat nunmehr — nach erfolgter höchster Drucksteigerung — eine Expansion in der Richtung des
geringsten Widerstandes, ein Ausweichen der Wasserteilchen nach dem
Behälter zu zur Folge. Die vorher aufgenommene Kompressionsarbeit
setzt sich in Geschwindigkeit um, und da die aufgenommene Kompressionsarbeit der vernichteten kinetischen Energie des vorher bewegten
Wassers entspricht, kann die in Rückwirkung erzeugte Geschwindigkeit nicht höher sein als die vorher vorhanden gewesene; die durch die
Expansion erzeugte Geschwindigkeit ist der ursprünglichen gleich, aber
entgegengesetzt. Es entsteht somit eine rückläufige Bewegung der ganzen
Wassermasse, die nunmehr wieder eine ihrer rückläufigen Bewegung
entsprechende Menge kinetischer Energie entspricht. Dieselbe vermag
sich — ebenso wie bei der vorhergegangenen Vorwärtsbewegung — wieder
in Druck umzusetzen, jedoch diesmal in Unterdruck, entsprechend der
elastischen Verdünnung der Wassermasse. Auch dieser Unterdruck setzt
sich, wie vorhin der Überdruck, als Welle konstanter Größe nach innen
fort. Wenn sie beim Behälter anlangt, sieht sie sich dem dort herrschen-
den Druck, der der Größe des Unterdrucks entsprechend größer ist als der
in der Rohrleitung herrschende Druck, gegenüber, so daß neuerdings

---

[1]) Vgl. „Über den Wasserschlag" von Rudolf Escher, Zürich, in „Die Turbine",
Berlin 1910, Heft 1.

[2]) Escher gebraucht a. a. O. das Bild einer marschierenden und an der Spitze
angehaltenen Kolonne.

ein Druckausgleich einsetzt, indem wieder Wasser aus dem Behälter in die Leitung tritt. Infolge dieses Ausgleichs stellt sich wiederum zunächst am inneren (beim Behälter) Rohrende und dann fortschreitend durch die ganze Leitung bis zum Absperrorgan der ursprüngliche Druck und die anfängliche Geschwindigkeit ein. Die Trägheit der nunmehr wieder in Bewegung gegen den abgeschlossenen Absperrschieber zu befindlichen Wassermasse läßt wiederum Drucksteigerung eintreten. Dieses Wechselspiel hält solange an, bis die Bewegung durch Dämpfung infolge von Reibung völlig abgeklungen ist. Der Unterdruck ist dabei seinem absoluten Wert nach ebenso groß wie der vorangegangene Überdruck.

Bevor wir zur Darstellung der Erscheinungen nach Alliévi übergehen, wollen wir kurz auf Grund einer Arbeitshypothese die theoretische größte Drucksteigerung bei plötzlichem Schließen des Absperrorgans ermitteln, wenn außer der Elastizität des Wassers alle weiteren Einflußmomente außer Acht gelassen werden (roheste Annäherung an die tatsächlichen Verhältnisse; Vernachlässigung insbesondere der dämpfenden Wirkung der Elastizität des Rohrmaterials). Die Arbeitshypothese ist von verschiedenen Autoren (Pfarr, Escher) zum Ausgangspunkt ihrer Entwicklungen genommen worden.

Bei plötzlichem Schließen (man denke sich das Absperrorgan [etwa eine Falle] durch ein schweres Gewicht beschwert und durch Auslösung einer Sperrvorrichtung zum plötzlichen Zuschlagen gebracht) ergibt sich folgendes: Hat sich in einem gegebenen Zeitpunkt der erste Andrang (erste Phase, maximale Drucksteigerung des ersten Stoßes) über die Länge x nach innen ausgebreitet, und ist der Druck hierbei um die Höhe h m Wassersäule gestiegen, so hat die in der Leitung vorhandene Wassersäule eine Verkürzung im Betrag von

$$\Delta x = h \cdot \gamma \cdot \frac{x}{\varepsilon}$$

erfahren, worin ε der Elastizitätsmodul des Wassers. Während der Kompression steigt der Druck gleichförmig mit der Verkürzung an. Daher entfällt auf die Wassersäule vom Querschnitt F und der Länge Δx die Kompressionsarbeit

$$A_1 = \frac{1}{2} \cdot F \cdot h \cdot \gamma \cdot \Delta x = \frac{1}{2} \cdot F \cdot h^2 \cdot \gamma^2 \cdot \frac{x}{\varepsilon}. \tag{201}$$

Andererseits ist die ursprüngliche kinetische Energie der betrachteten Wassersäule

$$A_2 = \frac{F \cdot x \cdot \gamma}{g} \cdot \frac{c^2}{2}, \tag{202}$$

wenn c die ursprüngliche Geschwindigkeit des Wassers in der Leitung war. Durch Gleichsetzen von A_1 und A_2 erhält man für die unbekannte Höhe h der dynamischen Drucksteigerung

$$h = h_m = c \cdot \sqrt{\frac{\varepsilon}{g \cdot \gamma}}. \tag{203}$$

Nach dem Anschlußbehälter zu tritt die Rückwirkung als plötzlich ansteigende Druckwelle mit unverminderter Heftigkeit über die ganze Rohrlänge bis zum Behälter auf.

Mit $\varepsilon = 20700 \cdot 10^4$ kg/m² kommt somit für den Wasserschlag bei plötzlichem Schließen der Mündung und ohne Berücksichtigung der Elastizität des Rohres und des Druckhöhenverlustes h_w

$$h_m = 145,3 \cdot c, \tag{204}$$

d. h. für jeden Meter der anfänglichen Geschwindigkeit springt der Druck um rund 145 m Wassersäule = $14^1/_2$ kg/cm² hinauf. Bei Berücksichtigung der Elastizität des Rohrmaterials reduziert sich dieses Maximum je nach Rohrmaterial auf 8 bis 12 kg/m² (s. u.). Es entstehen also, da $c = \sim 1$ bis ca. 5 m beträgt, unter Umständen recht bedeutende Überdrücke. — Beachtenswert ist, daß für diesen Fall unendlich kurzer Schließzeit T die Länge der Leitung ohne Einfluß ist.

Die Theorie Alliévi.

Berücksichtigt man mit Alliévi, dessen genannte Schrift den weiteren Ausführungen zugrunde gelegt werden soll, auch die Elastizität des Materials der Rohrwandungen, so kommt man zu Beziehungen, die in allgemeiner Form recht kompliziert erscheinen, für spezielle für die praktische Anwendung wichtige Fälle (Grenzfälle, Maxima, Minima, und unter Annahme eines einfachen, linearen Schließgesetzes für das Abschlußorgan) jedoch zu viel einfacheren Gleichungen umgeformt werden können. Von allgemeiner Bedeutung ist in diesen Formeln die Fortpflanzungsgeschwindigkeit a in m/sec der Druckwelle im Rohr, deren Herleitung aus der Newtonschen Formel für die Geschwindigkeit des Schalles in einen elastischen Körper (Fortpflanzungsgeschwindigkeit einer ebenen Schwingung) erfolgt. Da bei vorliegendem hydraulischem Vorgang zwei Elastizitäten, nämlich diejenige des Wassers, die mit ε bezeichnet werden soll, und diejenige des Rohrmaterials, die E genannt werde (je in kg/m²), von Einfluß werden, ergibt sich eine kombinierte Elastizität $\frac{1}{\varepsilon} + \frac{1}{E} \cdot \frac{D}{s}$, worin in bekannter Weise D den Rohrdurchmesser und s die Wandstärke bedeutet. Damit findet Alliévi als Parameter a der veränderlichen Strömung

$$a = \sqrt{\frac{g}{\gamma} \cdot \frac{1}{\frac{1}{\varepsilon} + \frac{1}{E} \cdot \frac{D}{s}}} = \frac{9900}{48,3 + k \cdot \frac{D}{s}}. \tag{205}$$

Der Parameter a enthält alle physikalischen Konstanten des Problems, nämlich Durchmesser des Rohres, Wandstärke, Elastizitätsmodul des Rohrmaterials und denjenigen der Flüssigkeit sowie das spezifische Gewicht des letzteren.

Im besonderen ermittelt danach E. Braun[1]) für Schmiedeeisen und Stahl

$$a = \frac{1425}{\sqrt{1 + 0{,}008 \cdot \dfrac{D}{s}}} \qquad (206)$$

und für Gußeisen

$$a = \frac{1425}{\sqrt{1 + 0{,}016 \cdot \dfrac{D}{s}}}, \qquad (207)$$

worin der Zähler 1425 der Fortpflanzungsgeschwindigkeit des Schalles im Wasser bei 10° C in m/sec entspricht.

Der Parameter a erweist sich als nur in geringen Grenzen veränderlich. Man kann daher als guten Mittelwert für die Druckfortpflanzungsgeschwindigkeit $a = 1000$ m/sec annehmen (a ist etwas größer für Gußrohre, etwas kleiner für Blechrohre).

Die Alliévischen Untersuchungen und Ansätze gelten zunächst für horizontale Rohrleitung. Inwieweit die für horizontales Rohr gewonnenen Gesetze und Formeln ohne weiteres auf ein geneigtes Rohr übertragen werden können, soll unten besprochen werden.

II. Langsames Schließen. Allmähliche Entlastung.

Schließt das Absperrorgan die Rohrleitung langsam ab, so steigt auch der Druck nur allmählich an. Die auftretende Drucksteigerung ist abhängig von der Geschwindigkeit, mit welcher geschlossen wird, d. h. von einer Zeitfunktion $\psi(t)$ des Abschlußorgans, gekennzeichnet durch das Verhältnis des Ausflußquerschnitts f und des Rohrquerschnitts F. Nachdem das Absperrorgan vollständig abgeschlossen hat, ist keine Veranlassung zu weiterer Drucksteigerung gegeben; der Druck hat nunmehr am Abschlußorgan sein Maximum erreicht. Rohraufwärts, also dem Behälter zu, läuft die Drucksteigerung in eine Spitze aus. Abb. 115. Der maximale Druck am Absperrorgan beginnt nun, in Gestalt einer Druckwelle mit der Fortpflanzungsgeschwindigkeit a rohraufwärts zu wandern, dasselbe geschieht mit der in Abb. 115 dargestellten Druckspitze. Nach einiger Zeit hat der maximale Druck einen Punkt P in der Entfernung x vom Abschlußorgan erreicht, die ganze Rohrstrecke vom Absperrorgan bis zum Punkt P steht nunmehr unter dem maximal

[1]) E. Braun a. a. O., S. 8.

gesteigerten Druck, während von P rohraufwärts (im Sinne von $+ x$) wieder die in Abb. 115 dargestellte Druckspitze auftritt. Bei unendlicher Rohrlänge ($l = \infty$) würde der so geschilderte Vorgang solange fortdauern, bis daß das Abschlußorgan wieder geöffnet und dadurch der Übergang zu einem neuen Strömungszustand vorbereitet wird. Für $l = \infty$ könnte also die maximale Drucksteigerung am Absperrorgan als Beharrungszustand angesehen werden.

Ist jedoch, wie dies praktisch immer zutrifft, l endlich, so können wesentlich kompliziertere Erscheinungen eintreten.

Nach einer Zeit $t = \dfrac{l}{a}$ wird die Druckwelle den Zuflußbehälter erreicht haben. Da der Druck y_0 im Behälter die Größe desjenigen des ursprüng-

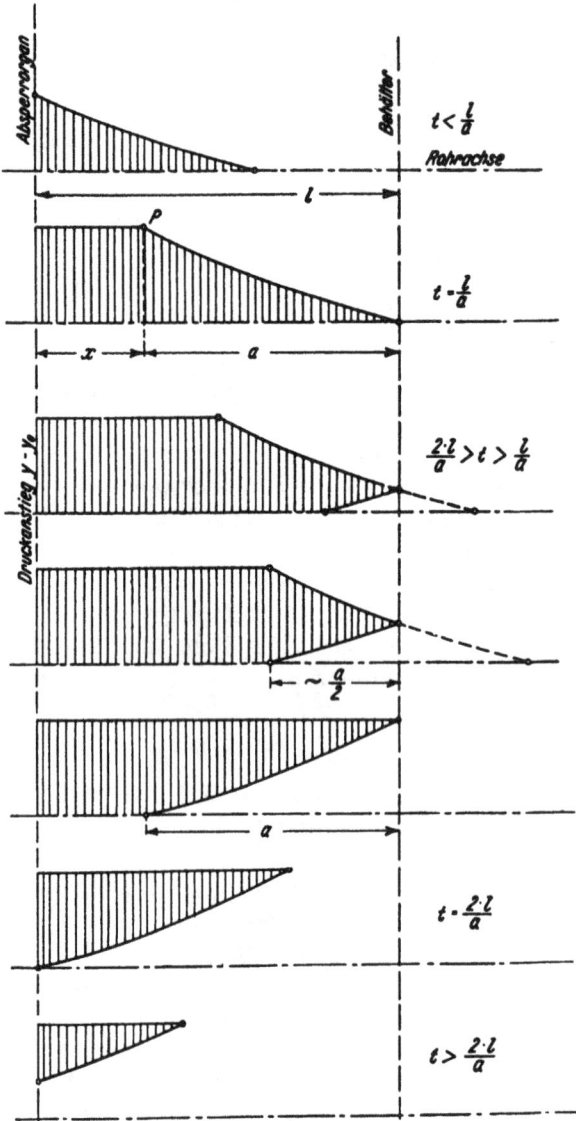

Abb. 115. Entstehung dynamischer Drucksteigerungen.

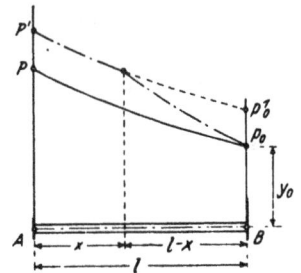

Abb. 116. Grenzbedingungen.

lichen Beharrungszustandes beibehalten wird, so besteht die Grenzbedingung

$$\left.\begin{cases} x = l \\ y = y_0 = \text{constans} \end{cases}\right\}. \tag{206}$$

Dieser Grenzbedingung zufolge müssen somit alle Drucklinien durch den Punkt P_0 (Abb. 116) gehen.

Dies hat zur Folge, daß in dem Moment, in dem die Spitze der Druckwelle den Behälter erreicht, der Druck im Behälter auslaufen, sich ausgleichen kann. Dieser Ausgleich, diese Entlastung, wird sich nun wiederum mit der Geschwindigkeit a fortpflanzen, und zwar im Sinne von $- x$, also in Richtung vom Behälter nach dem Abschlußorgan zu. Die Entlastungswelle verbindet sich nach den Gesetzen der Interferenz mit der ankommenden Druckwelle unter Beachtung der Grenzbedingung Gleichung (208) und hat ebenfalls nach einer Zeit $t = \dfrac{l}{a}$ vom Beginn ihres Auftretens an das Absperrorgan erreicht. Bis zu dem Eintreffen der Entlastungswelle am Absperrorgan ist also seit dem Beginn der Schließbewegung desselben im ganzen ein Zeitraum

$$t_l = \frac{2 \cdot l}{a} \tag{209}$$

verstrichen, der als Laufzeit der Druckwelle bezeichnet wird. Am Ab-

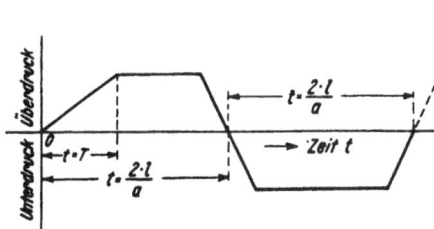

Abb. 117. Druckverlauf am Absperrorgan.   Abb. 118. Bezeichnungen zur Theorie Alliévi.

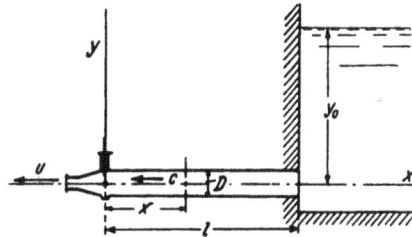

sperrorgan ist also mit dem Eintreffen der Entlastungswelle der Überdruck auf den Betrag Null gesunken. In Abb. 117 ist der Verlauf der Druckänderung für den Querschnitt des Absperrorgans ($x = 0$) schematisch dargestellt.

Mit der so eingetretenen Entlastung ist aber die Wassermasse, die infolge der Kompression und darauf folgender Expansion (Entlastung) eine rückläufige Bewegung im Sinne $- x$ mit einer der Geschwindigkeit c_0 des vorhergegangenen Beharrungszustandes gleichen Geschwindigkeit angenommen hat, noch nicht abgebremst, sie wird also — in ganz gleicher Weise, wie dies infolge des Abschließens des Absperrorgans mit dem Druckanstieg geschah — nunmehr eine Unterdruckwelle erzeugen. Auch diese wandert mit der Geschwindigkeit a rohraufwärts nach dem Behälter zu, wo wieder die Grenzbedingung $y = y_0 =$ constans besteht, so daß dort eine neue Entlastung — oder richtiger Belastungswelle entsteht, welche den Unterdruck wieder ausgleicht. Diese neue Ausgleichswelle läuft wiederum mit der Geschwindigkeit a nach dem Absperrorgan

zu. Da die Zeit, welche jede Welle zum einmaligen Durchlaufen der Rohrlänge l benötigt, $\dfrac{l}{a}$ beträgt, so wird diese Ausgleichstelle nach einer Zeit,

$$t_p = \frac{4 \cdot l}{a} \text{ am Abschlußorgan } (x = 0) \text{ eintreffen.}$$

Der wie gezeigt nunmehr entstandene Unterdruck im Rohr ist eine
Folge der rückläufigen Bewegung des Wassers im Rohr. Da dieses am
Behälter auf den konstanten Druck y_0 stößt, wird zwar ein kleiner Teil
des Rohrinhalts nach dem Behälter zu ausströmen, aber der Überdruck
wird sofort damit beginnen, die ganze im Rohr eingeschlossene Wassersäule zurückzuwerfen, indem der entstandene Unterdruck (der sich,
wie Alliévi zeigt, bis zum Vakuum steigern kann), ausgeglichen wird. Die
Grenzbedingung [Gleichung (208)] verhindert also, daß die Erscheinung
sich im freien Wasserspiegel des Behälters ausgleicht. Infolgedessen
wird das in der Leitung eingeschlossene Wasser neuerdings in Richtung
— x, also dem Abschlußorgan zu beschleunigt, wo es schließlich wiederum
mit der Geschwindigkeit c_0 anlangt und, da das Absperrorgan nunmehr
bereits geschlossen ist, wiederum sofort die maximale Drucksteigerung
h_m hervorruft. Das beschriebene Spiel der Erscheinungen beginnt aufs
Neue; es wird sich so lange wiederholen, bis die ganze der Wassersäule
im Rohr innewohnende Energie vernichtet, die Druckwellen durch
Flüssigkeitsreibung (Druckhöhenverlust) und durch Wirbelung an der
Rohrmündung im Behälter völlig gedämpft sind. Der bei diesen Schwingungen, deren Periode somit zu $t_p = \dfrac{4 \cdot l}{a}$ anzunehmen ist, von der
Wassersäule im Rohr bei jedem einmaligen Hin- oder Hergang der
Druckwelle durch die Rohrleitung zurückgelegte Weg entspricht dabei
der Kompression bzw. Expansion des Wassers während dieser hydraulischen Vorgänge. Wenn wir also, roh und ohne Berücksichtigung der
Elastizität der Rohrwandungen gerechnet, die durch die Kompression
reduzierte Länge der Wassersäule im Rohr mit l' bezeichnen, im Gegensatz zu der ursprünglichen Länge l, so bestimmt sich die Längendifferenz
zu

$$\Delta l = l - l' = \alpha \cdot l, \tag{210}$$

und da die Unterdruckphase einen ebenso großen Ausschlag der Wassersäule nach der anderen Richtung $(+ x)$ hin erzeugen, so ist der gesamte
Weg der äußersten Punkte der Wassersäule zu $2 \cdot \Delta l = 2 \cdot \alpha \cdot l$ zu veranschlagen. Für den mittleren Weg sämtlicher Wasserteilchen wäre
wiederum die Hälfte davon, also $\Delta l = \alpha \cdot l$ anzunehmen. (Diese Einschätzung dürfte noch nicht ganz zutreffen, da ja die nach dem Behälter
zu beschleunigte Wassermasse am oberen Rohrende nicht auf einen
festen, jede Vorwärtsbewegung hindernden Abschluß stößt; Δl wäre also
wohl etwas größer als $\alpha \cdot l$ anzunehmen.) Mit diesem Wert erhält man als

Druckhöhenverlust der einzelnen Phase $\left(t = \dfrac{l}{a}\right)$ der Schwingungsperiode

$$\Delta h_w = \lambda \cdot \frac{\Delta l}{D} \cdot \frac{c_0^2}{2 \cdot g} = \lambda \cdot \frac{\alpha \cdot l}{D} \cdot \frac{c_0^2}{2 \cdot g}. \tag{211}$$

Für beispielsweise $l = 2000$ m, $D = 1$ m, $c_0 = 2$ m/sec, $\alpha = 0{,}00005$, $\lambda = 0{,}002$ erhält man

$$\Delta h_w = 0{,}002 \cdot \frac{0{,}00005 \cdot 2000}{1} \cdot \frac{2^2}{2 \cdot 9{,}81}$$

$$\Delta h_w = \sim 0{,}00004\,m,$$

also einen sehr niedrigen Wert. Danach berechnet sich die Anzahl z der Druckwellen, welche das Rohr durchlaufen müssen, um die maximale Drucksteigerung aufzuzehren, zu

$$z = h_m : h_w.$$

Da ferner $t = \dfrac{l}{a}$ die Zeitdauer darstellt, welche die Druckwelle benötigt, um die Rohrlänge l einmal zu durchlaufen, so kann angenommen werden, daß der Schwingungsvorgang in einer Zeit

$$T_r = z \cdot \frac{l}{a} = \frac{h_m}{h_w} \cdot \frac{l}{a}$$

zur Ruhe kommt. Nehmen wir für unser Beispiel eine maximale Drucksteigerung von $h_m = 100$ m Wassersäule an, so ergibt sich die Zahl der Schwingungen bis zur vollständigen Dämpfung zu

$$z = \frac{100}{0{,}00004} = 2500000.$$

Die Schwingungsdauer für ein einmaliges Durchlaufen der Rohrlänge l ist bei einer mittleren Druckfortpflanzungsgeschwindigkeit $a = 1000$ m/sec.

$$t = l : a = 2000 : 1000 = 2 \text{ sec}$$

die Zeitdauer der Beruhigung der Schwingungen also

$$T_r = 2500000 \cdot 2 = 5000000 \text{ sec},$$

das sind nahezu 1390 Stunden oder rd. 58 Tage.

Nach erfolgtem vollständigen Abschluß des Absperrorgans tritt also eine Phase rythmischer Oszillation von theoretisch unendlicher Dauer ein, deren Dauer aber auch praktisch (unter Annahme der Flüssigkeitsreibung im angegebenen Umfange als einziger Dämpfungsursache) außerordentlich hohe Werte annehmen dürfte, wie die ausgeführte Überschlagsrechnung zeigt. Diese außerordentlich lange Dauer der Beruhigung ist allerdings nur bei ganz geschlossenem Absperrorgan zu erwarten; bleibt das Abschlußorgan dagegen teilweise geöffnet, so werden die Schwingungen durch das fließende Wasser, innerhalb kurzer Zeit hinweggespült, so daß der neue Beharrungszustand eintritt. — Man kann daher sagen, daß das Maximum des Druckanstiegs h_m auch dann noch eintreten kann, solange die Schlußzeit T des Absperrorgans $T < \dfrac{2 \cdot l}{a}$ ist.

Die erwähnten Interferenzerscheinungen verhindern auch, daß sich die maximale Drucksteigerung dem Behälter über eine gewisse Entfernung nähert. In Anbetracht der mittleren Fortpflanzungsgeschwindigkeit sowohl der Druck- wie der Entlastungswelle wird das Druckmaximum dem Behälter nur auf etwa 500 m nahe kommen.

Häufig trifft aber der Fall ein (und er ist im Interesse der Schonung des Rohrmaterials sogar erwünscht), daß die Schließzeit T des Abschluß-organs größer ist als die Laufzeit $t_l = \dfrac{2 \cdot l}{a}$ der Druckwelle. In diesem Falle kehrt die Entlastungswelle zum Abschlußorgan zurück, bevor dieses vollständig abgeschlossen ist. Die restliche Dauer der Abschluß-periode ist also durch die Supperposition zweier Schwingungserscheinungen charakterisiert, so daß je nach Zusammentreffen der Schwingungs-phasen, das von der Rohrlänge l abhängt, sehr komplizierte hydraulische Vorgänge in Erscheinung treten können. Die eine Schwingung (in Richtung $+ x$) entsteht durch die weiter fortschreitende Schließbewegung des Absperrorgans, während die andere (in Richtung $- x$) durch die Reaktion des Behälters hervorgerufen wird. Doch kann auch in diesem Falle die maximale Drucksteigerung h_m eintreten.

Demzufolge unterscheidet Alliévi für das langsame Abschließen des Absperrorgans drei Phasen der Entwicklung, nämlich

1. Phase des einfachen oder direkten Wasserstoßes, dadurch charakterisiert, daß sich der Druck während der Dauer der Bewegung des Abschließorgans mit einer einzigen Schwingungserscheinung längs der Leitung im Sinne von $+ x$ fortpflanzt. Ihre Dauer ist begrenzt durch die Rückkehr der Entlastungswelle zum Absperrorgan, sie kann sich also nur innerhalb des Zeitraums $t = 0$ bis $t = \dfrac{2 \cdot l}{a}$ abspielen.

2. Phase des Reaktions- oder Gegenstoßes während der Bewegung des Absperrorganes, vom Zeitpunkt $t = \dfrac{2 \cdot l}{a}$ ab bis T (Schließzeit), charakterisiert durch die beschriebene Supperposition zweier Schwingungen. Ist die Bewegung des Absperrorgans eine gleichmäßige, d. h. $\psi(t)$ (s. u.) eine lineare Funktion der Zeit, so ist diese zweite Phase eine Beharrungsphase der veränderlichen Strömung, d. h. der Druck ist in jedem Querschnitt konstant (y keine Funktion der Zeit, $dy : dt = 0$), und die Geschwindigkeit c ist in jedem Punkt der Flüssigkeitssäule dieselbe (c keine Funktion des Orts $\partial c : \partial x = 0$).

3. Phase des Gegenstoßes nach dem Stillstehen des Absperrorgans von $t = T$ bis ∞. Es ist dies die Phase der beschriebenen rythmischen Oszillation, die, je nachdem das Absperrorgan ganz oder teilweise geschlossen stehen bleibt, unendlich viele (theoretisch) oder gar keine Pendelungen aufweist. Der allgemeine Verlauf ist in jedem Falle asymptotisch zum neuen Beharrungszustand.

Damit sind die grundlegenden Anschauungen der Alliévischen Theorie entwickelt. Es ergeben sich dazu eine Anzahl von Sonderfällen, deren erschöpfende Besprechung über den Rahmen dieser Schrift hinausginge. Nur einzelne derselben, die für den Konstrukteur von Druckrohrleitungen von speziellem Interesse sind, mögen kurz berührt werden. Wichtiger sind dagegen die von Alliévi entwickelten Berechnungsformeln sowie einige Ergebnisse und Folgerungen aus denselben.

Zunächst sei darauf hingewiesen, daß, wenn das vollständige Abschließen des Absperrorgans in einer Zeit $T < \dfrac{2 \cdot l}{a}$ eintritt, die zweite Phase auf einer Strecke $l - \dfrac{a}{2} \cdot T$ vom Absperrorgan aus gerechnet, nicht zur Wirkung kommt, und die Druckhöhe diesfalls in jedem Querschnitt dieser Strecke in einer Zeit $t = T + \dfrac{x}{a}$ den maximalen Wert h_m erreicht. Wir haben also auf dieser Rohrstrecke während eines Teils der Phase des direkten Wasserstoßes die Erscheinung einer konstanten Druckhöhe h_m (vgl. Abb. 115).

Als allgemeinste Beziehung für die Drucksteigerung findet Alliévi die für beliebigen Querschnitt geltende Beziehung

$$y - y_0 = \frac{a}{g} \cdot (c_0 - c), \qquad (212)$$

worin y_0 die Druckhöhe im Rohr im Beharrungszustand in m Wassersäule, $y - y_0$ den Druckanstieg, $c - c_0$ die Geschwindigkeitsabnahme, c_0 die ursprüngliche Geschwindigkeit des Beharrungszustandes bedeutet (Abb. 118). Diese Beziehung ist während der Phase des direkten Wasserstoßes gültig.

Seinen maximalen Wert erreicht der Überdruck für $c = 0$. Aus den Grenzen der Werte des Verhältnisses $\dfrac{a}{g}$ (hier nicht im einzelnen behandelt) kann man schließen, daß das Maximum für jeden Meter Geschwindigkeitsverlust 8 bis 12 kg/cm² beträgt. Voraussetzung für Erreichung dieses Druckmaximums ist der vollständige Abschluß des Absperrorgans in der Zeit

$$T < 2 \cdot \frac{l}{a},$$

in welchem Falle der Druckanstieg von der Schnelligkeit des Schließens vollständig unabhängig ist, wie aus Gleichung (212) folgt.

Mit $c = 0$, d. h. für vollständigen Abschluß des Absperrorgans, schreibt sich dieser maximale Wert des Druckanstieges mit

$$y_{max} = h_m = y_0 + \frac{a \cdot c_0}{g}, \qquad (213)$$

Damit ist für die Festigkeitsberechnung des Rohres bereits das wichtigste Resultat gegeben. Für Betrieb und Regulierung der Turbinen ist jedoch der Druckverlauf während des ganzen hydraulischen Vorganges von Interesse, und hierfür bildet der Ausdruck für h_m die Grundlage. Er bestimmt sich beim einfachen oder direkten Wasserstoß für $x = 0$, also für den Querschnitt des Absperrorgans, für den wir y durch $\mathfrak{y}$ ersetzen:

$$\mathfrak{y}^2 - 2 \cdot \mathfrak{y} \cdot (h_m + \lambda(t)) + h_m^2 = 0, \qquad (214)$$

worin $\mathfrak{y}$ die veränderliche Druckhöhe für den Querschnitt $x = 0$ in m Flüssigkeitssäule, $\lambda(t)$ eine Funktion der Zeit t bedeutet, die sich wie folgt ermittelt:

Es ist die Ausflußgeschwindigkeit in der Mündung im Beharrungszustand in m/sec

$$u_0 = \sqrt{2 \cdot g \cdot y_0}, \qquad (215)$$

$\psi(t)$ diejenige Funktion der Zeit, die das während der Bewegung des Abschlußorgans sich ändernde Verhältnis zwischen Rohrquerschnitt F und Durchlaßquerschnitt f des Abschlußorgans zur Darstellung bringt, nämlich

$$\psi(t) = \left(1 - \frac{t}{T}\right) \cdot \psi(0), \qquad (216)$$

worin T die Schließzeit in Sekunden, t die veränderliche Zeit des korrespondierenden veränderlichen Druckes y bedeutet. Die Funktion $\psi(0)$ ist der Funktion $\psi(t)$ für die Zeit $t = 0$, also deren Wert im ursprünglichen Beharrungszustand, analytisch also

$$\psi(0) = c_0 : u_0 \qquad (217)$$

gleichzusetzen. Dies gilt unter der Voraussetzung, daß das Absperrorgan mit konstanter Geschwindigkeit, d. h. nach linearem Gesetz vollständig geschlossen wäre. Dann bestimmt sich die zur Vereinfachung der Form der Gleichung (214) eingeführte Zeitfunktion $\lambda(t)$ zu

$$\lambda(t) = \frac{a^2 \cdot \psi^2(t)}{g}. \qquad (218)$$

Die Dauer der Phase des direkten Wasserstoßes bestimmt sich aus

$$0 < t < \frac{2 \cdot l}{a}. \qquad (219)$$

Als Grundlage für die Ermittlung des Druckverlaufs in den weiteren Phasen ist zu bestimmen: die Zeitfunktion $F(t)$ zu

$$F(t) = \mathfrak{y} - y_0, \tag{220}$$

sowie die veränderliche Geschwindigkeit im Querschnitt $x = 0$ zu

$$C = c_0 - \frac{g}{a} \cdot F(t) = c_0 - \frac{g}{a} \cdot (\mathfrak{y} - y_0). \tag{221}$$

Für die Phasen des Gegenstoßes, d. h. für den Zeitabschnitt

$$2 \cdot \frac{l}{a} < t < T, \tag{222}$$

also bis zum Augenblick des Abschließens der Abschlußvorrichtung ergibt sich der Druckverlauf am Absperrorgan aus der Gleichung

$$\mathfrak{y}^2 = 2 \cdot \mathfrak{y} \cdot ((h_m - 2 \cdot f) + \lambda(t)) + (h_m - 2 \cdot f)^2 = 0, \tag{223}$$

die sich von Gleichung (214) nur dadurch unterscheidet, daß an Stelle von h_m in Gleichung (214) der Ausdruck $(h_m - 2 \cdot f)$ in Gleichung (222) getreten ist. f bedeutet hierin eine noch zu besprechende Funktion von t.

Für die dritte Phase, die Phase der rhythmischen Oszillation, d. h. für die Zeit nach dem Abschließen

$$t \geqq T \tag{224}$$

erhält man schließlich den Druckverlauf am Absperrorgan aus

$$\mathfrak{y} = h_m - 2 \cdot f. \tag{225}$$

Die Rechnung ist in der Weise durchzuführen, daß man den Druckanstieg in Zeitintervallen von etwa 0,2 sec mittels der Gleichungen (214), (223) und (225) ermittelt und die Werte tabellarisch zusammenträgt.

Zur Bestimmung des Wertes der Zeitfunktion f bedarf es einer Zwischenermittlung aus der Phase des direkten Wasserstoßes, d. h. aus dem Zeitraum $t \leqq \frac{2 \cdot l}{a}$. Für diese erhält man eine Zeitfunktion F

$$F(t) = \mathfrak{y} - y_0. \tag{226}$$

In der Phase des Gegenstoßes ist zunächst für den Zeitraum $\frac{2 \cdot l}{a} \leqq t \leqq \frac{4 \cdot l}{a}$ die Zeitfunktion f zu ermitteln, die aus der Phase des direkten Wasserstoßes entnommen werden kann, indem

$$f = F\left(t - \frac{2 \cdot l}{a}\right) \tag{227}$$

zu setzen ist. Für das angegebene Intervall $\frac{2 \cdot l}{a}$ bis $\frac{4 \cdot l}{a}$ deckt sich somit der Wert $\left(t - \frac{2 \cdot l}{a}\right)$ mit den Zeitwerten der Phase des direkten

Wasserstoßes, und die Funktion f der Phase des Gegenstoßes kann somit durch entsprechende Werte $F(t)$ der ersten Phase ersetzt werden.

Durch Wiederholung des Verfahrens für weitere Perioden $n \cdot \dfrac{2 \cdot l}{a} < t < (n+1) \cdot \dfrac{2 \cdot l}{a}$ über den ganzen Zeitraum der Phase des Gegenstoßes $\dfrac{2 \cdot l}{a} \leq t \leq T$ erhält man den Druckverlauf während dieser ganzen zweiten Phase.

Auch für die dritte Phase, diejenige der rythmischen Oszillation, ergibt sich der zur Bestimmung der Druckhöhe $\mathfrak{h}$ gemäß Gleichung (225) erforderliche Funktionswert f aus

$$f = F\left(t - \frac{2 \cdot l}{a}\right), \qquad (228)$$

wodurch derselbe auf denjenigen des um $\dfrac{2 \cdot l}{a}$ sec zurückliegenden Wertes $F(t)$, der in die Tabelle aufzunehmen ist, zurückgeführt ist.

Oft interessieren nicht nur die Drücke, sondern auch die Wassergeschwindigkeiten. Die veränderliche Wassergeschwindigkeit, die für den Querschnitt $x = 0$ (Absperrquerschnitt) mit C bezeichnet werden möge, findet man für die Phase des direkten Wasserstoßes unter Berücksichtigung von Gleichung (214) zu

$$C = c_0 - \frac{g}{a} \cdot F(t) = c_0 - \frac{g}{a} \cdot (\mathfrak{h} - y_0), \qquad (229)$$

während sich für die Gegenstoßphase unter Beachtung von Gleichung (223) ergibt

$$\mathfrak{h} + \frac{a}{g} \cdot C = h_m - 2 \cdot f,$$

somit

$$C = ((h_m - 2 \cdot f) - \mathfrak{h}) \cdot \frac{g}{a}. \qquad (230)$$

Andere Querschnitte der Rohrleitung. Für einen beliebigen Querschnitt der Rohrleitung mit der Abszisse x vom Absperrorgan aus sollen die allgemeinen Bezeichnungen y und a an Stelle von $\mathfrak{h}$ und C im Querschnitt $x = 0$ eingeführt werden. Unter Benutzung der bereits zu dem Querschnitt $x = 0$ berechneten Werten $F(t)$ bestimmen sich für die Phase des direkten Wasserstoßes der Druck zu

$$y = y_0 + F\left(t - \frac{x}{a}\right) \qquad (231)$$

und die Geschwindigkeit zu

$$c = c_0 - \frac{g}{a} \cdot F\left(t - \frac{x}{a}\right), \qquad (232)$$

wobei zu beachten ist, daß im Querschnitt x der Beginn der Schließbewegung des Absperrorgans zunächst keinen Druckanstieg zur Folge
hat, der Beginn des Druckanstieges vielmehr um den Zeitbetrag $t = \dfrac{x}{a}$
gegenüber Querschnitt $x = 0$ verschoben ist. Da andererseits die Druckwelle bis zum Eintreffen des Gegenstoßes im Querschnitt x nur den
Weg $2 \cdot (l - x)$ zurückzulegen hat, wozu die Zeit $\dfrac{2 \cdot (l - x)}{a}$ erforderlich
ist, so beschränkt sich im Querschnitt x die Dauer der Phase des direkten
Wasserstoßes auf den Zeitraum $t = \dfrac{x}{a}$ bis $t = \dfrac{x}{a} + \dfrac{2 \cdot (l - x)}{a}$.

Für die Phase des Gegenstoßes im Querschnitt x gilt dann die
Zeitungleichung

$$\frac{x}{a} + \frac{2 \cdot (l - x)}{a} < t < T + \frac{x}{a} \qquad (233)$$

und es berechnen sich in der Phase des Gegenstoßes in beliebigem Querschnitt x der Druck nach

$$y = y_0 + F - f, \qquad (234)$$

die Geschwindigkeit nach

$$c = c_0 - \frac{g}{a} \cdot (F + f), \qquad (235)$$

wobei F und f Funktionen von x bedeuten und die Form

$$F\left(t - \frac{x}{a}\right) \quad \text{und} \quad f\left(t + \frac{x}{a}\right) \qquad (236)$$

besitzen.

Die ganz allgemeinen Beziehungen (234) und (235) haben schließlich
auch für die Phase der rhythmischen Oszillation Gültigkeit. Dabei ist
jeweils die Funktion $F(t)$ aus den vorhergehenden Rechnungen für Querschnitt $x = 0$ zu entnehmen.

Einmündungsquerschnitt x = 0.   Hierfür ist nichts wesentlich
Neues zu beachten. Daß hier nur die veränderliche Geschwindigkeit c
zu berechnen ist, ergibt sich aus der schon oben erwähnten Grenzbedingung $x = l$ mit $y = y_0 = $ constans.

Für c gilt:

$$c = c_0 - \frac{2 \cdot g}{a} \cdot F\left(t - \frac{l}{a}\right). \qquad (237)$$

III. Stillstehen des Absperrorgans.

Hält das Absperrorgan nach einer Zeit $t = t_1$ in seiner Schließbewegung inne und läßt also einen Teil des Durchflußquerschnitts offen, so ist
von diesem Zeitpunkt $t = t_1$ an die Zeitfunktion

$$\psi(t) = \psi(t_1) = \text{constans}. \qquad (238)$$

Die Druckhöhe $\mathfrak{y}$ wird sich allmählich der Druckhöhe y_0 des Beharrungszustandes nähern. Das Veränderlichkeitsgesetz von $\mathfrak{y}$ ist jedenfalls
nur abhängig von den Werten, welche die Funktion $F(t)$ in der Periode
$\dfrac{2 \cdot l}{a}$ sec vor dem Stillstehen des Abschlußorgans gehabt hat. Bis zum
Stillstehen des Absperrorgans, also für die Zeit $t = 0$ bis $t = t_1$, berechnet
sich die Druckvariation wie zuvor angegeben. Das Abklingen der
Druckpendelungen nach dem Stillstand des Absperrorganes bis zum
Druck y_0 des Beharrungszustandes erfolgt im allgemeinen sehr rasch;
die Druckvariation soll hier nicht weiter untersucht werden (sie wäre
nur für den Regulierungsspezialisten, nicht für den Rohrkonstrukteur
von Interesse). Für die Annäherung an den Beharrungszustand $\mathfrak{y} = y_0$
bestehen dabei zwei Möglichkeiten:

1. ist $a \cdot \psi(t_1) < \dfrac{u_0 + u_1}{2}$, so nähert sich die Druckhöhe $\mathfrak{y}$ mit einer

unendlichen Anzahl gedämpfter Oszillationen asymptotisch dem Wert y_0;

2. ist $a \cdot \psi(t_1) > \dfrac{u_0 + u_1}{2}$, so nähert sich $\mathfrak{y}$ dem Wert y_0 asympto-

tisch ohne Oszillationen (u_1 Wassergeschwindigkeit nach der Zeit t_1).

IV. Weitere Folgerungen.

Alliévi behandelt in seiner genannten Schrift eine Reihe von spe-
ziellen Fällen, von welchen hier nur die wichtigsten Ergebnisse mitgeteilt werden sollen.

1. Von großer Wichtigkeit für den Rohr- und Wasserturbinen-
konstrukteur ist die Bestimmung desjenigen Wertes der Schließzeit T,
bei welchem die Druckhöhe $\mathfrak{y}_1$ in der Phase des Gegenstoßes einen vorgeschriebenen Wert nicht überschreitet. (Die Schlußzeiten T sind meist
so zu wählen, daß der Abschluß in die Gegenphase fällt.) Hierfür findet
Alliévi

$$T = \frac{l \cdot c_0}{g \cdot (\mathfrak{y}_1 - y_0)} \cdot \sqrt{\frac{\mathfrak{y}_1}{y_0}}. \tag{239}$$

2. Vermeidung negativer minimaler Druckhöhen $2 \cdot y_0 - \mathfrak{y}_1$ während
der Unterdruckwellen der Oszillationsperiode (vollständiger Abschluß
des Absperrorgans) wird erzielt, wenn

$$T > 0{,}144 \cdot \frac{l \cdot c_0}{y_0} \tag{240}$$

gewählt wird.

3. Vom Standpunkt der Turbinenregulierung aus ist die Frage, ob
die durch die Drucksteigerung eintretende Zunahme der Geschwindigkeit die lebendige Kraft des ausfließenden Wassers so stark zu steigern
vermag, daß sie trotz Abnahme der ausfließenden Wassermenge bis zu

einem gewissen Punkt evtl. größer wird als im vorhergegangenen Beharrungszustand, von Interesse.

Dazu ist zu antworten, daß während der Dauer des direkten Wasserstoßes die lebendige Kraft des austretenden Wasserstrahles in dem Augenblick ein Maximum erreicht, in welchem die veränderliche Druckhöhe $\mathfrak{y}$ auf den Betrag $\dfrac{h_m}{2}$ angestiegen ist. Damit dieses Maximum wirklich eintreten kann, muß natürlich $\dfrac{h_m}{2} > y_0$ oder

$$h_m > 2 \cdot y_0 \tag{241}$$

sein. Unter Berücksichtigung von Gleichung (213) kommt dafür

$$y_0 + \frac{a \cdot c_0}{g} > 2 \cdot y_0$$

oder

$$c_0 > \frac{g}{a} \cdot y_0. \tag{242}$$

Da $\dfrac{g}{a}$ für Eisenrohre zwischen den Werten 0,008 und 0,012 liegt, so erkennt man hieraus, daß diese Bedingung für das Eintreten eines Energiemaximums bei Druckleitungen häufig erfüllt sein wird. (Die Geschwindigkeit c_0 ist in den meisten Fällen größer als $\dfrac{y_0}{100}$, solange y_0 den Betrag von 500 m nicht wesentlich übersteigt. Höchstgefälle erweisen sich demnach von diesem Gesichtspunkt aus reguliertechnisch günstiger als Hoch-, Mittel- und Niedergefälle.)

Das genannte Maximum der lebendigen Kraft tritt ein, bei einem Öffnungs-(Beaufschlagungs-)Grad (Bruchteil des vollen Ausflußquerschnitts)

$$\beta = \frac{1}{\sqrt{2}} \cdot \frac{\sqrt{h_m \cdot y_0}}{h_m - y_0}. \tag{243}$$

Da andererseits das Energiemaximum nur auftreten kann, wenn die β entsprechende Schließzeit

$$T_m \leqq \frac{2 \cdot l}{a}, \tag{244}$$

d. h. beispielsweise für eine Leitung von 400 bis 500 m Länge größer als 1 sec, so ist zu ersehen, daß dieses Maximum in den meisten praktischen Fällen nicht erreicht wird.

Das Verhältnis σ der maximalen zur normalen lebendigen Kraft ergibt sich aus

$$\sigma = \frac{h_m}{4 \cdot y_0} \cdot \frac{h_m}{h_m - y_0}. \tag{245}$$

4. Für abgestufte Leitungen (wechselnder Durchmesser D) ist an Stelle des in Gleichung (213) vorkommenden Ausdruckes $a \cdot c_0$ annähernd der für n Stufen geltende Mittelwert $\dfrac{\Sigma(a \cdot c_0)}{n}$ zu bilden.

5. Ist $a \cdot c_0 < 2 \cdot g \cdot y_0$, so tritt die maximale Druckhöhe während des direkten Stoßes, und zwar im Augenblick $t = \dfrac{2 \cdot l}{a}$ sec auf [Berechnung nach Gleichung (214)].

6. Ist $2 \cdot g \cdot y_0 < a \cdot c_0 < 3 \cdot g \cdot y_0$, oder für n Stufen annähernd

$$2 \cdot g \cdot y_0 < \frac{\Sigma(a \cdot c_0)}{n} < 3 \cdot g \cdot y_0,$$

dann kann die maximale Druckhöhe in der ersten oder zweiten Phase auftreten; es richtet sich dies ganz nach der Größe der Schließgeschwindigkeit, d. h. der totalen Schließzeit T. Für

$$T = \frac{a \cdot c_0 - g \cdot y_0}{a \cdot c_0 - 2 \cdot g \cdot y_0} \cdot \frac{l}{a} \qquad (246)$$

ist die maximale Druckhöhe in beiden Phasen gleich.

7. Hat man den Fall $a \cdot c_0 > 3 \cdot g \cdot y_0$ oder allgemein $\dfrac{\Sigma(a \cdot c_0)}{n} >$ $3 \cdot g \cdot y_0$, dann tritt die maximale Druckhöhe während der Gegenstoßphase auf. [Berechnung hat nach Gleichung (223) zu erfolgen].

Gleichung (223) setzt die Ermittlung des Druckverlaufs in der Phase des direkten Wasserstoßes voraus [Bestimmung von $F(t)$]. Unter Voraussetzung des auch bisher unterstellten Gesetzes konstanter Schlußgeschwindigkeit läßt sich die durch den Gegenstoß $\left(T > \dfrac{2l}{a}\right)$ hervorgerufene Druckhöhe auch unmittelbar bestimmen, wofür Alliévi die Beziehung

$$\frac{\mathfrak{y}}{y_0} = 1 + \frac{l \cdot c_0}{g \cdot T \cdot y_0} \cdot \sqrt{\frac{\mathfrak{y}}{y_9}} \qquad (247)$$

oder der Kürze halber mit

$$\frac{\mathfrak{y}}{y_0} = z \quad \text{und} \quad \frac{l \cdot c_0}{g \cdot T \cdot y_0} = n, \qquad (248)$$

$$z^2 - z \cdot (2 + n^2) + 1 = 0 \qquad (249)$$

entwickelt.

Die Lösung dieser Gleichung ist

$$z = 1 + \tfrac{1}{2} \cdot n \cdot (n \pm \sqrt{n^2 + 4}). \qquad (250)$$

Die erste Lösung $z_1 > 1$ gilt für positiven Wasserstoß, d. h. für Schließbewegung des Absperrorgans; die zweite Lösung $z_2 < 1$ dagegen für negativen Wasserstoß (Öffnungsbewegung) (negativer Wasserstoß $\mathfrak{y} < y_0$).

Gemäß Gleichung (248) ist dann die entstehende Druckhöhe selbst

$$\mathfrak{y} = z \cdot y_0 . \tag{251}$$

8. Unter Benutzung korrelativer Beziehungen zwischen der Geschwindigkeit c_0 und der Druckhöhe y_0 des Beharrungszustandes findet demnach Alliévi für Schweißeisenrohre mit einer zulässigen Beanspruchung $\sigma_z = 7 \cdot 10^6$ kg/m² $= 700$ kg/cm², einem Elastizitätsmodul $E = 2 . 10^{10}$ kg/m² und ferner einer Elastizitätszahl für Wasser $\varepsilon = 2,07 . 10^8$ kg/m², daß

für $c =$	1,5	2,0	2,5	3,0 m/sec
die maximale Druckhöhe in der ersten Phase auftritt, wenn $y_0 >$	60	90	120	160 m
und in der zweiten Phase, wenn $y_0 <$ . . .	30	50	70	90 m

Liegt dagegen der Wert von y_0 zwischen den beiden Grenzwerten (ist also die Bedingung $2 \cdot g \cdot y_0 < a \cdot c_0 < 3 \cdot g \cdot y_0$ erfüllt), so tritt die maximale Druckhöhe in der ersten oder zweiten Phase auf, je nachdem die totale Schließzeit T größer oder kleiner als der durch Gleichung (246) definierte Wert ist.

9. Ist $a \cdot c_0 < 2 \cdot g \cdot y_0$ (was hauptsächlich bei größeren Gefällen eintritt) und wird das Absperrorgan mit konstanter Geschwindigkeit in der totalen Schließzeit $T = T_1$ geschlossen, so ist die am Ende der Phase des direkten Wasserstoßes auftretende Druckhöhe $\mathfrak{y}_1$ größer als die während der Gegenstoßphase eintretende, nach Gleichung (247) zu berechnende mittlere Grenzdrucksteigerung des Gegenstoßes.

Will man also in der Gegenstoßphase einen ebenso hohen Druck wie in der Phase des direkten Wasserstoßes zulassen (vgl. Ziff. 6), so kann in ersterer die Schließbewegung rascher ausgeführt werden als in der ersten Phase. Die dafür eintretende totale Schließzeit $T = T_2$ ist also kleiner als die aus der Schließgeschwindigkeit der ersten Phase sich ergebende totale Schließzeit $T = T_1$, und die Linie der (linearen) Zeitfunktion $\psi(t)$ erhält im Zeitpunkt $t = \dfrac{2 \cdot l}{a}$ einen Knick (Abb. 119).

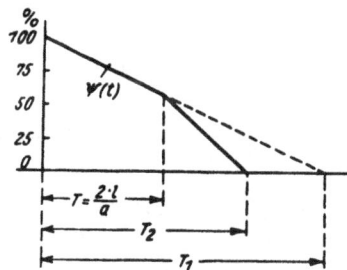

Abb. 119. Zeitfunktion $\psi(t)$ mit Knick.

10. Da die größte Drucksteigerung in der Phase des direkten Wasserstoßes über die Länge $x = l - \dfrac{a}{2}$ konstant ist, bei geneigtem Rohr aber die statische Druckhöhe vom Absperrorgan nach dem Behälter zu abnimmt, so ist die auf die statische Druckhöhe in jedem Rohrquerschnitt

bezogene prozentuale Drucksteigerung in den oberen Rohrabschnitten größer als in den unteren. Deshalb ist für die prozentuale Drucksteigerung auch die Form der Rohrtrace wichtig, wie Abb. 120 erkennen läßt, in der eine geradlinige Rohrtrace R, eine nach unten konkave R_1 und eine nach unten konvexe R_2 dargestellt sind, für welche das Diagramm der größten Drucksteigerung in der Phase des direkten Wasserstoßes eingetragen ist. Aus diesem und den ebenfalls in Abb. 120 abzulesenden statischen Druckhöhen sind die Linien der prozentualen Drucksteigerung ermittelt, wobei p_1, p und p_2 den Rohrtracen R_1, R und R_2 entsprechen. Hieraus ist deutlich zu ersehen, daß die nach unten konkave Rohrtrace in dieser Beziehung besonders ungünstig ist, während die nach unten konvexe Rohrtrace, insbesondere bei steilem Abfall unmittelbar am Behälter, sich als besonders vorteilhaft erweist. Dies ist insbesondere auch der Abschwächung des Wasserstoßes auf dem obersten Rohrabschnitt in einer Entfernung $\frac{a}{2}$ vom Behälter aus zu verdanken. Wäre diese durch die

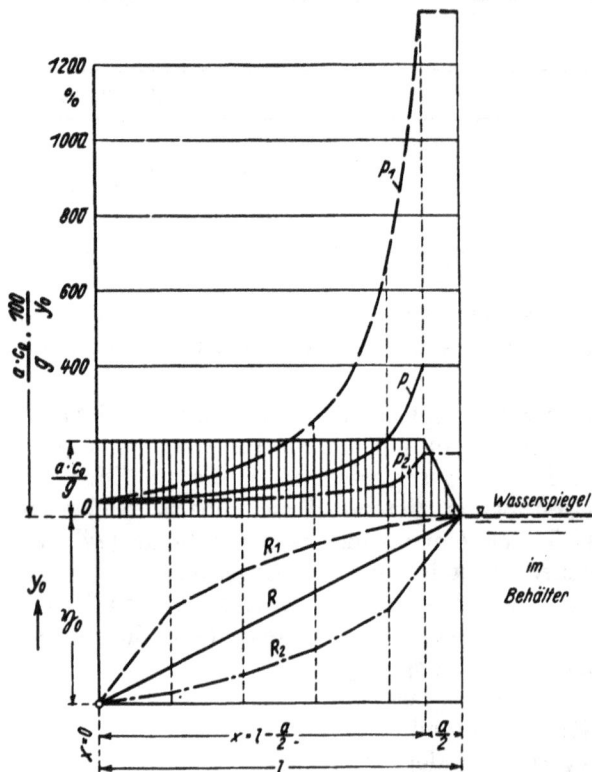

Abb. 120. Prozentuale Drucksteigerung bei gerader, konkaver und konvexer Rohrtrace.

Gegenstoßwelle erfolgende Abschwächung nicht vorhanden, so würde auch bei R_2 die prozentuale Drucksteigerung im obersten Rohrabschnitt viele Hunderte von Prozent betragen, vielmehr in allen drei Fällen für $x = l$ theoretisch unendlich groß sein.

Wenngleich sich hieraus für die Festigkeitsberechnung neu zu veranlagender Rohre, deren Trace bereits festliegt, kein Vorteil ergibt, da hierfür nur die absoluten Drucke maßgebend sein können, also die Summe

$$y_0 + \frac{a \cdot c_0}{g},$$ d. h. die Summe der statischen und dynamischen Drücke, so

ist die Betrachtung doch von Wichtigkeit für die Beurteilung einer Rohrtrace im allgemeinen und der Anstrengungsmöglichkeit einer fertigen bzw. gegebenen Rohrleitung. Die nach unten konvexe Rohrtrace erweist sich jedenfalls gegenüber dynamischen Druckbeanspruchungen viel weniger empfindlich als die nach unten konkave Leitung, und Überbeanspruchungen sind diesfalls viel weniger zu befürchten. Andererseits bietet sich bei nach unten konkaver Rohrtrace — im Gegensatz zu der nach unten konvexen — die Möglichkeit, den oberen Teil des Rohrstranges durch Zwischenschaltung eines Wasserschlosses aus dem Wirkungsbereich der dynamischen Drucksteigerungen auszuschalten, und so sowohl für den verbleibenden unteren und steil abfallenden Rohrteil den Vorteil der geradachsigen oder nach unten konvexen Rohrtrace in Beziehung auf die Wirkungen dynamischer Drucksteigerungen zu gewinnen, als auch den abgetrennten oberen — nunmehr besonderen dynamischen Druckbeanspruchungen nicht mehr ausgesetzten — Rohrteil mit geringerer Wandstärke konstruieren zu können. Der hieraus sich ergebende wirtschaftliche Vorteil kann dem Kostenaufwand für das Wasserschloß zugeschlagen werden. Die Verkürzung des den dynamischen Drucksteigerungen unterworfenen Rohrabschnitts ist außerdem reguliertechnisch von Vorteil.

11. Das lineare Schließgesetz, das eine der wichtigsten Voraussetzungen für eine einfache Anwendung der Alliévischen Entwicklungen ist, trifft bei voller Beaufschlagung im allgemeinen mit guter Annäherung zu. Beginnt die Schließbewegung jedoch mit einer Teilbeaufschlagung, so weicht das Schließgesetz häufig nicht unwesentlich vom linearen ab — wenigstens ist dies von Peltondüsen und Regulatoren der J. M. Voithschen Bauart bekannt[1]). Diesfalls ergibt sich dann unter Umständen (je nach Form der Schlußkurven der Düsennadeln) der größte Druckanstieg nicht bei größter, sondern bei einer Teilbeaufschlagung. Desgleichen mag dieses Druckmaximum größer sein, als es sich bei Vollbeaufschlagung nach dem linearen Schließgesetz ergibt. Gegen Überraschungen dieser Art bietet die Berechnung des Druckanstieges nach Gleichung (203) für plötzliches Schließen jedenfalls einen gewissen Schutz.

V. Wasserstoß in geneigtem Rohr.

Da die Zuleitungsrohre für das Wasser von Wasserkraftanlagen fast immer geneigt sind, ist von größter Wichtigkeit, zu wissen, inwieweit die zuvor gegebenen Gesetze in Formeln ohne weiteres auf geneigtes Rohr übertragbar sind.

Unter der nur für horizontales Rohr genau zutreffenden Voraussetzung konstanten Parameters a findet man für geneigtes Rohr den ver-

---

[1]) E. Reichel, „Die Turbinen A. S. Rjukanfos und deren Untersuchung", Z. V. d. I. 1914, S. 1581.

änderlichen Druck zu

$$y = y_0 - x \cdot \sin \alpha + F - f \qquad (252)$$

und die veränderliche Geschwindigkeit zu

$$c = c_0 - \frac{g}{a} \cdot (F + f) \qquad (253)$$

(F und f die bekannten Zeitfunktionen; übrige Bezeichnungen gemäß Abb. 121).

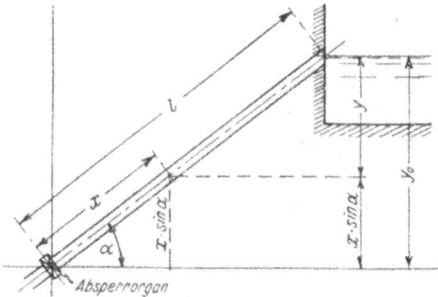

Abb. 121. Wasserstoß im geneigten Rohr.

Diese Gleichungen unterscheiden sich von den für horizontales Rohr abgeleiteten nur durch das Hinzukommen des Gliedes — $x \cdot \sin \alpha$. Man erkennt daher, daß die für horizontales Rohr aufgestellten Formeln und Gesetze ohne weiteres auch für geneigtes Rohr gelten.

Der einzige Unterschied besteht bezüglich der Druckverteilung längs der Rohrleitung darin, daß die Ordinaten der Drucklinie für das geneigte Rohr jeweils um $x \cdot \sin \alpha$ kleiner werden. Dieser Betrag ist also für jeden Querschnitt des geneigten Rohrs von den für horizontales Rohr ermittelten Drucken in Abzug zu bringen.

VI. Der negative Wasserstoß.

Unter negativem Wasserstoß sei die Erscheinung des Unterdruckes oder Druckabfalles verstanden, der entweder beim Öffnen eines talwärts oder beim Schließen eines bergwärts gelegenen Absperrorgans auftritt und sich wie der Überdruck längs der Leitung fortpflanzt.

Da die von Alliévi abgeleiteten Formeln für den positiven Wasserstoß auf allgemeinster Grundlage beruhen, so haben dieselben unter sinngemäßer Einführung der nunmehr gültigen Grenzbedingungen auch für den negativen Wasserstoff Gültigkeit. Sie sollen nach dieser Richtung hin nicht weiter verfolgt werden. Das wichtigste Ergebnis ist jedenfalls, daß am Absperrorgan die maximale Druckabnahme wiederum am Ende der Phase des direkten Wasserstoßes eintritt und beträgt

$$h_m = y_0 , \qquad (254)$$

daß dagegen in zweiter Phase (Gegenstoßphase) ein maximaler positiver Gegenstoß im Betrag von $\mathfrak{h}_1 = 1{,}228 \cdot y_0$ erfolgen kann, und zwar im Zeitpunkt $t = \dfrac{4 \cdot l}{a}$ und einem Öffnungsbetrag $\psi(T) = \dfrac{0{,}3 \cdot u_0}{a}$ bei einer Öffnungszeit $T \leq \dfrac{2 \cdot l}{a}$ (worin u_0 die Ausflußgeschwindigkeit in

der Mündung im Beharrungszustand bei voll geöffnetem Abschlußorgan bedeutet).

Soll der Druck nicht unter einen gewissen vorgeschriebenen Druck $\mathfrak{h}_s$
fallen, so ist die Öffnungszeit mindestens zu wählen zu

$$T = \frac{l \cdot c_1}{g \cdot y_0} \cdot \frac{2 \cdot \sqrt{s}}{1-s}, \tag{255}$$

worin $s = \mathfrak{h}_s : y_0$ und c_1 die Beharrungsgeschwindigkeit am Ende der
Öffnungsbewegung ist.

Ist beispielsweise, um ein Abreißen der Wassersäule und etwa
darauf folgenden Wasserschlag durch Aufprallen des oberen Endes der
Wassersäule auf den abgerissenen unteren Teil mit Sicherheit zu vermeiden (wobei die Differenz der Geschwindigkeiten der beiden Wasser-
säulenteile zu vernichten wäre [Fallgeschwindigkeit]), verlangt, daß der
am Ende der Phase des direkten Wasserstoßes sich ergebende Druckabfall die Hälfte der Druckhöhe y_0 des Beharrungszustandes nicht über-
schreite, so ergeben sich unter Umständen recht erhebliche Öffnungs-
zeiten.

Tritt ein Abreißen der Wassersäule ein und wird in diesem Moment
das Abschlußorgan aus irgendeinem Grunde wieder geschlossen, so
können wegen der evtl. eintretenden großen Wassergeschwindigkeiten
enorme positive Wasserstöße eintreten, die zur Zerstörung der Rohrleitung und der Armaturen führen könne. Dieser Fall könnte insbesondere bei Leerschußrohren mit Abschlußorgan am unteren Ende eintreten.
Es empfiehlt sich daher, solche Rohre auf besagte Eventualitäten nach-
zurechnen und dem Betriebspersonal wegen der einzuhaltenden Öffnungs-
und Abschlußgeschwindigkeiten entsprechende Weisung zu erteilen.

Für ein in einem beliebigen Querschnitt der Rohrleitung gelegenes
Absperrorgan ist dabei ferner zu beachten, daß bei einer Schließbewegung
desselben unterhalb ein Unterdruck, oberhalb ein Überdruck entsteht,
und daß demgemäß das Abschlußorgan mit der Summe beider Drücke
beansprucht wird.

VII. Windkessel (Luftkissen oder Federakkumulatoren).

Hier sei noch kurz der Alliévischen Untersuchungen über die Un-
zweckmäßigkeit von Windkesseln zur Verminderung der Wasserstöße
Erwähnung getan, die theoretisch begründet ist. Danach ist der Einfluß
der Windkessel auf das Gesetz des Druckhöhenverlaufs für eine während
der Phase des direkten Wasserstoßes ausgeführte Bewegung des Absperrorgans nur der, daß eine Verlangsamung der hydrodynamischen
Erscheinungen bewirkt wird, und daß die Drucksteigerung der Phase
des direkten Stoßes sich noch in die Gegenstoßphase fortsetzt.

Die Windkessel haben außerdem zur Folge, daß die Druckhöhe $\mathfrak{h}$,
nachdem sie das Maximum erreicht hat, einen dem neuen Beharrungs

zustand sich asymptotisch und oszillatorisch nähernden Verlauf annimmt; da indes schon in der Rohrleitung ohne Windkessel bei Bewegungen des Absperrorgans Druckpendelungen dieser Art eintreten,
die allerdings durch die bestehende Wasserströmung rasch gedämpft
werden, während für die Windkessel eine derartige stark wirkende
Dämpfungsursache nicht vorhanden ist, so bedeutet die Anwendung der
Windkessel bezüglich der Erreichung des neuen Beharrungszustandes
jedenfalls eine erhebliche Verschlechterung gegenüber der windkessel-
losen Rohrleitung. — Daß Windkessel in Druckrohrleitungen (Öl) für
Servomotoren von Turbinenregulierungen deshalb bedenklich erscheinen,
weil das Übertreten von Luft aus den Windkesseln in die Rohrleitung
bei Unterdruck (Öffnungsbewegung des Absperrorgans) nicht mit
Sicherheit zu vermeiden ist, dadurch aber erhebliche Störungen und Un-
zuverlässigkeiten im Reguliervorgang eintreten können, ist außerdem
bekannt.

Bei einer Fortsetzung der Schließbewegung in die Gegenstoßphase
hinein ist nach Alliévi der Einfluß des Windkessels auf den Maximalwert
der Druckhöhe gleich Null. Dieser Fall kommt in Anbetracht der Häufig-
keit mäßiger Rohrlängen jedoch besonders häufig vor.

Zusammenfassend kann also gesagt werden, daß die hauptsächlichste
Wirkung der Windkessel in einer Verzögerung der Druckzunahme besteht,
und daß solche daher nur dann mit Vorteil angewandt werden, wenn es
sich um Dämpfung einer hydrodynamischen Drucksteigerung handelt,
welche durch eine in der Zeit $t < \dfrac{2 \cdot l}{a}$ sec ausgeführte Bewegung des
Absperrorgans entstanden ist. Meist fallen in einen so kurzen Zeitraum
nur kleinere Öffnungs- und Schließbewegungen des Absperrorgans, in
welchem Falle der Druckanstieg gering und die dämpfende Wirkung
des Windkessels von geringerer Wichtigkeit ist. So ergibt sich, daß die
zweckmäßige Anwendung von Windkesseln für den demselben zuge-
dachten Zweck, die Aufnahme eines Teils der lebendigen Kraft des
Wassers durch die Kompression der Luft und damit eine Verminderung
des Druckanstieges zu veranlassen, nur selten gegeben sein wird. Indes
ist die Anwendung von Windkesseln zwecks Verminderung der lebendigen Kraft des Wasserstrahls (beim Regulieren von Turbinen) nicht
einmal notwendig, da sich die gleiche Wirkung durch Aufstellen des Absperrorgans in einer gewissen Entfernung vom Leitapparat hervorbringen
läßt.

VIII. Schlußbemerkungen.

Weitere Untersuchungen ergeben, daß der Anstieg des Druckes
in den ersten Augenblicken der Schließbewegung sehr stark ist und daß
es deshalb keineswegs des vollständigen Schließens bedarf, um bedeutende
Drucksteigerungen hervorzubringen. Der Druckanstieg im Augenblick

des Beginns der Bewegung des Absperrorgans ist gekennzeichnet durch die Tangente an die Druckkurve, die gegeben ist durch

$$\operatorname{tg} \alpha_0 = \frac{c_0}{T}. \tag{256}$$

Diese Erkenntnis ist für die Beurteilung der Reguliervorgänge von grundlegender Wichtigkeit. Sie betrifft aber auch die Festigkeitsberechnung der Rohre, da — wie Alliévi nachweist — ein zur Zeit $t = 0$ unter einem inneren Überdruck p_0 stehendes Rohr, dessen Innendruck plötzlich um den Betrag Δp gesteigert wird, nach der Zeit

$$t = \pi \cdot \sqrt{\frac{r^2 \cdot \gamma}{E \cdot g}} \tag{257}$$

eine Materialbeanspruchung σ_{total} erfährt, die größer ist als diejenige, welche bei allmählichem und stetigem Anwachsen des Druckes um den Betrag Δp eingetreten wäre.   Denn diese Totalbeanspruchung[1]) wird

$$\sigma_{\text{total}} = (p_0 + 2 \cdot \Delta p) \cdot \frac{r}{s} \tag{258}$$

gegenüber

$$\sigma = (p_0 + \Delta p) \cdot \frac{r}{s} \tag{259}$$

beim langsamen Anwachsen des Druckes.

Die maximale Deformation eilt also dem Auftreten des erhöhten Druckes nach (eine Folge der inneren Massenträgheit), doch ist dieses Nacheilen so gering (Größenordnung etwa Bruchteile einer Tausendstel Sekunde), daß praktisch mit genügender Genauigkeit angenommen werden kann, daß Druckanstieg und maximale Beanspruchung zusammenfallen.

Es wird daher das Bestreben des Rohrkonstrukteurs sein, die Drucksteigerungen in geeigneten Grenzen zu halten. Als Mittel dazu kommen (außer den zu Anfang dieses Kapitels erwähnten) in Betracht

1. Vergrößerung des Leitungsquerschnitts und Verkleinerung der Wassergeschwindigkeit, womit sich jedoch die Kosten der Rohrleitung erhöhen;

2. Vergrößerung der Schließzeit T des Absperrorgans, was zwecks Einhaltung einer etwa vorgeschriebenen maximalen Ungleichförmigkeit zu einer Vergrößerung der Schwungmassen und damit ebenfalls zu einer Erhöhung der Anlagekosten führen kann.

---

[1]) Die Erscheinung hat eine Parallele in der Spannung, die ein auf Zug oder Druck beanspruchter Stab bei plötzlicher Belastung erfährt und die Bach (Elastizität und Festigkeit, 4. Aufl., Berlin 1902, S. 341 ff.) auf Grund der Arbeit der Längenänderung zum doppelt so großen Betrag feststellt, als wenn die Belastung von Null an stetig gewachsen wäre.

Es wird daher wohl immer notwendig sein, einen Kompromiß zwischen Anlagekosten und Betriebssicherheit (Garantiewerte für maximale Druck- und Geschwindigkeitsvariation) einzugehen.

Da jedoch für die Druckvariation wesentlich die Wassergeschwindigkeit und ihre Änderung maßgebend ist, so kann durch Vereinigung von mehreren Rohrsträngen, deren Abschluß nicht gleichzeitig erfolgt, eine Verminderung der durchschnittlichen Drucksteigerungen erreicht und insbesondere die maximale Drucksteigerung zu einem sehr seltenen Ereignis gemacht werden. In hydrodynamischem Interesse ist also z. B. der Anschluß mehrerer Turbinen an einen einzigen Rohrstrang günstig (zur Verminderung der Rohrwandstärke s wird allerdings oft das Gegenteil erstrebt). Kommt ein solcher Zusammenschluß auch weniger der Materialersparnis infolge geringerer Beanspruchung der Rohrwand zur Geltung, so macht er sich doch reguliertechnisch und wegen möglicher Verminderung der Schwungmassen auch wirtschaftlich vorteilhaft bemerkbar. Besonders günstig sind sehr zahlreiche Anschlüsse, wie z. B. bei der großzügig angelegten württembergischen Landeswasserversorgung (ca. 96 km Druck- und Falleitung, ca. 100 Ortsanschlüsse mit rd. 100 km Anschlußleitung); hier wird ein Druckschwankungsausgleich erreicht, der dem Leistungsausgleich in Landessammelschienen ähnlich ist. (Längste Wasserversorgungsleitung in Europa der Apulische Aquädukt [Süditalien] mit 248 km Hauptleitung, angeschlossen 266 Ortschaften mit 1350 km Anschlußleitungen. — Vgl. die Ölleitungen in Nordamerika, S. 48).

Krümmer.

Der Krümmer ist eines der besonders oft vorkommenden Elemente im Rohrleitungsbau. Schon aus diesem Grunde ist seine Beachtung von besonderer Wichtigkeit; aber auch hydraulisch bietet er so eigenartige, vielseitige und verwickelte Probleme, daß er in einer Schrift wie der vorliegenden nicht unerwähnt bleiben darf. Das Krümmerproblem hat bis heute noch keine abschließende Lösung gefunden, und besonders bezüglich der Energiefortleitung und Verluste stehen noch manche Fragen offen.

Rein geometrisch betrachtet ergibt sich, daß die Wasserteilchen auf der Außenseite des Krümmers größere Wege zurückzulegen haben als auf der Innenseite, wie Abb. 122 erkennen läßt. Sollte daher die am Krümmereintritt herrschende Geschwindigkeitsverteilung beim Durchlaufen des Krümmers erhalten bleiben, so müßten die äußeren Wasserschichten beschleunigt, die inneren verzögert werden. Überschußenergie könnte von den inneren Wasserschichten an die äußeren abgegeben werden, eine andere Energiequelle ist — geometrisch betrachtet — für diese Umgruppierung der Geschwindigkeiten nicht vorhanden. Sie tritt jedoch überhaupt nicht ein. Insbesondere durch die im Krümmer auf-

tretenden Zentrifugalkräfte tritt an der Krümmeraußenseite eine Druck-
erhöhung verbunden mit Geschwindigkeitsverminderung, an der Krümmerinnenseite Druckverminderung und Erhöhung der Geschwindigkeit
ein. Das Bild des auf Biegung beanspruchten Stabes mag hier vergleichs-
weise herangeozgen werden, wobei wir uns erinnern, daß das Biegungs-

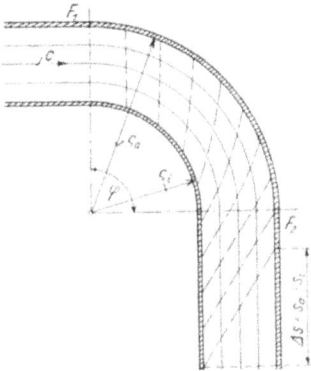

Abb. 122. Krümmer, Wegdifferenzen.   Abb. 123. Krümmer, Vergleich mit gebogenem Stab.

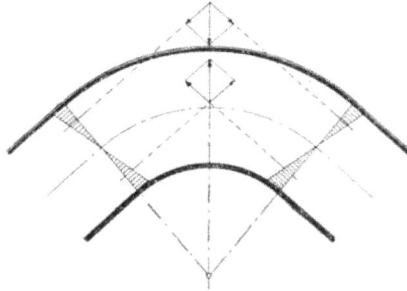

moment durch in den Endquerschnitten des gekrümmten Stabes wirkende äußere Kräfte ersetzt werden kann (Abb. 123). Die außerhalb der
neutralen Achse liegenden Kräfte (Zugkräfte) ergeben dann eine nach
dem Krümmungsmittelpunkt zu gerichtete Resultierende; umgekehrt
ist die Resultierende der innerhalb der neutralen Achse liegenden Kräfte
(Druckkräfte) von der Krümmermitte nach außen gerichtet. In Übertragung des Vergleichs auf den hydrau-
lischen Krümmer läßt letztere die Ten-
denz der Strahlloslösung an der Krümmerinnenseite,   erstere   die   Druck-
erhöhung an der Krümmeraußenseite
erkennen.

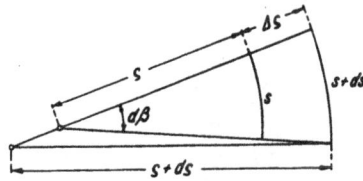

Abb. 124. Niveauflächen.

Für die Charakterisierung der Strömung in einem Krümmer sind verschiedene wertvolle Gesetze entwickelt
oder empirisch gefunden worden. So fand Wagenbach[1] für den allgemeinen Fall nicht konzentrischer Stromlinien unter Einführung des
Abstandes s zweier benachbarter Niveauflächen (Flächen konstanten
Druckes) (Abb. 124) die Beziehung

$$c \cdot s = \text{const.}, \qquad (260)$$

d. h. in Strömungen konstanter Energie, die zwischen parallelen Wänden
stattfindet, verhalten sich die eine Niveaufläche durchschneidenden

---

[1] Wagenbach, „Beiträge zur Turbinentheorie", Zeitschrift für das gesamte
Turbinenwesen, 1907, S. 273.

Geschwindigkeiten umgekehrt wie die Abstände der Niveaufläche von einer benachbarten Niveaufläche.

In demselben Entwicklungsgang ergibt sich ferner für gleichen Energieinhalt der Stromfäden

$$c \cdot r = \text{const.}, \tag{261}$$

wonach die Geschwindigkeitsverteilung im Krümmer nach einer Hyperbel erfolgt[1]. (Dieses Gesetz für reibungslose Flüssigkeitsbewegung im Krümmer stimmt genau überein mit dem zweiten Keplerschen Gesetz über die Planetenbewegung, demzufolge die Tangentialgeschwindigkeit eines Planeten [Geschwindigkeitskomponente senkrecht zum radius vector] in den verschiedenen Punkten seiner Bahn immer seinem Abstand von der Sonne umgekehrt proportional ist.) Die hyperbolische Geschwindigkeitsverteilung wird im Verlauf durch den ganzen Krümmer beeinflußt und abgeändert durch die besprochenen rein geometrischen Einflüsse des Krümmers.

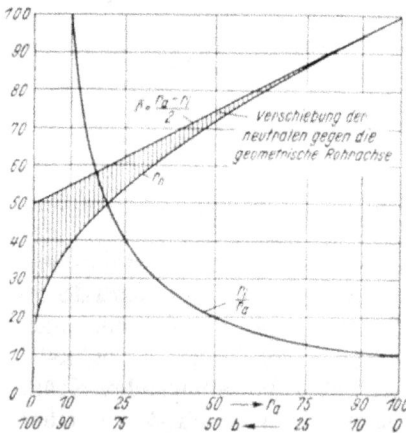

Abb. 125. r_a-, r_i-, a-, r_n-Diagramm.

Da der Querschnitt derselbe ist wie in der geraden Rohrstrecke, so muß die Geschwindigkeitsverteilung im Krümmer nach der Hyperbel für einen Teil dieser (Innenschichten) Geschwindigkeiten, die größer, für einen anderen Teil (Außenschichten) Geschwindigkeiten, die kleiner sind als die mittlere Geschwindigkeit c in der geraden Rohrstrecke, aufweisen. Bezeichnen wir diejenige Stromlinie im Krümmer, in welcher die Geschwindigkeit c mit der mittleren c übereinstimmt, als die „neutrale", und ihren Krümmungsradius r_0 als den „neutralen", so folgt aus der Kontinuitätsgleichung mit der radialen Krümmerweite $b = r_a - r_i$ und mit Gleichung (263) der neutrale Radius zu

$$r_n = \frac{b}{\ln \dfrac{r_a}{r_i}}. \tag{264}$$

Die Abb. 125 zeigt die Verhältnisse von r_a, r_i, b, r_n für $r_a = 100 = \text{const.}$, r_i wechselnd zwischen 99 und 1, a wechselnd zwischen 1 und 99 in graphischer Darstellung. Man erkennt den großen Einfluß des relativ kleinen Krümmungsradius r_i der Krümmerinnenseite.

---

[1] Dasselbe Gesetz findet A. Pfarr in „Die Turbinen für Wasserkraftbetrieb", 2. Aufl., Berlin 1912, S. 40, auf ähnliche Weise.

Der Druck an beliebiger Stelle ergibt sich aus

$$\mathfrak{H} + H + \frac{c^2}{2 \cdot g} = \mathfrak{H}_n + H_n + \frac{\bar{c}^2}{2 \cdot g} \qquad (265)$$

mit $c = \dfrac{c \cdot r_n}{r}$ zu

$$H = (\mathfrak{H}_n - \mathfrak{H}) + H_n + \frac{\bar{c}^2}{2 \cdot g} \cdot \left(1 - \left(\frac{r_n}{r}\right)^2\right), \qquad (266)$$

woraus ersichtlich, daß sich bei kleinem r rechnungsmäßig negative Drücke ergeben können. Den kleinsten Druck erhält man mit r_i an der Krümmerinnenseite zu H_i. Mit $H_i = 0$ kommt für den Fall, daß der Lagedruck H über die ganze Krümmerlänge konstant, der Krümmer also in horizontaler Lage sei, als Größe des Drucks in der neutralen Schicht

$$H_n = \frac{\bar{c}^2}{2 \cdot g} \cdot \left(\left(\frac{r_n}{r_i}\right)^2 - 1\right) = \frac{c^2}{2 \cdot g} \cdot \left(\left(\frac{r_a - r_i}{r_i \cdot ln \frac{r_a}{r_i}}\right)^2 - 1\right), \qquad (267)$$

somit $r_a : r_i$ abhängig vom neutralen Druck H_n. Gemäß Gleichung (272) wäre also für $H_i = 0$ unter der vereinfachenden Annahme $\mathfrak{H} = \mathfrak{H}_n$ = const.

$$c_i = \sqrt{2 \cdot g \cdot H_n + \bar{c}^2} = \sqrt{2 \cdot g \cdot H_d},$$

wenn H_d das verfügbare (disponible) Gesamtgefälle bedeutet. Damit wäre c_i an sich begrenzt. Lell[1]) macht darauf aufmerksam, daß diese Grenze nur scheinbar, daß vielmehr, wie dies auch Pfarr[2]) hübsch nachgewiesen hat, der auf den Eintrittsquerschnitt F_1 lastende Atmosphärendruck H_{at} im Wege der Anleihe — mit der Verpflichtung zur Rückgabe bis zum Austrittsquerschnitt, daher unbeschadet des auf diesem lastenden Gegendrucks der Atmosphäre — zur Geschwindigkeitsbildung herangezogen werden kann, so daß die Wassergeschwindigkeit an der Krümmerinnenseite äußersten Falles betragen kann (mit $H_{at} = 10{,}33$ m Wassersäule von 4^0 C)

$$c_{i\,\mathrm{max}} = \sqrt{2 \cdot g \cdot (H_d + H_{at})} = \sqrt{2 \cdot g \cdot (H_d + 10{,}33)}. \qquad (269)$$

Da infolge der Trägheit die Wasserteilchen das Bestreben haben, in geradliniger Bahn fortzuschreiten, so müßte eine Loslösung des Wassers von der Krümmerinnenseite eintreten, wenn nicht eine Kraft vorhanden wäre, welche die Wasserteilchen nach der Krümmerinnenwand drückt. Die infolge der Zentrifugalkraft auftretenden radial gerichteten Druck-

---

[1]) J. Lell, „Beitrag zur Kenntnis der Sekundärströmungen in gekrümmten Kanälen", München 1913, S. 14.

[2]) A. Pfarr, „Die Turbinen für Wasserkraftbetrieb", 2. Aufl., Berlin 1912, S. 28. Vgl. auch R. Camerer, „Vorlesungen über Wasserkraftmaschinen", 1. Aufl., Leipzig 1914, S. 29.

kräfte äußern ihre Wirkung direkt nur auf die Krümmeraußenseite als
Ablenkungsdruck; es ist dies eine spezifisch-dynamische Druckwirkung.

Die Krümmerinnenseite erfährt einen Wasserdruck dagegen nur
auf Grund des Bernouillischen Energiesatzes. Nach diesem dürfte also
Ablösung des Wassers an der Krümmerinnenseite zu erwarten sein, wenn
$H_i = 0$ wird, also frühestens bei $c_i = \sqrt{2 \cdot g \cdot H_d}$, normalerweise aber bei

$$c_{i\,max} = \sqrt{2 \cdot g \cdot (H_d + 10,33)} \,. \qquad (270)$$

Die spezifische Geschwindigkeitsverteilung im Krümmer hat zur
Folge, daß feste Bestandteile, die im Wasser suspendiert sind, infolge
des höheren Wasserdruckes an der Krümmeraußenseite einen Überdruck
auf ihrer vom Krümmungsmittelpunkt abgewandten Seite nach diesem
hin erfahren und gegen die Krümmerinnenseite gedrängt werden. An
dieser tritt daher eine Häufung der festen Bestandteile im Wasser und
daher auch erhöhter Verschleiß infolge der ausschleifenden Wirkung
derselben ein.

Die Hereinbeziehung der Wandreibung in den Kreis der Betrachtungen führt zu weiteren Änderungen. In einem Krümmer von rechteckigem Querschnitt, Abb. 126, wird die Rotation des Wassers um den
Krümmermittelpunkt in der Nähe der Wände an Boden und Kanaldecke
mehr gehemmt als in etwa mittlerer Krümmerhöhe. Die durch die Rotation hervorgerufenen Zentrifugalkräfte sind infolgedessen in den mittleren Wasserschichten des Krümmers größer als oben und unten und es
entsteht daher der in der Abb. 127 durch Pfeile angedeutete Ringwirbel
(Sekundärströmung).

Lell[1]) gibt dazu an Hand einer Abbildung, die mit vorliegender Abbildung grundsätzlich übereinstimmt, folgende Erklärung (mit unseren
Bezeichnungen):

„Bei völlig reibungslosem Betrieb müßte über den ganzen Querschnitt sein

$$E = H + \frac{c_2}{2 \cdot g} \,. \qquad (272)$$

Die Verschiedenheit der Werte von H wäre hierbei nötig zur Erhaltung
des inneren Gleichgewichts, sie würde also keinerlei Nebenströmungen
hervorrufen können. Das Bild ändert sich sofort, wenn man die Reibung
an der Kanalsohle und Decke und ihre Abhängigkeit von der Geschwindigkeit berücksichtigt (s. Abb. 128).

Bis jetzt verbleibende Beträge für die hydraulischen Druckhöhen
sind nicht mehr im Gleichgewicht mit den übrigen Kräften. Die Rei-
bungsbeträge sind innen erheblich größer als außen, die verbleibenden
Druckhöhen somit außen erheblich größer als innen.

---

[1]) a. a. O.

Auch diese Tatsache vermöchte nicht eine Nebenströmung hervorzurufen, wenn in einer Senkrechten des Querschnittes die Reibungsverluste konstant wären. In Wirklichkeit sind aber die Reibungsverluste
in den Grenzschichten viel größer als im Innern des Flüssigkeitsstromes,
es entsteht deswegen in den Grenzschichten ein Druckgefälle von außen
nach innen und erzeugt in ihnen eine Strömung von außen nach innen,
die sekundäre Strömung".

Solche Sekundärströmungen sind ein spezifisches Merkmal aller
Strömungen, insbesondere der turbulenten, mit Stromablenkung[1]).

Die Sekundärströmung im Krümmer wirkt sich also gemäß Abb. 126
für den rechteckigen Krümmer und gemäß Abb. 127 für den Kreiskrümmer aus. Von Krümmersohle und Decke aus nehmen sie ihren Lauf nach
der Krümmerinnenseite zu, wo die beiden Ströme von oben und unten
zusammentreffen, um nach dem Innern des Flüssigkeitsstromes zu

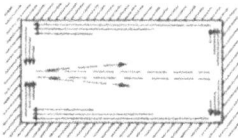

Abb. 126. Sekundärer Ringwirbel im rechteckigen
Krümmer.

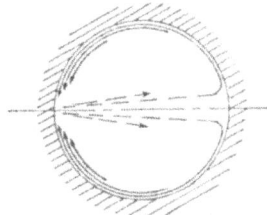

Abb. 127. Sekundärer Ringwirbel im Kreiskrümmer.

zu verwirbeln. Die radialen Sekundärströmungen werden sich mit den
achsialen Hauptströmungen zusammensetzen und so veranlassen, daß
das Wasser in zwei flachgedrückten Spiralen entgegengesetzten Dreh-
sinnes sich durch den Krümmer wälzt. Dies betrifft wesentlich die äußeren Schichten, während zwischen den Spiralen ein Kern mit angenäherter
Parallelströmung erhalten bleibt[2]). Die Sekundärströmung ist demnach
gleich Zirkulationsströmungen auf Störung der Symmetrie der Hauptströmung und des inneren Gleichgewichts zurückzuführen.

Die besonderen hydraulischen Wirkungen des Krümmers benötigen
wie alle Übergänge von einem Zustand zu einem anderen eine gewisse
Entwicklungszeit und demgemäß eine gewisse Entwicklungsstrecke.
Demzufolge werden die spezifischen Krümmerwirkungen am Krümmereintritt sich nur langsam, aber andererseits über den Krümmeraustritt
hinaus noch weit in die anschließende gerade Rohrstrecke hinein geltend machen

---

[1]) I. Isaackson, „Innere Vorgänge in strömenden Flüssigkeiten und Gasen",
Z. V. d. I. 1911, S. 263.

[2]) Die Tiefenwirkung der Sekundärstömung im Krümmer dürfte etwa nach
derjenigen eines Wirbelkerns einzuschätzen sein.

So fand Lell, daß die größten Druckunterschiede zwischen Innen- und Außenwand, also die größte Annäherung an die rechnerische Ermittlung der Geschwindigkeitsverteilung im Krümmer sich für einen Krümmer von 180° in einem Querschnitt etwa 30° vor dem Krümmerscheitel ergeben hat. Von da an erfolgte allerdings eine weitere Druckzunahme an der Außenwand bis kurz über den Krümmerscheitel hinaus, doch stiegen gleichzeitig die Drucke an der Innenwand, und zwar in stärkerem Maße (eine Folge der Sekundärströmungen). — Die Sekundärströmungen beginnen, sobald in den Grenzschichten zwischen „innen" und „außen" Geschwindigkeitsunterschiede eintreten. Ihr Auftreten ist demgemäß am stärksten in der zweiten Krümmerhälfte.

Infolge dieser allmählichen Entwicklung der Krümmererscheinungen drängen sich die die Sekundärströmungen umfassenden Grenzschichtstromlinien erst in der Gegend des Krümmerscheitels stark zusammen, wo infolge der Krümmerwirkung die Wasserfäden stark beschleunigt werden. Das in den Sekundärschichten zur Innenwand strömende Wasser wird hier für die Beschleunigung mitverwandt und setzt die von den äußeren Stromfäden mitgebrachte Druckenergie teilweise in Geschwindigkeit um. Somit besteht hier noch kein Grund für das Zurückströmen des Wassers in der Mittelschicht nach der Außenwand, weshalb man annehmen kann, daß vor dem Scheitel nur die Wandschichten an der sekundären Bewegung beteiligt sind[1]).

In dem genannten Querschnitt des Lellschen 180°-Krümmers, etwa 30° vor dem Krümmerscheitel, liegt bemerkenswerterweise auch die Stelle des tiefsten Druckes an der Innenwand, also diejenige Stelle, an welcher evtl. Strahlloslösung von der Wand zu erwarten ist. Bemerkenswert ist aber auch, daß die Sekundärströmungen den Druck an der Innenwand erhöhen und somit der Strahlloslösung entgegenarbeiten.

Diese auf Sekundärströmungen beruhenden Querwirbel verursachen in „flachen" Krümmern einen größeren Energieverlust als in „tiefen" Krümmern. Bei letzteren entstehen die Hauptverluste vielmehr durch Ablösung, durch die von Querschnitt zu Querschnitt wiederholte Umsetzung von Druck in Geschwindigkeit und umgekehrt (dauernde Umgruppierung der kinetischen und potentiellen Energie), durch Wellen (Schwingungen), die nach Lell auf den ersten Ablenkungsstoß des Wassers am Krümmereintritt (Außenwand mit endlichem Krümmungsradius an der Übergangsstelle) zurückzuführen sind, die Sekundärströmung (Doppelwirbel) verursacht schließlich Verluste durch die faktische Querschnittsverengung, hervorgerufen durch das Zusammenprallen der beiden gegeneinander gerichteten Sekundärströme an der Krümmerinnenwand.

---

[1]) Dipl.-Ing. A. Hinderks, „Nebenströmungen in gekrümmten Kanälen". Z. V. d. I. 1927, S. 1179.

Die Trennung der verschiedenen spezifischen Krümmerverluste und ihre Einzelerfassung ist naturgemäß äußerst schwierig. Mögliche Wege hierzu weist G. Flügel-Danzig[1]); auch Lell[2]) ist in dieser Richtung ein kleiner Schritt vorwärts gelungen.

In der Abb. 128 ist die Horizontale durch den Schnittpunkt des neutralen Radius mit der h_w-(Druckhöhenverlust-)-Linie gezogen. Dadurch ergibt sich die Zunahme bzw. Abnahme des Druckhöhenverlustes h_w gegenüber demjenigen im neutralen Radius, d. h. bei der mittleren Geschwindigkeit c der geraden Rohrstrecke. Durch Ausplanimetrierung der h_w-Differenzen findet man, daß ihr Mittelwert nahezu mit der dem neutralen Radius entsprechenden Horizontalen zusammenfällt, daß also die geänderte Geschwindigkeitsverteilung im Krümmer keine nennenswerte Vermehrung des Reibungsverlustes gegenüber demjenigen in einem geraden Kanal äquivalenter Länge bedingt. Der im Krümmer nachweisbare große Gefälleverlust ist also anderen Ursachen zuzuschreiben.

Ein wirksames Mittel, den schädlichen Einfluß der Sekundärströmung zu vermindern, sieht Lell im Einbau von Scheidewänden in den Krümmer, die senkrecht zur Ebene der Krümmerachse stehen. Diese Zerlegung in Teilkrümmer hat naturgemäß zur Folge, daß die Druckunterschiede an Innen- und Außenwand geringer sind

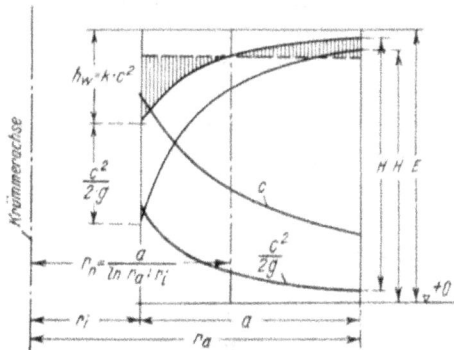

Abb. 128. Energieaufteilung im Krümmer, nach Lell.

als im Gesamtkrümmer und daß infolgedessen auch die Sekundärströmung in vermindertem Umfang zur Geltung kommen. — Die durch das Hinzutreten der Scheidewand erhöhte Reibung, die an Stelle des beseitigten Übels ein neues setzt, beschränkt natürlich die Anwendung dieses Mittels, doch soll nach Lell die Anordnung einer einzigen Scheidewand energetische Vorteile bringen, während bei mehreren Scheidewänden der neue Nachteil größer ist als der gewonnene Vorteil. Jedenfalls gilt dies für die Abmessungen des Lellschen Versuchskrümmers von rechteckigem Querschnitt mit Seitenverhältnis 1 : 2 in liegender Anordnung. In der Erwägung, den Nachteil der vergrößerten Reibungsoberfläche nicht zu einem ausschlaggebenden werden zu lassen, darf jedoch nicht übersehen werden, daß der Vergleich mit einer geraden Rohrstrecke nicht zutrifft, da der Verlust im Krümmer sehr viel größer ist als in der geraden

---

[1]) Über die näherungsweise Erfassung der Strömungsverluste und das Krümmerproblem" von G. Flügel-Danzig, in „Hydraulische Probleme. Vorträge auf der Hydraulikertagung in Göttingen am 5. und 6 Juni 1925". Berlin 1926.

[2]) a. a. O.

Rohrstrecke. (Lell hat ersteren an seinem Versuchskrümmer von 100 zu 200 mm Rechteckquerschnitt (liegend) zum 5,5- bis 6,25fachen des letzteren bestimmt); die Verminderung von Krümmerverlusten durch eingebaute Scheidewände zur zwangsweisen Wasserführung erscheint daher nicht aussichtslos. Eine mäßige Verlängerung der Scheidewand in die gerade Rohrstrecke am Krümmereintritt hinein ist ebenfalls vorteilhaft und ermäßigt den Gefällebedarf im Krümmer. Dagegen konnte festgestellt werden, daß in der an den Krümmeraustritt anschließenden Rohrstrecke die Scheidewände einen kleinen Mehrbedarf an Gefälle bedingen, was der durch das Zusammentreffen verschiedener Wassergeschwindigkeiten am Ende der Scheidewände geänderten Turbulenz zuzuschreiben ist. — Das hier angegebene Mittel zur Verminderung der Sekundärströmungen trifft übrigens zusammen mit der Anordnung kleiner Schaufelweiten, d. h. enger Schaufelstellung in Wasserturbinen zur Verminderung der Kavitationsgefahr[1]), indem hier gleichfalls die Druckunterschiede und damit auch die Geschwindigkeitsunterschiede von innen und außen vermindert, die Gefahr schädlicher Unterdrucke, die Strahlablösung herbeiführen könnten, somit herabgesetzt wird. Das Krümmerproblem zeigt sich hier in einem eigen- und gleichartigen Zusammenhang mit anderweitigen Fragen der Hydraulik. In letzterem Falle kommt der Verminderung der Druckunterschiede durch ihren Einfluß auf die spezifische Schaufelbelastung allerdings noch eine ganz andere Bedeutung zu als beim Rohrkrümmer[2]).

Die Möglichkeit, durch Einbau von Scheidewänden die Krümmerverluste zu vermindern, ist allerdings auf im wesentlichen achsenparallele Strömung beschränkt. Sobald jedoch mit der achsenparallelen Strömung eine Rotationsströmung um die Krümmerachse verbunden ist, bedingt die Vernichtung der Umfangskomponente c_u der Wassergeschwindigkeit an der oder den Scheidewänden bei größeren Werten von c_u einen größeren Energieverlust als den dem Einfluß der Scheidewände zuzuschreibenden Energiegewinn durch Beschränkung der charakteristischen Krümmererscheinungen. Der Fall größerer Beträge einer Umfangskomponente c_u tritt aber häufig in Saugrohren von Wasserturbinen, insbesondere bei Schnelläufern und bei Teilbeaufschlagung der Turbinen auf. Die Umfangskomponente hat ihren relativen und absoluten Größtwert unmittelbar nach dem Austritt des Wassers aus dem Laufrad. Verlegt man daher den Anfang der Krümmerscheidewand im Saugrohr weiter nach unten, also an eine Stelle, wo die Umfangskomponente kleiner geworden ist, so treten die Vorteile der Scheidewand in Erscheinung, sobald der Energie-

---

[1]) Kaplan, „Kavitationserscheinungen bei Turbinen", in „Wasserkraftjahrbuch 1924", S. 430ff.

[2]) Die hier gegebenen Betrachtungen über das Krümmerproblem sind auch für Saugrohrkrümmer von Wasserturbinen und deren Wirkungsgrad von größter Bedeutung.

gewinn den Energieverlust durch Vernichtung der c_u-Komponente überwiegt. Daß dies bei geeigneter Wahl von Anfang und Ende der Scheidewand tatsächlich eintritt, ist durch Versuche von Dubs[1]) erwiesen.

Wichtige Ergebnisse stellt Flügel[2]) aus Versuchen mit 90⁰-Krümmern gleicher Eintritts- und Austrittsbreite sowie mit erweiterten Krümmern, bei welchen das Verhältnis der Eintritts- zur Austrittsbreite $b_e : b_a$ sowie das Verhältnis des Außenradius zur Eintrittsbreite $r_a : b_e$ geändert wurde, zur Verfügung. Aus diesen Versuchen geht hervor, daß mit abnehmendem $b_a : b_e$ die Gesamtverluste größer werden, daß also eine Krümmererweiterung energetisch günstig ist. (Grenzen $b_a : b_e$ = 1,30 bis 1,05 in den Versuchsreihen). Zu beachten ist jedoch, daß die Verluste im erweiterten Krümmer absolut stets erheblich größer sind als im nicht erweiterten. ($\zeta_{min} = \sim 70\%$ für $r_i = 0,5 \cdot b_e$; $\zeta_{min} = \sim 28\%$ für $r_i = b_e$; $\zeta_{min} = \sim 22\%$ für den erweiterten Krümmer mit scharfer Umlenkung auf der Aussenseite). Desgleichen nehmen die Verluste im allgemeinen ab mit zunehmendem $r_a : b_e$, wobei für den erweiterten Krümmer ein Minimum vorhanden zu sein scheint, das für $r_i = 0,5 \cdot b$ bei etwa $r_a : b_e = 1,5$, für $r_i = b_e$ bei etwa $r_a : b_e = 2$ liegt. Dicht zusammengedrängt und sich überschneidend sind die ζ-Linien für den erweiterten Krümmer mit scharfer Umlenkung an der Außenseite, wobei das Minimum wiederum bei etwa $r_i : b_e = 1,6$ liegt.

Bei dem Flügelschen Versuchskrümmer mit $b_a = b_e$ ist zu beachten, daß Außen- und Innenwand nicht konzentrische Kreise sind, daß vielmehr der Krümmer im Innern, also zwischen Ein- und Austrittsquerschnitt, eine Erweiterung erfährt. Für den Krümmer konstanten Querschnitts (normaler Krümmer) ist der Wert ζ (Widerstandsziffer) für die Werte von $r_a : b_e = 2$ bis 5 (und darüber, was durch Extrapolation über den Versuchsbereich geschlossen werden kann) nur wenig veränderlich (ζ etwa = 11 bis 8%). Für den sackartig er-

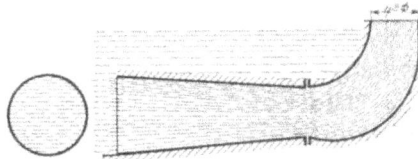

Abb. 129. Equalizer bend nach White.

weiterten Krümmer sinkt ζ noch unter diese Werte und liegt für größere $r_i : b_e$ z. T. unter 5% ($r_i = 4 \cdot b_e$ $\zeta_{min} = \sim 2\%$).

Bei Saugrohrkrümmern beeinflussen die spezifischen Krümmererscheinungen den Turbinenwirkungsgrad äußerst ungünstig. So scheint bei Saugrohrkrümmern konstanten Querschnitts in dem anschließenden Diffusor nur der untere Teil des Querschnitts für den Abfluß voll ausgenutzt zu werden. Wesentlich günstiger verhält sich dagegen ein im

---

[1]) Bericht Nr. 53 der Weltkraftkonferenz, Sondertagung Basel 1926. „Wasserkraftnutzung und Binnenschiffahrt" von A. C. Caflisch, Oberingenieur, Zürich.

[2]) a. a. O.

Inneren sackartig verbreiteter Krümmer (bei $b_a = b_e$) und einer Umlenkung des Wasserstroms um etwas mehr als 90°, so daß derselbe —
für eine Gesamtumlenkung um 90° — eine zweite (geringe) Ablenkung im
umgekehrten Sinne erfährt. Diese von White „equalizer bend" (Aus-
gleichkrümmer) genannte Form[1]) (Abb. 129) ergab mit anschließendem
geraden Diffusor recht gute und gleich hohe Wirkungsgrade, wie mit
dem geraden Diffusor allein.

Messungen.

Für die technischen Rohrleitungen, insbesondere für Wasserkraftanlagen, sind drei Arten von Messungen von Interesse:

1. Druckmessungen,
2. Messung der Wassergeschwindigkeit,
3. Messung der Wassermenge.

Wir können sie unter dem Gesamtbegriff der hydraulischen Messungen zusammenfassen. Für wissenschaftliche Untersuchungen spielen
allerdings auch andere Messungen eine Rolle, so die Messung der Strömungsrichtung, für welche sich neben den bekannten Verfahren das
von Lell (und auch vorher schon von Reindl) angewandte des Einblasens
von Luft durch sehr feine Röhrchen (Reinnickelröhrchen von 1,5 mm
äußerem und 0,6 mm lichtem Durchmesser (evtl. Fahrradspeichen), die
an ihrem oberen Ende mit einem kleinen Messingbolzen mit einer in der
Rohrachse liegenden Bohrung von 0,15 mm verschlossen und verlötet
sind, sehr gut bewährt haben, wobei den guten Resultaten insbesondere
der große Unterschied der Massen von Luft und Wasser sowie die Möglichkeit des Absuchens einzelner Stellen unter Vermeidung störender Einflüsse aus benachbarten Stromschichten (wie bei Zusatz von festen Bestandteilen oder von gefärbten Flüssigkeiten) zugute kommt. An besonderen Aufgaben der einschlägigen Meßtechnik seien die physikalischen
Messungen (Bestimmung des spezifischen Gewichts, der Zähigkeit in
Abhängigkeit von der Temperatur u. a.), ferner die chemischen, bio-
chemischen usw. (Bestimmung der für den Wasserleitungstechniker
wichtigen Keimzahl) Messungen, schließlich die geodätischen Messungen
bei Festlegung der Rohrtrace genannt. Aufgabe der vorliegenden Schrift
soll indes nur sein, dasjenige auf dem Gebiet der Meßtechnik hervorzuheben,
was im Laufe der letzten Jahre an besonderen Neuerungen in Erscheinung getreten ist.

Druckmessungen.

Große Schwierigkeiten bereitet noch immer die Messung sehr kleiner
Druckhöhen. Hierfür haben die Askania-Werke A. G.. Bambergwerk,
in Berlin-Friedenau vor kurzem ein als Wassersäulenminimeter bezeich-

---

[1]) „Hydraulisches Problem", a. a. O., S. 132. Oesterlen-Hannover, „Zur Ausbildung von Turbinensaugrohren".

netes Druckmeßinstrument herausgebracht. Soll z. B. die Strömungsgeschwindigkeit von Gasen von etwa 1 m/sec mittels Pitotrohr bestimmt
werden, so betrüge der auftretende Staudruck rund $^1/_{16}$ mm Wassersäule. Die Ablesung dieses Druckes mit wenigstens 10 dis 15% Genauigkeit macht die Ablesung von $^1/_{100}$ mm Wassersäule erforderlich. Dieser
Forderung soll das Askania-Wasser-
säulen-Minimeter entsprechen.

Das hierbei angewandte Meßverfahren beruht auf der Anwendung
zweier kommunizierender Gefäße a
und b (Abb. 130), von welchen das
eine (b) solange gehoben wird, bis
der Höhenunterschied des Flüssig-
keitsspiegels dem Meßdruck das Gleichgewicht hält. Als Füllflüssigkeit dient
Wasser; die Hubhöhe entspricht also
dem zu messenden Druck in mm
Wassersäule unmittelbar. Die genaue
Einstellung des Wasserspiegels in

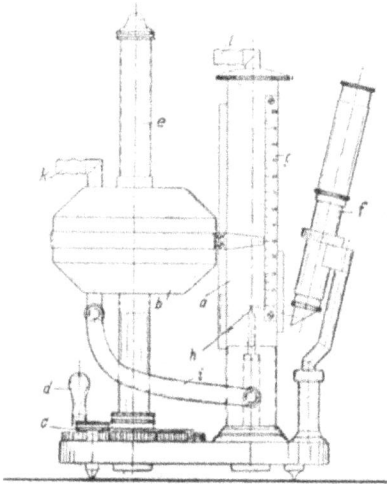

Abb. 130. Wassersäulenminimeter der
Askaniawerke-Berlin, Schema.

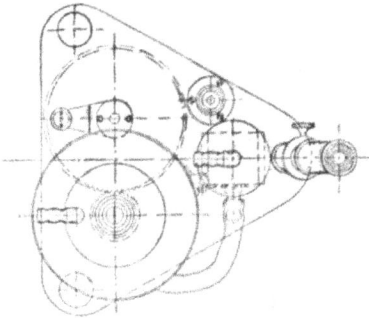

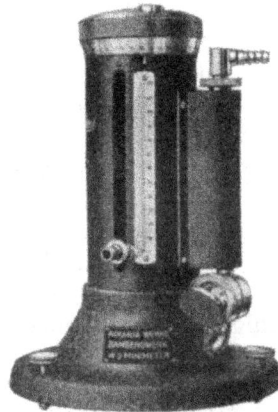

Abb. 130a. Wassersäulenminimeter der Askaniawerke-
Berlin, neuzeitliche Ausführung.

der Nullage und bei der Messung erfolgt durch Anvisieren einer
im Wasser befindlichen vergoldeten Spitze h, deren Spiegelbild von
der Wasserfläche reflektiert wird. Die Stellung, in der die Stütze
ihr Spiegelbild gerade berührt, läßt sich mit unbewaffnetem Auge auf
etwa $^1/_{20}$ mm, bei Ablesung mit der Fernrohrlupe noch mit mehrfach
größerer Genauigkeit (nach Angabe der Fabrik auf $^1/_{100}$ mm genau) einstellen. Die Ablesung erfolgt an der auf mm geteilten Skala und dem

auf ¹/₁₀₀ mm geteilten Teilkreis der Meßspindel des in seiner Höhenlage
veränderlichen Gefäßes.

Das Instrument wird zum Gebrauch mittels Fußschrauben annähernd
horizontal ausgerichtet. Die Stützen k und l dienen zur Verbindung mit
der Meßstelle, an der der Druckunterschied gemessen werden soll. Mittels Meßspindel e wird alsdann der Wasserspiegel so lange gehoben oder
gesenkt, bis beim Anvisieren durch den Spiegel oder das Einstellfern-
rohr s die Spitze h ihr Spiegelbild berührt. Die dann am Meßstab g
und am Zahlenkreis angezeigte Höhe entspricht der Nullage des Instruments. Durch Verdrehen des Zahnkreises läßt sich der Wert auf Null
einstellen. Wird hierauf der zu messende Druck angeschlossen, so fällt
der Wasserspiegel im Beobachtungsrohr, und das Ausgleichgefäß wird
nun durch Drehen der Meßspindel so lange gehoben, bis der Wasserspiegel wieder die anfängliche Stellung erreicht hat, d. h. bis sich die
Einstellspitze h wieder mit ihrem Spiegelbild berührt; die dann am Maßstab und an der Meßspindel abzulesende Höhe entspricht nun genau dem
Meßdruck in mm Wassersäule. — Abb. 130a zeigt eine neuzeitliche Ausführung des Instruments.

Ablesungsfehler durch Adhäsion und Oberflächenspannung sind
bei diesem Instrument ausgeschaltet, da zur Feststellung der Höhenlage
die Spitze und ihr Spiegelbild verwendet sind, deren Abstand stets einen
gewissen in der Lupe erkennbaren Betrag aufweist, solange die Spitze
die Wasseroberfläche noch nicht berührt. Die Wasseroberflächen in den
kommunizierenden Gefäßen sind außerdem so groß gewählt, daß die
Spiegelung der Spitze h auf einer nahezu ebenen Wasserfläche erfolgt.
Selbst Temperatureinflüsse können aus dem Unterschied der Ausdehnung
der Meßspindel und des Wassers berücksichtigt werden, doch ist dieser
Einfluß erstens an sich gering im Vergleich zur übrigen Meßgenauigkeit
des Instruments, andererseits kommt diese Feststellung auch nur da
in Frage, wenn zwischen dem Zeitpunkt der Nullpunktsfeststellung
und demjenigen der Druckmessung eine Temperaturdifferenz am Instrument vorhanden ist. Die Verschiedenheit in der Weite der beiden kommunizierenden Gefäße sind ebenfalls belanglos, da die zu messende
Druckhöhe sich ohne Rücksicht auf die Größe der Gefäße einstellt.
Auch Schwingungen im Wasserspiegelstand treten kaum auf, da die
Dämpfung durch den Verbindungsschlauch hinreichend groß ist und
durch eine Schlauchklemme nach Bedarf gesteigert werden kann.

Geschwindigkeitsmessungen und Wassermengenmessung durch Geschwindigkeitsbestimmung.

a) Für die Messung der Geschwindigkeit von Gasen sei kurz auf
die Anwendung von **Hitzdrahtinstrumenten**[1]) verwiesen, die sich durch

---

[1]) Vgl. deren Anwendung in Zimm, „Über Strömungsvorgänge im freien
Luftstrahl", Forschungsheft Nr. 234.

eine hohe Empfindlichkeit auszuzeichnen scheinen und den Vorteil haben, nur einen sehr geringen Teil des Meßquerschnitts in Anspruch zu nehmen, und an beliebiger Stelle eingebaut werden können. Sie eignen sich ferner zur Fernablesung, so daß sie auch zur Dauerkontrolle vorzüglich geeignet erscheinen.

b) Schwimmermessung mit Salzlösung. Für Wasser haben neuerdings die Schwimmermessungen mit Salzlösung eine gewisse Bedeutung gewonnen. Das Verfahren beruht darauf, als Schwimmkörper eine Salzlösung zu benutzen, die als Wolke in die Rohrleitung eingespritzt wird. Da die Salzlösung die Leitfähigkeit des Wassers verändert, kann durch Beobachtung von elektrischen Meßinstrumenten, die an den Enden einer Strecke von bekannter Länge aufgestellt sind und deren Stromkreis eine Wasserstrecke des Meßquerschnitts enthält, festgestellt werden, in welcher Zeit die Salzlösung die Meßstrecke durchläuft. Beobachtet werden die Zeitpunkte der maximalen Ausschläge der elektrischen Meßinstrumente. Das Verfahren, das keinen Druckverlust hervorruft, mag an sich gute Resultate lie-

fern, doch liegt eine gewisse Unsicherheit zweifellos in dem Umstand, daß die Wassergeschwindigkeit im Rohrquerschnitt verschieden und daher die Salzwolke mit wachsender

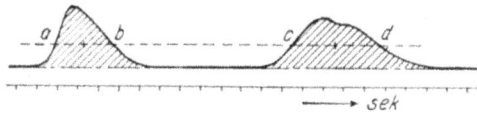

Abb. 131. Diagramm für Salzschwimmermessung.

Laufzeit immer mehr auseinander gezogen wird. Das nebenstehende Diagramm, Abb. 131, läßt die hieraus erwachsenden Schwierigkeiten erkennen. Es mag daher wohl richtiger sein, die Schwerpunkte der schraffierten Ausschlagflächen zur Grundlage der Bestimmung der Laufzeit zu machen. Geringe Abweichungen in der Zeitbestimmung können zu bemerkenswerten Fehlern in der Bestimmung der Wassergeschwindigkeit führen. Ist doch auch keineswegs gewiß, daß die aus der Schwerpunktslage der Ausschlagflächen bestimmte Laufzeit der mittleren Wassergeschwindigkeit entspricht, denn um Bestimmung der letzteren kann es sich hier allein handeln. Voraussetzung für gute Resultate mit dieser Methode ist das Vorhandensein einer längeren und geraden Meßstrecke mit unveränderlichem Querschnitt und konstanter Geschwindigkeitsverteilung. Für eine gute gleichmäßige Durchmischung des Wassers mit der eingespritzten Salzlösung durch Verwendung zahlreicher, über den ganzen Querschnitt verteilter Einspritzdüsen ist Sorge zu tragen. Auch ist der Einspritzquerschnitt in geeigneter Entfernung von dem ersten Meßquerschnitt zu wählen. Die technischen Mittel zur Anwendung des Verfahrens sind im übrigen einfach und nicht kostspielig. Als Elektroden in den beiden Beobachtungsquerschnitten werden zwei isoliert nebeneinander gespannte Drähte eingebaut.

c) Flügelmessungen [1]). Von großer Wichtigkeit wurden in den letzt-
vergangenen Jahren auch die Flügelmessungen. Nachdem dieselben vor-
dem bei Rohren wegen der Schwierigkeit der Zugänglichkeit derselben
nicht angewandt worden waren, hat sich dies seit Behebung dieser Schwierigkeiten durch Anwendung besonderer Einführöffnungen für die Meßflügel in das Rohr mit Verstellungsmöglichkeit derselben von außen
grundlegend geändert, und man kann wohl sagen, daß die Flügelmessungen nunmehr auch bei Rohren zu den wichtigsten Meßmethoden gehören.

In einem in gerader Rohrstrecke und in genügender Entfernung von
Krümmern, Absperrorganen usw. liegenden Meßquerschnitt sind die
Linien gleicher Geschwindigkeit ungefähr konzentrische Kreise. Es genügt daher, die Geschwindigkeiten längs eines einzigen Durchmessers
zu bestimmen. Der Kontrolle wegen ist es zweck-
mäßig, die Geschwindigkeit längs zweier aufeinander senkrecht stehender Durchmesser zu beobachten
und daraus das Mittel zu nehmen. Die etwa durch
einen vor dem Meßquerschnitt befindlichen Krümmer hervorgerufenen Störungen sind dadurch zu
berücksichtigen bzw. unschädlich zu machen, daß
der eine Meßdurchmesser in der Krümmungsebene,
der andere senkrecht dazu gewählt wird.

Die Geschwindigkeitskurve ist in bekannter
Weise durch Auftragen der Geschwindigkeiten in
den durch eine bestimmte Entfernung von der Rohrachse gekennzeichneten Meßpunkten herzustellen.
Indem die Wassermenge Q dem Rauminhalt eines
Rotationskörpers, dessen Meridianschnitt einerseits durch den Rohrdurchmesser, andererseits durch die Geschwindigkeitskurve begrenzt ist,
entspricht, führt die Geschwindigkeitsmessung — wie ja auch sonst meist
beabsichtigt — zur Bestimmung der Wassermenge.

Eine einfache rechnerische Bestimmung der Wassermenge ist hiernach dadurch gegeben, daß man den Meßquerschnitt in eine Anzahl
konzentrischer Ringe (Abb. 132) zerlegt und für jenen die durchfließende
Teilwassermenge als Produkt aus Ringfläche und mittlerer Geschwindigkeit im Ring, die aus der Geschwindigkeitskurve zu entnehmen ist, berechnet. Das Verfahren gewinnt an Genauigkeit durch Unterteilung in
möglichst schmale Teilungsflächen.

Genauere Resultate erhält man durch Zuhilfenahme des Planimeters.
Analytisch bestimmt sich die Wassermenge Q aus:

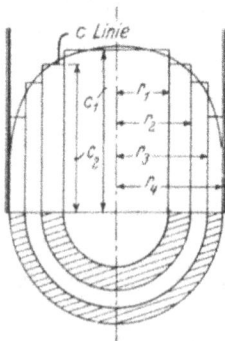

Abb. 132. Rechnerische
Wassermengenermittlung.

$$Q = \int_{r=o}^{r=r} 2 \cdot r \cdot \pi \cdot c \cdot dr = 2 \cdot \pi \int_{r=o}^{r=r} r \cdot c \cdot dr. \qquad (272)$$

---

[1]) NB.: „Der Genauigkeitsgrad von Flügelmessungen bei Wasserkraftanlagen", von Prof. Dr.-Ing. Anton Staus. Berlin 1926.

Da die Abhängigkeit der Geschwindigkeit c vom Achsenabstand r (Geschwindigkeitsverteilung) analytisch nicht bekannt ist, so läßt sich die Integration nicht ausführen. Durch Bildung der Produkte $r \cdot c$ aus zusammengehörigen Werten von r und c (s. Geschwindigkeitskurve) bzw. der Werte $2 \cdot r \cdot \pi \cdot c$ erhält man eine Kurve, deren Inhalt das in Gleichung (272) gegebene Integral, somit die Wassermenge Q darstellt. Durch Ausplanimetrieren der $2 \cdot r \cdot \pi \cdot c$-Linie erhält man somit Q (Abb. 133).

Das Verfahren ist hauptsächlich von dem Schweizer Ingenieur Dufour[1]) entwickelt worden. Aber auch Prof. Sundby an der Technischen Hochschule in Drondhjem hat zweckmäßige Einrichtungen dafür geschaffen, die von der Turbinenfabrik Verkstaden in Kristinehamn ausgeführt werden. Die Apparatur von Dufour ist in Abb. 134, diejenige von Verkstaden in Abb. 135 dargestellt. Beide Einrichtungen bringen keine Störungen des Turbinenbetriebes mit sich, was als erheblicher Vorteil anzusehen ist. Bei der Dufourschen Einrichtung kann der Flügel in den Meßpausen mit dem Deckel D in den Hut C zurückgezogen werden. Nach Abschließen des Absperrschiebers A und Lösen der Haube C können

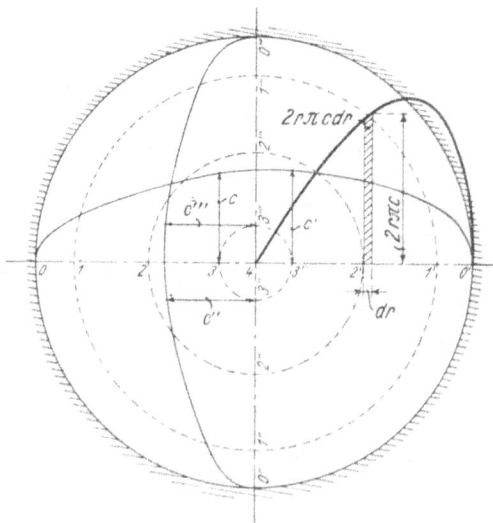

Abb. 133. Planimetrische Ausmittlung der Wassermenge aus Flügelmessung.

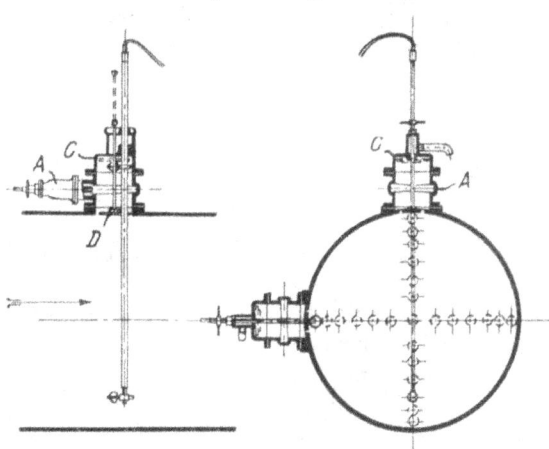

Abb. 134. Dufours Apparat für Rohrflügelmessung.

die beweglichen Teile der Meßeinrichtung abgenommen werden. Ein großer Vorteil für die Anwendung der Einrichtung in kaltem Klima ist, daß bei längerer Benutzungsdauer derselben zur Verhinderung

---

[1]) H. Dufour, „Flügelmessungen in Druckrohrleitungen", Schweizer Bauzeitung, Bd. 84 (1924), S. 39.

des Einfrierens der Hut mit Öl gefüllt werden kann. Daß für die Flügelstange stromlinienförmiger Querschnitt verwendet wird, versteht sich
von selbst.

　　Die Einrichtung der Verkstaden[1]) gestattet die Verschiebung der
Flügelstange in achsialer Richtung und Verdrehung derselben um eine
Achse A (Abb. 135). Dadurch lassen sich verschiedene Rohrdurchmesser
des Querschnitts in ganzer Länge von einem Punkte aus bestreichen.
Die Koordinaten für Längs- und Winkeleinstellung der Flügelstange
sind rechnerisch oder graphisch zu ermitteln. Ein- und Ausbau dieser
Einrichtung kann nicht so bequem wie bei der Dufourschen während des
Betriebes erfolgen; es ist dazu entweder die Rohrleitung bis unterhalb
der Meßstelle zu entleeren oder es ist oberhalb der Meßstelle ein Absperrorgan in die Rohrleitung einzubauen, um den der
Meßeinrichtung benachbarten Teil des Rohres
druckfrei machen zu können.

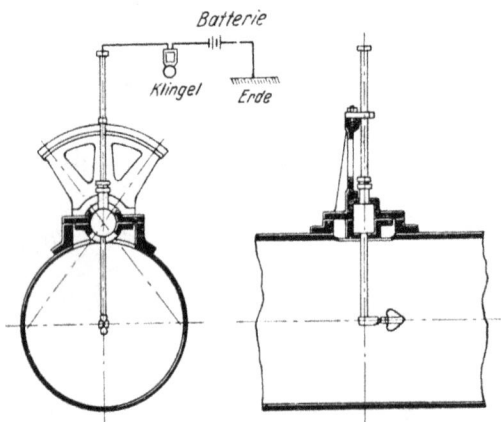

Abb. 135. Apparat von Verkstaden für Rohrflügelmessung.

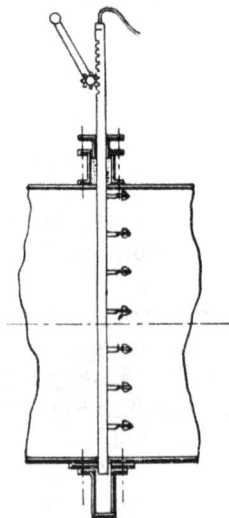

Abb. 136. Vielflügelmeß-
apparat nach Ott.

　　Obgleich die Messungen bei nicht zu großen Profilen ziemlich rasch
vorgenommen werden können, ist eine absolute Konstanz der Wassermenge während der Messungen nicht erforderlich, wenn man die Messungen im Mittelpunkt öfters wiederholt und dadurch einen Maßstab für
die Umrechnung der anderen Messungen, entsprechend der Zeit ihrer
Vornahme, auf einen mittleren Beharrungszustand schafft.

　　Bei sehr großen Rohrdurchmessern wird indes der Zeitaufwand doch
bedeutend, so daß eine Abkürzung des Verfahrens erwünscht ist. Diese
wird durch die Anwendung mehrerer Flügel auf ein und derselben Meß-
stange ermöglicht. So wurden für die Abnahmeversuche der Turbinen

---

　　[1]) Eingehend beschrieben in H. Thoresen, „Wassermessungen bei großen
Wassermengen“, in „Die Wasserkraft“ 1924, S. 286 u. 441.

des Innwerks in die 4 m weiten Rohre zwei rechtwinklich zueinander stehende Flacheisen (150 × 40 mm) in erheblichem Abstand voneinander eingebaut und an diesen je 7 Flügel angebracht, so daß gleichzeitig mit 14 Flügeln gemessen wurde[1]. Der Ein- und Ausbau dieser Einrichtung macht das Besteigen des Rohres, das zeitraubend und unter Umständen nicht ganz gefahrlos ist, erforderlich. Ein Mannloch kurz vor oder hinter der Meßstelle ist daher vorzusehen. Die Tourenzahlen der Flügel werden zweckmäßigerweise auf Bandchronographen[2]) aufgezeichnet, so daß sie jederzeit wieder kontrolliert werden können.

Eine weitere Verbesserung für vielflügelige Messungen ist von Ott-Kempten vorgeschlagen, wie in Abb. 136 dargestellt. Ob solche schon ausgeführt wurden, ist dem Verfasser nicht bekannt.

Eine besonders wichtige Aufgabe kommt den Flügelmeßinstrumenten neuerdings in ihrer Verwendung als dauernd eingebaute Wassermesser zu. Wie oben (unter Geschwindigkeitsverteilung) gezeigt wurde, ist das Verhältnis der mittleren Geschwindigkeit c zu der maximalen (axialen) c_0 konstant und somit unabhängig von der Wassermenge. Ist daher für ein bestimmtes Rohr in irgendeinem Fall das Verhältnis $c : c_0 = k$ festgestellt, so lassen sich jeweils durch Bestimmung der maximalen, also axialen Geschwindigkeit die zugehörigen mittleren Geschwindigkeiten rechnerisch zu $c = k \cdot c_0$ bestimmen. Ein solcher, zu dauerndem Verbleib in der Rohrachse eingebauter Meßflügel wäre also erstmals bei Ausführung größerer Wassermessungen wie zuvor beschrieben, zu eichen. Die Zählung der Flügelumdrehungen und damit die Bestimmung der Geschwindigkeit c_0 erfolgt am besten durch registrierendes Zählwerk unter elektrischer Fernübertragung nach dem Krafthaus.

d) Jacobsches Rohr. Sehr gute Ergebnisse lassen sich durch Benutzung der Druckhöhenverlustformel

$$h_w = \lambda \cdot \frac{l}{D} \cdot \frac{c^2}{2 \cdot g} \tag{140}$$

bei glatten Rohren erzielen, für welchen die Reibungszahl nach der Gleichung (152) von Jacob-Erk für glatte Rohre mit großer Genauigkeit bestimmbar ist. Ersetzt man in Gleichung (152) die Reynoldsche Zahl $\Re$ durch ihren Konstituentenwert $\frac{c \cdot D}{\nu}$, so ergibt die Auflösung der Gleichung (140) nach c die mittlere Wassergeschwindigkeit als eine Funktion des Druckabfalls $h_w = \frac{P_1 - P_2}{\gamma}$, und damit die Wassermenge Q aus $Q = F \cdot c$.

---

[1] „Die Wasserkraft" 1924, S. 334.
[2]) Z. B. solche von Peyer, Favarger & Cie. in Neuchâtel (Schweiz) oder von James Jaquet A. G., Fabrik für wissenschaftliche Chronometrie und Präzisionsmechanik in Basel (Schweiz).

Diese an sich auch für rauhe Rohre anwendbare Methode ist für glatte Rohre von so großer Genauigkeit, daß sie zur Eichung anderer Verfahren geeignet ist.

e) Düsen, Stauränder. Gleichfalls auf der Messung des Druckabfalls vor und hinter dem Meßgerät beruhen die Düsen und Stauränder. Letztere verursachen einen erheblichen Druckverlust und erfreuen sich daher bei Turbinenanlagen mit Recht keiner Beliebtheit, wegen der damit verbundenen Leistungseinbuße.

Weniger bedenklich erscheint dieser Einwand für die Staudüsen, insofern der Druckverlust gering und die durch dieselben verursachte Erhöhung der Wassergeschwindigkeit unter Umständen beim Eintritt in die Turbine sowieso benötigt wird. In größeren Abmessungen sind

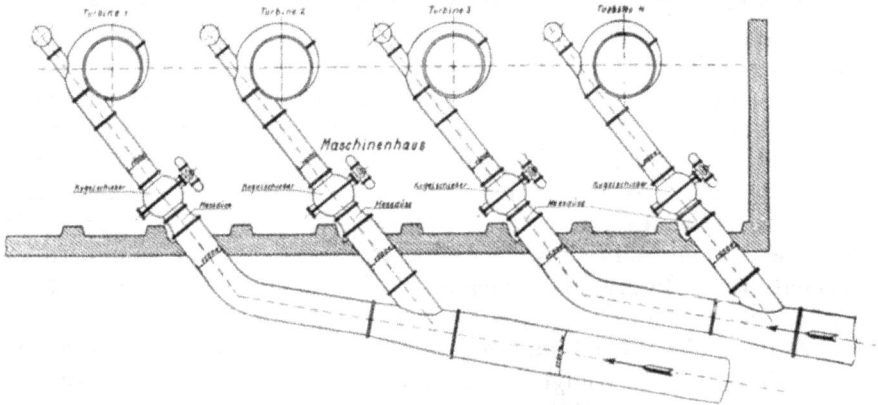

Abb. 137. Staudüse im Wäggitalwerk.

Düsen nach Kenntnis des Verfassers bis heute nur beim Wäggitalwerk (Schweiz), Kraftwerk Siebnen, für Wassermessungszwecke angeordnet worden. Wohl mit Unrecht, denn solche Düsen erlauben bei geeigneter Anordnung die Wassermessung ohne den geringsten zusätzlichen Druckhöhenverlust. Die Meßvorrichtung wird ermöglicht durch die zweckmäßige Umgestaltung der in dem unteren Teil der Leitung stets vorhandenen Verjüngung der Rohrquerschnitte, durch die eine Erhöhung der Geschwindigkeit vor der Turbine angestrebt wird. Da diese Geschwindigkeitserhöhung also sowieso vorhanden ist, und eine verlustreiche Wiederumsetzung von Geschwindigkeit in Druck in Wegfall kommt, so erfolgt die Wassermessung bei solcher Anordnung der Düse tatsächlich verlustlos. Die Anordnung einer solchen Meßdüse im Wäggitalwerk unmittelbar vor dem Turbinenschieber zeigt Abb. 137.

Demgegenüber ist der Druckverlust in Venturi-Wassermessern[1]), die nach ähnlichen Grundsätzen arbeiten, erheblich größer. Er beträgt

---

[1]) Von Venturi-Wassermessern existiert eine Ausführung der Siemens-Schuckert-Werke in Eisenbeton von 3,20 m Durchmesser und 16 m Länge für 18 m³ sekundliche

bei der maximalen Wassermenge und bei einem Differenzdruck von 6 m Wassersäule immerhin etwa 0,6 m Wassersäule, was bei Wasserkraftanlagen kleiner und mittlerer Gefälle jedenfalls unzulässig hoch ist. Der größere Druckverlust ist verursacht durch die konische Erweiterung nach dem engsten Querschnitt, die bei Venturimessern unvermeidlich ist, bei Düsen aber in Wegfall kommt. Bekanntlich verursacht Wasserbeschleunigung nur geringe Verluste, während die Verluste bei Wasserverzögerung recht fühlbar sind.

Die parabolischen Meßdüsen des Wäggitalwerks lassen die kleinste genaue Wassermengenbestimmung noch bei 0,8 bis 1 m Wassergeschwindigkeit an der engsten Stelle der Düse zu. Da bei Vollbelastung der Turbinen am unteren Ende der Hochdruckleitung, also hinter der Düse, eine Geschwindigkeit bis zu 10 m/sek. herrscht, so beträgt der Meßbereich der Düse etwa 1 : 10 bis 1 : 12,5.

Die Möglichkeit, diese Düsen auf automatische Registrierapparate wirken zu lassen, macht sie besonders wertvoll zur fortlaufenden Bestimmung des Wasserverbrauchs und zu der des Jahreswirkungsgrades.

Im übrigen eignen sich Düsen wohl vorwiegend zur Messung kleinerer Wassermengen, wozu einige Sonderausführungen wie die gut abgerundete „Normaldüse" (Abb. 138) und „Hinzdüse"[1]) besonders geeignet erscheinen. Die Wassermenge bestimmt sich hiernach zu

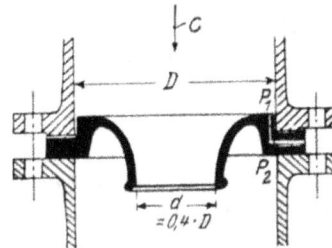

$$Q = k \cdot f \cdot \sqrt{2 \cdot g \cdot h_w}, \qquad (279)$$

Abb. 138. Normaldüse.

worin $f = m \cdot F$ der Durchflußquerschnitt der Düsenöffnung (bei der Normaldüse ist d der Düse $= 0,4 \cdot D = \sqrt{m} \cdot D$ des Rohres). Der Beiwert k hängt von der Entnahmestelle der Drücke ab. Nach den „Regeln für Leistungsversuche an Ventilatoren und Kompressoren" sind beide Drücke P_1 und P_2 auf dem Flansch zu entnehmen (Abb. 138) und für Luft $k = 0,97$ bis $0,995$, nach Jacob[2]) $k = 0,96$ (theoretisch für Wasser oder Luft $k = 1,014$) zu setzen. Man erkennt, daß der Beiwert k nicht so zuverlässig ermittelt ist[2]), daß nicht Differenzen in der Wassermengenermittlung von mehreren Prozent — je nach Wahl von k — eintreten

---

Wassermenge in Friedrichshald (Norwegen). Siemens-Zeitschrift 1923, S. 98. Ein Venturimesser von 2300 mm l. W. mit elektrischem Fernzeiger wurde von der Fa. Bopp und Reuther, Mannheim, für das Achensee-Kraftwerk in Tirol geliefert.

[1]) Jacob und Erk, Forschungsarbeiten, Heft 267, wo auch genaue Abmessungen dieser Düsen (auch „Hütte"). Vgl. auch „Regeln für Leistungsversuche an Ventilatoren und Kompressoren".

[2]) In Jacob-Erk, a. a. O., weisen die Versuchspunkte eine nicht unwesentliche Streuung auf. $k = 0,96$ ist ein ausgeglichener Mittelwert.

können. Dieser Umstand schließt die sonst guten Düsenmessungen von der Verwendung für exakte Absolutmessungen aus. Durch die Festlegung eines bestimmten k-Wertes in den „Regeln" geben Düsenmessungen jedoch für Vergleiche zuverlässige Unterlagen.

Mengenmessungen.

Für Mengenmessungen, die nicht auf Ermittlung der mittleren Wassergeschwindigkeit beruhen, wurden in den letzten Jahren noch einige Verfahren entwickelt. Das älteste derselben, das daher zu einer sachlichen Beurteilung zuverlässige Unterlagen geliefert hat, ist das

a) Titrierverfahren[1]), eine Methode, welche auf der mechanischen Mischung zweier Flüssigkeitsströme von verschiedener chemischer Beschaffenheit beruht und unter Anwendung quantitativer chemischer Methoden den Verdünnungsgrad des zugesetzten kleineren Flüssigkeitsstromes und damit das Verhältnis der zu bestimmenden sekundlichen Hauptwassermenge zu der bekannten sekundlichen Zusatzflüssigkeitsmenge ermittelt. Das Verfahren wird daher auch als das chemische bezeichnet. Wie zu ersehen, erfordert das Verfahren die dauernde Zuleitung eines zweiten Flüssigkeitsstromes (im Gegensatz zu den erwähnten Schwimmermessungen mit Salzlösung, wobei nur periodisch Salzlösung zuzuführen ist), wodurch es verhältnismäßig kostspielig wird, wenngleich die Schärfe der chemischen Bestimmungsmethode verhältnismäßig geringe Zusatzströme anzuwenden gestattet. Trotzdem kann man sagen, daß das Titrierverfahren, das unter günstigen Bedingungen (gute Mischung beider Ströme durch starke Wirbelbildung des Wassers wie in Wildbächen, Peltonrädern usw.), sehr gute Ergebnisse zu liefern vermag, der Kosten wegen nur bei kleineren Wassermengen in Betracht kommen dürfte.

b) Gibson-Verfahren. Ein in Amerika mehrfach angewandtes Verfahren ist das Gibson-Verfahren[2]) [3]). Es beruht auf der automatischen Aufzeichnung des im Rohr vorhandenen Druckes während der Zeit des Abschließens eines Absperrorganes in der Rohrleitung bis zum völligen Abschluß ($\mathfrak{h}$, t-Diagramm), oder genauer gesagt auf der Anwendung der Theorie Alliévi in Verbindung mit dem Newtonschen Gesetz: Kraft

---

[1]) „Über unsere letzten Erfahrungen mit dem Titrationsverfahren für Wassermengen", von Oberingenieur Dr. phil. e. h. O. Lütschg in Zürich. „Wasserkraft und Wasserwirtschaft" 1928, S. 97.

[2]) Kurt Pantell, „Das Gibsonsche Wassermeßverfahren", Z. V. d. I. 1924, S. 366; oder Originalveröffentlichungen von N. R. Gibson, in Trans. of the Amer. Soc. of Mech. Eng., Bd. 45 (1923).

[3]) Mitteilungen des hydraulischen Instituts der technischen Hochschule München, von D. Thoma, 1. H., München und Berlin 1926. (In Beitrag IV untersucht D. Thoma den Gnauigkeitsgrad des Gibsonschen Meßverfahrens, das hiernach einer sorgfältigen Flügelmessung entspricht.)

= Masse mal Beschleunigung. Dabei ist die gesamte Schließzeit T des
Absperrorgans gleich einem ganzen Vielfachen der Laufzeit $t_l = \dfrac{2 \cdot l}{a}$
der Druckwelle oder eine Kleinigkeit größer zu machen, so daß diese
Bedingung praktisch genügend genau erfüllt ist. Dann berechnet sich
die mittlere Wassergeschwindigkeit c_0 im Beharrungszustand vor Beginn
der Schließbewegung des Absperrorganes zu

$$c_0 = \frac{g}{l} \cdot A_T, \tag{280}$$

worin g die Erdbeschleunigung, l die Rohrlänge, $A_T = \int\limits_0^T \mathfrak{y} \cdot dt$ die Dia-
grammfläche ist, deren Maßstab zu berücksichtigen bleibt. Die Wasser-
menge selbst ist dann

$$Q = F \cdot c_0 = \frac{F \cdot g}{l} \cdot A_T. \tag{281}$$

Für abgestufte Rohre (wechselnder Rohrquerschnitt F, n Stufen) ist
statt $F : l$ zu setzen $\dfrac{\Sigma(F : L)}{n}$.

Es ist nicht zu bezweifeln, daß das Gibson-Verfahren unter Beachtung
gewisser Voraussetzungen, zu welchen außer einer gewissen nicht zu kleinen
Rohrlänge (Amplitude der Druckschwankungen) auch eine gewisse
Vertrautheit des Beobachters mit der Theorie Alliévi zu zählen wäre,
gute Resultate zu liefern vermag. Es leidet jedoch an dem großen Nachteil, daß es regelmäßig eine Störung des Turbinenbetriebs mit sich bringt
und daher für Dauermessungen überhaupt nicht verwendbar ist.

Andererseits vermag der von Gibson verwendete Druckaufzeich-
nungsapparat, auf dessen Beschreibung hier verzichtet werden soll, für
Untersuchungen des Druckverlaufs in Rohren bei veränderlicher Strömung gute Dienste zu leisten.

Abkürzungen.

A. P. B. = „Allgemeine Polizeiliche Bestimmungen über Anlegung von Landdampfkesseln". „Hütte", 25. Aufl., Bd. II, S. 363/77. — bzw. Neuausgabe: „Werkstoff- und Bauvorschriften für Landdampfkessel nach den Beschlüssen des deutschen Dampfkesselausschusses vom 18. Juni 1826; Deutscher Reichsanzeiger Nr. 238 vom 12. Oktober 1926 nebst Erläuterungen, Ausgabe Oktober 1926." Berlin 1926.

www.ingramcontent.com/pod-product-compliance
Lightning Source LLC
Chambersburg PA
CBHW081539190326
41458CB00015B/5595